献给《中华日历通典》主编王双怀教授

二十四节气与中国诗

二十四節気で読みとく漢詩

[日] 古川末喜 著
张士立 译

陕西新华出版
陕西人民出版社

TopBook
饕书客

图书在版编目（CIP）数据

二十四节气与中国诗／（日）古川末喜著；张士立译. -- 西安：陕西人民出版社，2025. -- ISBN 978-7-224-15437-5

Ⅰ. P462；I207.22

中国国家版本馆 CIP 数据核字第 2024J04D78 号

著作权合同登记号 25-2024-207

出 品 人： 赵小峰
总 策 划： 关　宁
出版统筹： 韩　琳
策划编辑： 王　倩
责任编辑： 张　婧　晏　藜
封面设计： 哲　峰

二十四节气与中国诗
ERSHISI JIEQI YU ZHONGGUO SHI

作　　者	［日］古川末喜
译　　者	张士立
出版发行	陕西人民出版社 （西安市北大街 147 号　邮编：710003）
印　　刷	陕西金和印务有限公司
开　　本	700 毫米×1000 毫米　1/16
印　　张	25.25
字　　数	280 千字
版　　次	2025 年 8 月第 1 版
印　　次	2025 年 8 月第 1 次印刷
书　　号	ISBN 978-7-224-15437-5
定　　价	98.00 元

如有印装质量问题，请与本社联系调换。电话：029-87205094

序一

2020 年 10 月 16 日，我突然收到日本学者古川末喜的邮件。他在邮件中说，他写了一本书，叫《用二十四节气解读中国古典诗》。在写这本书的时候，他时常查阅我编写的《中华日历通典》，并说没有我的书，就没有他的书，表示要送一册书给我。我对此感到很意外。不久，我收到了他寄来的『二十四節気で読みとく漢詩』。更让我感到意外的是他在此书的扉页上印着“《中華日暦通典》主编王双懐教授に捧ぐ”字样，意即献给《中华日历通典》主编王双怀教授。我与古川先生从未谋面，没想到他对我如此尊重，便认真阅读此书，从中受益良多。今年 6 月，陕西人民出版社的韩琳女士发来《二十四节气与中国诗》，也就是此书的中译本，让我写个序。我又仔细阅读了这个版本，觉得确实是一部难得的好书。

我主要从事中国古代史、中国历史地理和中国文化史的教学与研究，因此，对海外学者的相关研究比较关注。十多年前，我就知道古川先生是日本九州大学比较社会文化学博士，又在神户大学获得文学博士学位，对两汉文学、魏晋文学和隋唐文学均有研究。后来我读了古川先生的『杜甫農業詩研究：八世紀中国における農事と生活の歌』(知泉書館，2008)和『杜甫の詩と生活：現代訓読文で読む』(知泉書館，2014)，知道他不仅系统地探讨了杜甫的诗歌与生活，而且深入解析了杜甫在秦州、成都、夔州等地所写的农业诗，是日本著名的杜甫研究专家。现在再品读这部著作，我对他的印象更深了。因为这本书既解释了二十四节气的基本原理，又用其原理对唐、宋、元、明、清诸代有关二十四节气的诗歌进行了深入解读，无论是在研究方法上还是在研究内容上都有所开拓，令人耳目一新。

古川先生的『二十四節気で読みとく漢詩』是由张士立博士翻译成中文的。他将书名译作《二十四节气与中国诗》大概是为了突出此书的结构和特色。因为这部著作由“序编”和“本编”构成。“序编”《二十四节气概说》就是讲二十四节气原理的，而“本编”《有关二十四节气中国诗的探讨》则是用二十四节气的原理来解读中国古代有关二十四节气的诗歌的。本书最大的特色是用二十四节气系统解读中国古典诗词，这是前无古人的创举。

二十四节气被誉为“中国古代的第五大发明”，已列入世界文化遗产名录。从大量资料来看，二十四节气是中国先民在观测天象和制定历法的过程中发明的，充满了利用自然和改造自然的智慧。大家知道，万事万物都处于时间与空间之中，宇宙就是空间和时间的结合体。空间是时间发展中的空间，时间是空间运动中的时间。空间涉及天文、地理，时间涉及过去、现在和未来。二者是密不可分的。古往今来，人们生活在天地之间，经历春夏秋冬，感受寒暑变化，从事生产，体验生活，需要用历法来安排时序。中国以农业立国，自然需要农历。农历是阴阳合历，不能不考虑四时变化。先秦时期，星象学家发现了春分、夏至、秋分、冬至现象，即将其应用于“观象授时”的历法之中。后来在编制“推步”历法的过程中，逐渐发明了二十四节气。二十四节气是以周秦汉唐首都所在的长安、洛阳一线的气候作为基准的，即以北纬34.5度左右的气候来定节气的具体时间。它将地球绕太阳一周分成春、夏、秋、冬四季，每季分成六分，共二十四份，依次定名为：立春、雨水、惊蛰、春分、清明、谷雨、立夏、小满、芒种、夏至、小暑、大暑、立秋、处暑、白露、秋分、寒露、霜降、立冬、小雪、大雪、冬至、小寒、大寒。西汉以来所编写的历法中均置入二十四节气，用以指导人们的生产和生活。为了便于记忆，有人编了二十四节气口诀，有人还总结出与二十四节气密切相关的“七十二候”。由于二十四节气可以确切地反映时序的推移、季节的变化和气候的差异，与人们的物质生活和精神生活息息相关，涉及人们日常生活的方方面面，因此中国人对它比较重视，就连处于汉字文化圈的朝鲜、日本、越南等地也受到影响。两千多年来，不少文人墨客写下了许多与二十四节气相关的诗歌。这些诗歌具有重要的研究与欣赏价值。

前人对中国古代诗歌的研究曾取得诸多成果，其中对二十四节气诗的研究也有一定进展。但描写二十四节气的诗歌涉及天文地理、历史文化、农业生产、节令习俗、个人生活等方面，研究起来有一定的难度。以往学者主要是从文学鉴赏的角度来整理或论述此类诗歌的，由于对二十四节气本身缺乏探讨，加之很少关注中国古代的历法，因而在二十四节气诗的研究方面留下了诸多缺憾。古川先生敏锐地发现了这个问题，并且找到了一种全新的研究方法，即用二十四节气的原理来研究中国诗中有关二十四节气的诗歌。为此，他不但对中国诗中论述二十四节气的诗歌进行了系统的梳理，而且对二十四节气原理进行了深入的探讨。在这部著作中，他首先用大量的篇幅论述二十四节气的原理，这对于我们理解中国的节气诗歌当然是有所帮助的，也有助于我们认识作为世界非物质文化遗产的二十四节气。至于书中对所举中国诗的解说，也都持之有故，言之成理，值得我们阅读。关于此书的具体优点，陆晓光教授在《作为节气诗人的陆游——古川末喜新著〈二十四节气与中国诗〉读后》中已经点明，这里就不一一列举了。古川先生说没有我的《中华日历通典》就没有他的这部著作，这肯定是谦虚的话。这部有影响的著作应当归功于古川先生的创新意识和勤奋努力。古川先生在这部著作中大量参考了拙著《中华日历通典》，这是我感到欣慰的事。这表明《中华日历通典》对研究二十四节气是有用的。当然，这部工具书不仅适用于研究二十四节气，还适用于历史研究、考古研究和古籍整理等诸多领域。我当初用“洪荒之力”编这部工具书，就是为了给文史工作者提供便利。所以，我向大家推荐古川先生的这部著作，也请大家在遇到时间问题的时候使用《中华日历通典》。这部工具书还有另一种版本，即按分册出版的《中华通历》，翻检更为方便。

王双怀

《中华日历通典》主编

陕西师范大学历史文化学院教授

序二

二十四节气原理的解明

——重读《二十四节气与中国诗》

古川末喜教授该书原版名为『二十四節気で読みとく漢詩』，笔者作为其在中国大陆的最早读者，两年前曾撰《作为节气诗人的陆游——古川末喜新著〈二十四节气与中国诗〉读后》（《文汇报》2021年6月7日）。①近期喜得张士立博士费时两年完成的中文全译稿，缘此重读原版，新感触首先是对“二十四节气原理”初有所知。

一、关于“序编”

该书由“序编”与“本编”两部分构成，前者专论“二十四节气原理”，后者据此“原理”而研讨中国古典诗歌的相关范例。前者所论显然超出通常“中国文学”专业范围，其中频繁出现“太阳黄

① 见本书附录的“书评：作为节气诗人的陆游——古川末喜新著《二十四节气与中国诗》读后”。——译者注

经”“十二星座”“平气法”“定气法”“日出方角”“物候”等与天文学、历学、气象学以及动植物学有关的术语。

序文写道：“本书序编是对二十四节气在中国的产生和发展历程所做的概论式总结。目前，以二十四节气为题的著作在日本出版界引发了小高潮，但是尚未出现追溯二十四节气原理及其在中国四千年古天文学和日历学中发展历程的专著。本书序编若能成为填补这一空白的率先之作，幸甚至哉。”①这意味着，该书所论“二十四节气原理”，至少在日本学界堪称首发。

序文还强调：“本书对所举中国诗的解说，都根据二十四节气原理，对相关季节的背景等做了尽可能明晰的考证。”②该书之所以如此着重于这一方面是因为，迄今我国出版的以二十四节气与古典诗为主题的诸多出版物中，虽然“各具特色，尤其是在诗歌鉴赏等方面非常优秀”，但是在为什么将相关诗歌归属为某个节气的诗，“并没有进行缜密的探讨”。③ 这又意味着该书相对于中国本土同类主题的研究而言，也是一部具有新内涵的开拓之作。

二、关于汉语的“南中”之义

“南中”是该书的关键词，出现多达数十处。“凡例”写道：“二十四节气从本质上而言是古人根据太阳的转动规律制定的。在古老的中国，人们通过观测太阳南中时影子的长度，对太阳的

---

① ［日］古川末喜：《二十四节气与中国诗》，文学通信，2020 年，第 17 页。
② ［日］古川末喜：《二十四节气与中国诗》，文学通信，2020 年，第 16 页。
③ ［日］古川末喜：《二十四节气与中国诗》，文学通信，2020 年，第 16 页。

转动有了准确的把握，把影子最长时的冬至作为天文、历学的起点。”①这意味着“南中”概念可能是“二十四节气原理”的逻辑起点。

“南中”也是该书序编考察中国古代历学记载的关键词。例如：

> 关于《尚书·尧典》：“为确定季节，此处用到的方法含有三个要素：太阳的升落，昼夜的长短，日落黄昏时南中的恒星。”②
>
> 关于《吕氏春秋》：“以在日落黄昏时、日出黎明时分别是什么恒星南中来表示各月的时节。”③
>
> 关于《淮南子》：“24小时是将随季节变化的太阳由南中到南中的时间平均化、标准化得到的平均太阳时间。”④
>
> 关于《后汉书·律历志》：“日晷的指针下安装有圆盘状的东西。圭表只测量南中时太阳的影长就可以了……”⑤
>
> 关于《隋书·律历志》：“当地的地方真时是一种计时制度，一天的长度会根据季节不同而产生微妙的差异，把太阳在该地南中的时刻当作中午12点，从这个时间到下一次太阳南中时算作一天。”⑥

---

① ［日］古川末喜：《二十四节气与中国诗》，文学通信，2020年，第20页。
② ［日］古川末喜：《二十四节气与中国诗》，文学通信，2020年，第42页。
③ ［日］古川末喜：《二十四节气与中国诗》，文学通信，2020年，第56页。
④ ［日］古川末喜：《二十四节气与中国诗》，文学通信，2020年，第62页。
⑤ ［日］古川末喜：《二十四节气与中国诗》，文学通信，2020年，第84页。
⑥ ［日］古川末喜：《二十四节气与中国诗》，文学通信，2020年，第92页。

以上所举“南中”这一术语的例子表明，这一概念之于“二十四节气原理”的重要性，有点类似“商品”范畴之于马克思的《资本论》。

但是中文读者对“南中”一词很陌生。查古汉语工具书《辞源》，“南中”词条释义为：“泛指国土南部，即今川黔一带，也指岭南。”①该释义显然与“二十四节气原理”之“南中”无关。

又查现代汉语《辞海》，“南中”词条释义为：“1. 泛指南部地区，南方。2. 古地区名，相当今四川大渡河以南和云南、贵州二省。”②该释义也与“二十四节气原理”之“南中”无关。

再查日文工具书③，得如下诸条：

1.“‘南中(なんちゅう)’：太陽、星などの天体が天の子午線に到達すること。transit。”

(“南中”指太阳、恒星等天体到达子午线时。英语为 transit。)

2.“‘南中時(なんちゅうじ)’：天体が真南にきたときの時刻。Southing time。”

(“南中时”指天体到达正南点的时刻。英语为 southing time。)

3.“‘南中高度(なんちゅうこうど)’：天体が真南にきたときの高度角。southing height。”

(“南中高度”指天体到达正南点时的高度角，英语为 southing height。)

---

① 《辞源》，商务印书馆，1979 年，第 419 页。

② 《辞海》，上海辞书出版社，2009 年，第 1358 页。

③ ［日］梅棹中夫等编修《日本语大辞典》，讲谈社，1995 年，第 1617 页。

由此看来，“南中”是个现代天文学专用术语。现代汉语辞书中这个义项目前尚在缺席中。①

三、关于汉语“没日”的来由

“二十四节气原理”论的另一个关键词是“没日”（もつにち）：

自古以来，中国凭借圭表，……在春秋时代（前770—前476）以前，古人就已经知道一年有365.25天。②

单纯将一回归年的365.25天二十四等分的话，就出现了余数。③

将365天二十四等分，每个节气为15.2天，即每个节气基本为15天。在历法上，无法罗列含有小数点的日期，所

---

① 《吕氏春秋·十二纪》“孟春之月，日在营室，昏参中，旦尾中。”古川末喜该书引述后解说道：“以在日落黄昏时、日出黎明时（即旦时）分别是什么恒星南中来表示各月的时节。孟春之月为‘昏参中’‘旦尾中’，即昏时参（猎户座）南中，旦时为尾（天蝎座）南中。这是以恒星的年周运动判断时节的方法。”（该书原版第56页）这段解说是将“昏参中，旦尾中”的“中”解读为“南中”。又《淮南子·时则训》“孟春之月，招摇指寅。昏参中，旦尾中。仲春之月，招摇指卯。昏弧中，旦建星中。季春之月，招摇指辰。昏七星中，旦牵牛中。”（该书原版第61页所引）其中“~中”的“中”，也是指正南方意义上的“南中”。又《辞源》第1400页“日南至”词条：“冬至日。夏至以后，日躔自北而南；冬至以后，又自南而北。故冬至日又称日南至。《左传》僖公五年：‘春，王正月，辛亥朔，日南至。’注：‘周正月，今十一月，冬至之日，日南极。’”又《辞源》第1399页“日躔”词条：“太阳运行的度次。《文选》南朝宋颜延年（延之）《三月三日曲水诗序》：‘日躔胃维，月轨青陆。’《元史·历志》一：‘列宿著于天，为舍二十有八，为度三百六十五有奇，非日躔无以校其度，非列舍无以纪其度。’”以上“日南至”“日躔”等，所指似皆关涉“南中”之义。

② ［日］古川末喜：《二十四节气与中国诗》，文学通信，2020年，第31页。

③ ［日］古川末喜：《二十四节气与中国诗》，文学通信，2020年，第66页。

> 以365天二十四等分的结果是天数为15天的节气有19个，天数为16天的节气有5个。①
>
> 一年的零头为0.25天，4年则为1天，于是每4年就有一年有6个天数为16天的节气。……在15天的基础上增加的1天，称作没日。②

由上大体可见，“没日”是关系到太阳黄经一年周期与二十四节气如何加以精密计算配置的术语，该术语具有方法论意义。

查古汉语《辞源》，无“没日”词条。③

再查现代汉语《辞海》，亦无“没日”词条。④

又查《日本语大辞典》（讲谈社，1995年），也未见“没日”词条。⑤

而据古川末喜该书所述，“没日”在中国古代历学中是关键词：“各正史的律历志中记载了推没日、推没日术、求没日、求没日术等。例如，《旧唐书》律历志二‘求没日术’……”⑥

该书还明确写道：“关于没日，本文参考了内田正男《日本历

---

① ［日］古川末喜：《二十四节气与中国诗》，文学通信，2020年，第32页。

② ［日］古川末喜：《二十四节气与中国诗》，文学通信，2020年，第32页。

③ 《辞源》（商务印书馆，1979年）第1741页“没”（mò）字义项有四：1. 入水；2. 淹没；3. 尽或无（《论语·阳货》“旧谷既没，新谷既升。”此义今读méi）；4. 没收；5. 通“殁”。

④ 《辞海》（上海辞书出版社，2009年）第1327页“没（mò）”字条未列“没日”词条；又第1275页“没（méi）”字条亦未列“没日”词条。

⑤ ［日］梅棹中夫等编修《日本语大辞典》，讲谈社，1995年，第1617页。

⑥ ［日］古川末喜：《二十四节气与中国诗》，文学通信，2020年，第146页。（该段所举《旧唐书·律历志二》的“求没日术”，见《二十五史（百衲本）》第4册，浙江古籍出版社，1998年，第86页）

日原典》历法编第一章‘没日和灭日’(雄山阁出版，1975 年)、内田正男《历法与时间的原典》‘没日’(雄山阁出版，1986 年)、广濑秀雄《历法》(日本史小百科)‘没日’(东京堂出版，1993 年新装版)、汤浅吉见《关于宣明历的没日·灭日》(《历法与天文的古代中世史》第Ⅰ部第三章，吉川弘文馆，2009 年)、细井浩志《学习日本史的〈古代历法〉入门》Ⅲ第 2 章的‘6 没日·灭日’(吉川弘文馆，2015 年)等。”①可见日本学界对“没日”问题，自 20 世纪 70 年代以来多有研讨。

笔者循此在中国网页上查询，浏览到中国科学院《自然科学史研究》2000 年第 3 期所载大桥由纪《汉日灭日起源考》论文，其摘要曰，“最早出现的没日和灭日，可能是古代印度置闰法传来的痕迹……”又称，“最近没日、灭日也引起中国学者们的注意……”

笔者又循此线索浏览到王荣彬《中国古代历法推没灭术意义探秘》(载《自然科学史研究》1995 年第 3 期)，又见“西北大学科学史高等研究院曲安京教授 2022 年主持获批的‘中国历法史’项目，旨在系统梳理……使得中国传统历法这个冷门绝学得到传承和发展。”

由此看来，古川末喜该书以“没日”为方法对“二十四节气原理”这一“冷门绝学”的综合性研讨，也堪称先着一鞭。

---

① ［日］古川末喜：《二十四节气与中国诗》，文学通信，2020 年，第 146 页。

四、关于“王双懐教授に捧ぐ”

该书原版扉页有如下奇拔之题词：

『中華日曆通典』主编王双懐教授に捧ぐ ①

（献给《中华日历通典》主编王双怀教授）

但是印象中，《二十四节气与中国诗》和《中华日历通典》，两位作者未必见过面，何以有如此突兀之题词？读古川末喜该书《后记》方略知原委：

“数年前，我开始进行二十四节气研究时，根据自己的兴趣购买了一套有趣的书。当收到这套书时，我震惊了。这就是王双怀主编的《中华日历通典》。此书连续不断地记载了跨越三四千年的阴阳历中的每月、每日的历法数字和天干地支。全书重达 11 千克，共 4 册，A4 版，4498 页，通篇都是这些数据。无论是谁看到这样的书后，都会为自己的冲动行为感到后悔吧。从此以后，这套书就在我书斋的一角，作为书架的镇石……”②——古川教授这里使用了“震惊”这样的形容词。

---

① ［日］古川末喜：《二十四节气与中国诗》，文学通信，2020 年，第 1 页。百度网页：王双怀，陕西铜川人，1961 年 10 月生。1979 年考入陕西师范大学历史系，毕业后赴陕西榆林中学任教。1985 年至 1988 年为陕西师大硕士研究生。1988 年 6 月留校工作，从事中国古代史的教学与研究。1994 年 8 月考入陕西师大历史地理研究所，随史念海先生研读历史地理 。1996 年晋升副教授。1997 年获博士学位。1998 年 10 月赴香港浸会大学访学。现为陕西师范大学博士生导师，研究方向：隋唐史、历史地理 。

② ［日］古川末喜：《二十四节气与中国诗》，文学通信，2020 年，第 425 页。

"过了一两年，当我开始关注节气日期时，突然发觉这套全是数字和天干地支的书，记载的都是我要查找的节气日期。此后这套书就成了我最频繁参照的案头书。如果没有这部《中华日历通典》，我的二十四节气研究，也必定只是漠然地联想到季节，内容模棱两可，模糊不清。因此可以说，这本著作只不过是根据王双怀等的历法研究资料，将其应用到文学作品鉴赏方面的一个尝试罢了。"①——这里又称《中华日历通典》是"我最频繁参照的案头书"。

更关键的原因在于该书序言的一段论述："很多古诗并无明确标记何年何月所作，但是根据诗题等所提供的节气词等相关信息，可以推定其作于何年何月。当代两本著作提供了必要的条件：张培瑜著《三千五百年历日天象》(1990)和王双怀等主编《中华日历通典》(2006)。在这两部书中，中国悠久的历史纪年首次被附以二十四节气的标记。……由此，只要知道某一朝代某一诗人某首古诗中述及与节气关联的信息，那么以上面二书为工具，就可望有所推断该诗的创作年月等信息。"②作者发现这一方法是在2016年夏天：

> 当我以此方法推算出某诗的制作年后，再去查阅该诗人专集文献的"作品年表"，令我惊愕的是，很多诗处于创作年未详的状态。……此时此刻我意识到，目前看来尚未有研究

① ［日］古川末喜：《二十四节气与中国诗》，文学通信，2020年，第425页。
② ［日］古川末喜：《二十四节气与中国诗》，文学通信，2020年，第15页。

者以此方法来推断古代诗人作品的制作年。①

因此，笔者以为该书扉页上的奇拔之献词，应该也寄托了一种期望，期望与中国古典文学研究领域的所有同行们分享这一新发现。

五、“鸟兽草木”与“比较文学”

孔子说《诗》可以“多识于鸟兽草木之名”。《文心雕龙》称屈赋之美缘于“江山之助”。在这个意义上，《二十四节气与中国诗》也提供了新视角。兹举两例。

其一，“萤火虫”。

该书说“小满”节气以宋代赵蕃《自桃川至辰州》诗句为例：“坐对苍然暮色侵，忽惊萤烛度枝深。”其释“萤”曰：

> 中国的七十二候中，大暑初候“腐草为萤”(《礼记·月令》)。该诗句中“忽惊萤”，是因为作者居住在湖南，时值小满，几乎早了一个半月。《礼记·月令》记载的是黄河中游地区的陆生萤，与长江中游流域水生萤不同。日本大部分地区，萤(hotaru)也是自小满起开始飞舞，芒种期最多，而到夏至结束。日本贞享历中恰巧也有“腐草为萤”的记载。可知宋代诗人赵蕃“在湖南省北部旅船上所见的萤，时间上与日

① ［日］古川末喜：《二十四节气与中国诗》，文学通信，2020年，第15页。

本萤的活动期一致”。①

又，“枫千树”。

“落日枫千树，残霞雁几行。”(明代姚汝循《宿三山别业》)该书以此为“寒露”节气的中国诗范例。其解说曰：

> “枫千树”的“枫”，是淮河以南常见树，其叶三裂，而与日本“紅葉”树(もみじ)所属树种(カエデ)不同。日本江户时代已经引入此中国“枫”，古代日本人误认为与“紅葉”同属。今天日本公园街道常见的就是“枫千树”之枫。这种枫树大体在寒露节气开始出红叶。落日余晖下它的美丽景象很容易想象。日本贞享历记有“茑枫红叶”，这是日本原生枫(カエデ)，它在寒露节气终了数天后才出红叶。②

中国当今新时代格言有“绿水青山就是金山银山”。缘此，古川末喜教授《二十四节气与中国诗》所频繁阐释的各种“鸟兽草木之名”，应该也不啻有助于“比较文学”的生机意趣。

陆晓光

2023年3月11日于青山石斋

① [日]古川末喜：《二十四节气与中国诗》，文学通信，2020年，第238页。
② [日]古川末喜：《二十四节气与中国诗》，文学通信，2020年，第328页。

序三

何谓二十四节气

即使是对二十四节气不太了解的人，也应该听说过春分、秋分、夏至、冬至等节气吧。写在贺年片上的立春、成为早春天气预报话题的惊蛰等，都属于二十四节气。2016年，中国在两千多年前总结的二十四节气，被列入联合国教科文组织《人类非物质文化遗产代表作名录》。除中华学术圈以外，日本、韩国、越南等处于汉字文化圈内的各国，也都不同程度地将二十四节气作为各自传统文化的一部分。二十四节气不仅被视为季节变换的标志，它在农业方面的作用不用说，在人们的衣食住行和健康、园艺等方面也得到了广泛应用，甚至被应用于观察虫、鸟、植物等方面，这些已悄然成了人们关注的热点。

首先简要介绍一下何谓二十四节气。二十四节气是古人将一年内太阳移动的时间和角度(即季节的推移)二十四等分所形成的结构体系。它有两种算法，一是将一年的天数二十四等分，二是将角度二十四等分。即，将一年365天二十四等分，或是将太阳绕黄道旋转一周360度，也就是将地球绕太阳旋转的360度二十四等分。若按前者划分的话，一个节气为十五六天；按后者划分的话，则为十四五天。从公元前2世纪前半叶开始，在很长一段时间内，都是按天数等分的；从17世纪中叶的清朝开始，才采取角度等分的方法。

二十四节气与月亮圆缺无关，只是纯粹观测太阳移动所得到的太阳历的一种。但是，二十四节气作为太阳历的一种，并非独自运行的。在以月亮圆缺为历法的阴阳历上，刻有太阳移动的刻度、季节变换的印记。二十四节气对于旧历即太阴太阳历而言，是不可或缺的因素，两千多年来，它与古代农业和生活文化等密切相关。

旧历日期中的节日活动，换成太阳历的话，会提前或者推迟大概一个月的时间。如果仅看旧历日期，就不清楚实际的季节变化。所以，今年(2020)旧历九月九日重阳节，由太阳历来看的话，最早赶在公历9月末，菊花还未开放；最晚公历10月末到来，而那时菊花已经凋谢。因此，诗人在按照旧历吟咏该季节时，与吟咏对象(季节)本身相比，仅是吟咏节日与季节的交错罢了。即便是吟咏季节的诗歌，作者也只能在主观上获得对当时寒暑的个人感触，与过去同一季节时感触的寒暑会有差异。

每年的年历是前一年制作出来的，而且会在前一年的十二月份前由中央送至地方。地方的官僚、文人等，也能通过查看中央颁发的新历书，获知注释上所记载的二十四节气的日期。而且凭借历书，可预知来年夏至是五月初还是五月底左右到来，立秋是六月份还是七月份，抑或在闰六月到来，等等。比如，历书上的立冬无论是九月十六日到来，还是十月十五日到来，或是闰九月十五日到来，一旦立冬到来，虽然每年多少有点差别，但是作为惯例，人们会开始感觉到冬天的气息。这就是二十四节气的原理。

二十四节气在旧历上的日期是变动的，而作为每年都有的季节却是不变的，由此，真正的季节感，若不是立足于太阳历的二十四节气的话，都会变得暧昧模糊。今年冬天的到来是早是晚，是和往年一样，还是比往年暖和或寒冷等，这样的比较都将无法进行。

中国古典诗歌中的二十四节气

我很早就想弄清楚中国古典诗是如何歌咏季节的。但是如前所述，只是根据旧历中的节气日，是难以知晓诗中所吟咏的季节的实际寒暑变化。那时我注意到，由于在旧历中编入太阳历的二十四节气，所以倘若以此为基准来考察的话，可望客观地判断该诗所歌咏的季节究竟是在怎样的时节。季节的推移取决于地球在太阳黄道上（即地球公转轨道上）移动的位置，因此，将一年分为二十四等份的二十四节气，对客观判断季节的推移极为便利。

的确，现行的历法也是太阳历，因而能正确反映每年的季节变化。但是，公历（即格里历，或称阳历，为便于表述，本书统一称为公历）将一年十二等分，间隔过长。若以周为单位的话，又太短，每年都有差异，因此公历将季节作为常年的标记单位并不恰合。首先，公历对一年之开始日的设定没有任何天文学根据。揭开耶稣被钉在十字架上死而复生的故事面纱，那里存在着在古罗马以前就有的冬至节吧，然而对于一般民众来说，这一冬至节却看不到了。冬天接近尾声，春日的阳光开始普照大地的立春节气变成了圣烛节，春分变成了玛利亚怀胎告知日，夏至则替换成了施洗者圣约翰节等，皆为宗教色彩所覆盖，公历被掩盖了。

在这一点上，二十四节气倒是有冬至夏至、春分秋分等的天文学根据。这“两至”与“两分”将一年划为四等分，又各自再做二等分，得出“四立”——立春、立夏、立秋、立冬，再进一步各自三等分，得出二十四节气。这种划分极为合理，丝毫没有宗教性的尘埃，所以任何文化背景的人都容易接受。二十四节气是基于太阳的移动，且常年较为稳定的结构体系，直接反映太阳移动的轨迹。而且，一个单位(节气)为半个月，在感知季节的变化上长度刚好。可以说，二十四节气作为季节的计量单位，是最为理想的。

旧历是通过观察月亮圆缺以确定日期的历法，即使是在采用旧历的时代，也清楚地附记有公历的刻度(节气标记)。生活在公历中的我们，如果使用这种刻度，就可以客观地与旧历中过去的时期进行比较。即使在公历被基督教历法所遮蔽的中世纪西欧社会，如果引入公历的二十四节气，也可以客观地进行比较。这里有用公历来比较的普遍性和用二十四节气来比较的优越性。

因此，中国古典诗适逢二十四节气时，会歌咏怎样的季节感，我尝试对此进行调查，并首先收集二十四节气中每个节气的诗。调查以往相关著述后发现，首先，日本以前没有如此按每个节气收集诗歌的著作。就较近的著述而言，倒是有岁时记、岁时诗之类的，其中内容仍是根据旧历分类整理的。

而在中国，以二十四节气与古典诗为题的著作，据我所知，至少出版有六部(见卷末参考目录)。的确，这些著述各具特色，尤其是在诗歌鉴赏等方面非常优秀，但是，为何将这些古诗划属为某个节气，对此并没有给出任何客观依据。诗题中出现冬至、立夏等节气名称的场合，因一目了然，不做讨论。就"霜降""大雪"等节气诗而言，这些与节气名称相关的词语是散嵌在诗句中的，很可能恰巧是描写该日下霜或下大雪等天气，为何认定该诗是该节气时所作，对此并没有进行缜密的探讨。

二十四节气与中国古典诗的创作年月

本书逐一探讨了所选录节气诗，其所属节气的根据，并尽可能究明作者创作时的年龄及所处地点。本书只列举并阐释可以证明确实属于某个节气的古典诗，这是本书的第一特色。

有些古诗即使没有记载具体创作年月，也可以从诗题等提供的节气日等信息入手，推定其作于何年何月。这时不可缺少的就是当代中国出版的两本著作。分别是张培瑜所著的《三千五百年历日天象》(河南教育出版社，1990 年)和王双怀等主编的《中华日历通典》(四册，吉林文史出版社，2006 年)，尤其是后者非常重要。这两部著作首次将二十四节气应用到中国历史纪年中，自公元前104年开始，直到此后的两千余年，所有的历月都复原了原有的二十四节气之时日。

如果已知相关节气之日期的信息，那么借助以上两本著述，可望很快查明该首古诗的创作年份。我注意到这一方法是在2016年夏，当时我正在准备后期授课的讲义。当我用上述方法推断出某首古诗的创作年月后，再查阅该作者的创作年表，有点惊讶的是发现该诗的创作年份标注为未详等(当然，本来就没有“制作年表”的诗集也不在少数)。此时我意识到，迄今还没有研究者使用过该方法。

只要知道节气的日期、是哪个节气，以及创作年代这三项中的任何两项，那么第三项就自然可以推知。如果是有多个备选项的场合，只要以作者一生的跨度为限，那么也不难减少可能产生的歧义。若知道作品的创作年代，就基本上可以知道是作者多少岁时创作的、是在何处居住时创作的等。相关的其他情况也可以变得明朗。如果这一切都弄清楚，那么也就可望一步一步地甚至更快地切实推进作品研究和作家研究。

这一方法亦可应用到中国古典诗以外的领域。在中国以外的国家，只要古文献中标记有二十四节气日期的相关信息，那么也可望在更大范围中加以活用。这是本书的第二个特色。

仅仅依照旧历日期来判断吟咏季节的诗歌，难以精准了解诗人创作该诗时的具体季节的实际状况。本书对所举中国诗的解说，都根据二十四节气原理，对相关季节的背景等做了尽可能明晰的考证。依托这一有客观依据的考证，可望进一步讨论不同诗歌季节感的相对差异。在此过程中，我还尝试以不同于以往的视角进行作品鉴赏。通常的诗歌鉴赏多指所谓文学性探讨，即从诗人作品出发，探讨某诗在思想意趣、诗歌形式方面所受影响，或者是该诗对后世诗人的影响等，这是历来诗歌鉴赏的核心惯例。但是我主要关心的不只是这种文学的影响关系，而是更想知道各个节气是如何被吟咏的，作者对某一节气又是如何感触感怀的。

就此而言，本书更关心的是二十四节气的每个节气的特征，即风、气温、雨、雪、霜等气象，然后是每一节气的花开、叶落等植物生长的形态与鸟类、昆虫的动态，亦即相关的物候(参考凡例)变化，这一切是如何描写出来的。由此，本书的作品鉴赏毋宁说更有点理科专业视角的倾向，也许未曾预料地成了文理综合型的作品鉴赏集了吧。不过这也是本书的第三个特色。这一特色是否也开拓了中国诗的阅读方法，揭示了中国诗的新魅力和新价值？从历史气候变化的观点看，是否也是一种对中国诗意义的发掘呢？

如今，全球范围的气候变化引起了人们的关注，这种现象恐怕是以往任何一个时代都没有的。本书通过中国诗而追溯往昔的季节状况，借此切实了解古人是如何敏锐地感知季节变化，这个立意无疑也是因为作者自己置身于关注气候变化的时代潮流中所致。我能做的是，在保存了大量古代文献的中国，对历史气候曾发生过怎样变化的问题，运用太阳历二十四节气的尺度以准确衡量季节，就其中的古典诗作品做初步探讨。

最后要说明，本书序编是对二十四节气在中国的产生和发展历程所做的概论式总结。目前，以二十四节气为题的著作在日本出版界引发了小高潮，但是尚未出现追溯二十四节气原理及其在中国四千年古天文学和日历学中发展历程的专著。本书序编若能成为填补这一空白的率先之作，幸甚至哉。

古川末喜

凡例

◎原典中使用的旧体字、俗字、异体字等，在不产生误解的情况下，统一改用常用字体。

◎关于历史上的地名，在括号中标注现在相当或接近的地名。

◎关于角度和时间单位，根据情况分别使用六十分法(度、分、秒)和十进制。

◎有些地方的日出、日落、月出、月落时刻，原则上使用以海拔0米为基准的数据来表示，但也有采用如今当地的实际海拔来表示的。

◎旧历和节月的日期用汉字表示，新历(公元纪年)日期用阿拉伯数字表示。

◎节气的日期依据王双怀主编的《中华日历通典》，也适当参阅张培瑜的《三千五百年历日天象》。

◎“旧历”在本书中为中国阴阳历(阴阳合历=旧历)的意思。日本经常使用的太阴、太阳历，在中国几乎不怎么使用。另外，日本在贞享历(1685年起)以前，虽以中国旧历为基准，但中日两国的旧历不完全相同。

◎本书中的“新历”是指公历(格里历)意义的新历。用儒略历(Julian calendar)表示时，会特殊注明。在中国，除新历外，还有公历=阳历=西历等说法，特别是把 Gregorian calendar 称之为格里历(格里高利历等)。①

◎书中旧历日期后的括弧内显示的阿拉伯数字，是换算成公历(格里历)的日期。将旧历转换成公历(新历)使用的工具书、网站、软件等，在公历导入以前(1582 年 10 月 4 日前)，一般是用儒略历表示日期的，本书在此基础上进一步将儒略历日期转换成公历(格里历)。

◎“二十四气”与“二十四节气”

如今所说的“二十四节气”，原本称作“二十四气”。“二十四气”的说法在汉代文献中已经开始使用，直至中华民国之前。“二十四节气”的说法从宋元时代开始出现，明清时代稍有增多，到了现代，中国和日本已经几乎看不到“二十四节气”以外的说法了。如果说“二十四气”，反而倒有些违和感。但是，“二十四节气”的说法也有笼统的短处。从原理上讲，“二十四节气”是由“十二中气”和“十二节气”组成(偶有“二十四节”的说法)。本书多采用如今通行的“二十四节气”的说法，但是，也区别“中气”和“节气”，区分不清时，则采用“二十四气”的说法。

◎“历月”与“节月”

“历月”实际上就是指为世人使用的历法，以及根据当时历法规定的日历上的一个月。“节月”是将二十四气分配到十二个月的

① 本书译本中均采取公历代替新历的说法。——译者注

情况下，月的前半部分为“节气”，后半部分为“中气”的一个月。在中国，几乎看不到这个意义的“节月”，但是有被中国古天文学家、日历学者称作“节气月”的说法。本书将节月的内涵稍做扩充，无论阴历、阳历，都采用实际运行历月的历法体系中的意义。另外，还包含二十四节气太阳历中的意义。这是一种在十二个月中设定节月，以及每月一日为每个节气的初日、每月十六日为每个中气初日的体系。而且，在古代文献中，发现有用历月写的文章，而实际上却是节月意义的情况，因此应区别对待。

◎“节气”的狭义与广义

狭义的节气指每个节月开始的十二个节气(立春、惊蛰等)，广义的节气还包括每个节月后半部分的十二个中气(雨水、春分等)。因此，说到节气时，是指相对于中气的节气，还是包含中气的节气，需加以区别。本书表述上已尽可能做到避免由此产生的混乱。

◎“入节”(节气日)

新历中的立春日大约是二月四日，而从旧历来看的话，则可能是在十二月(包括闰十二月)，也可能在正月，因此在历月上该节气何日到来就很重要了。在日本，习惯上将某节气的到来称为“入节”(節入り)。本书借此进而将进入某节气、中气的日子称之为“入节”“入节气”等。如此也可以说“入中气”，然而实际上是没有这个说法的。“入节(气)”的说法中，也包含“入中气”的意思。①

① 后文中将“入节”均翻译为“××日”，如立春日、冬至日、白露日等。——译者注

◎本书提到的年代，原则上到使用平气法的明代为止，特别是本书关于入节的时日、期间、没日①的说明，不适用于使用定气法的清代时宪历以后的情况。(参阅序编)

◎一年的开始

二十四节气从本质上而言是古人根据太阳移动制定的。在古老的中国，人们通过观测太阳南中②时影子的长度，对太阳的移动有了准确的把握，把影子最长时的冬至作为天文、历学的起点。因此，实际的历法中，有把冬至到来的月份(相当于旧历十一月)作为一年开始的正月。但是，从西汉太初历开始，也有把雨水到来的月份(节月的话则是立春正月节和雨水正月中)作为一年开始的正月。古代中国人认为，与寒冬开始的冬至相比，预示春天来临的立春更适合作为一年的开始。所以，近年来介绍二十四节气的著作，几乎都是从立春开始的。

但是，如今我们已经习惯了公历，若把立春作为起点，那就

① “没日”是本书的关键词。中国古代“各正史的律历志中记载了推没日、推没日术、求没日、求没日术等。例如，《旧唐书·律历志二》‘求没日术’……”(见本书序二第7页)。本书作者阐明了“没日”一词作为历法术语的特殊含义：一年有365.25天。将一回归年的365.25天二十四等分的话，就出现了余数。每个节气为15.2天，即每个节气基本为15天。在历法上，无法罗列含有小数点的日期，所以365天24等分的结果是天数为15天的节气有19个，天数为16天的节气有5个。又，一年的零头为0.25天，4年则为1天，于是每4年就有一年有6个天数为16天的节气。“在15天的基础上增加的一天，称作没日。”(见本书序二第6页)。——译者注

② “太阳南中”也是本书的关键词。古汉语《辞源》(商务印书馆，1979年)与现代汉语《辞海》(上海辞书出版社，2009年)皆无“太阳南中”词条。《日本语大辞典》(讲谈社，1995年，第1617页)释义为：“‘南中(なんちゅう)’：太陽、星などの天体が天の子午線に到達すること。transit。”(“南中”指太阳、恒星等天体到达子午线时。英语为transit。)

成了从2月开始一年；若把冬至作为起点则成了从12月开始一年。所以，无论从哪个节气开始，按照公历来看的话都有些违和感。因此，本书以古典诗为研究对象，虽以立春为始，但会在该诗下标记所属公历月份。如，小寒1a，大寒1b等。小寒1a意为大概一月中上旬是小寒节气，大寒1b指大概一月中下旬为大寒节气。所以，即便不知道某节气何时到来，如果标识有芒种6a，则意味着芒种是六月的中上旬到来，霜降10b则意味着十月中下旬该节气到来。如此则便于一目了然。

◎“物候”

本书中频繁使用的物候一词，日语中不怎么使用，在中国却是从古至今都使用的、历史悠久的词汇。所谓物候，简而言之，即通过各种各样的事物观测每年气候变化的征候。物候的“物”指植物、动物、气候等，这些随季节变换呈现的周期性现象。“候”是观察、征兆之义，指由呈现出的现象可以观察到的季节变化的征兆、苗头等。植物开花、结果；鸟虫开始鸣叫、筑巢、产卵；候鸟飞来和归去；彩虹和雷电的活性化；开始下霜、开始结冰、开始解冻的征兆等。这些都是物候。日本自古以来也有在民间使用的自然历、气象厅发布的生物季节观测等，这也属于其中一部分吧。若将这称作学问的话，当可称为生物季节学（phenology），在中国被称为物候学，相当兴盛。

◎“中国诗”的训读和口语体译文

即便将中国诗原文直接改作训读文，也很难理解其中的含义。并且，即使改成了口语体，为何变成了那样的日文？这与原文之间有太大的距离，也很难把握住其中的关联性。于是，本书作者自己立下了一条译文新规，即将原诗文的汉字，全部逐一采入口语体译文。如此，原文中的汉字在口语体译文中，置换成什么样的口语，就非常清晰了。只是，遵循训读当初的习惯，将否定词“不”等仍用平假名书写。将原诗中的汉字全部保留到口语体译文中，这样的译文称之为训读式口语译文，也许是非常恰当的吧。这也可谓本书的又一特色。①

① 本书翻译过程中省去了原著中的日文口语体译文，只将这部分译成中文，以“拙译”标识。——译者注

目录

序编　二十四节气概说

本编　有关二十四节气中国诗的探讨

序编

二十四节气概说

二十四节气是什么样的？是经过怎样的准备阶段而形成，又是如何发展充实起来的？在此，对这一梗概稍做介绍。本书并非学术性著作，因此在参考文献中也只是列举了二十四节气概说类的文献。本人并非天文学、历法学方面的专家，本没有资格写这样的东西，然而当下没有全面讲解二十四节气原理、历史等内容的著作，在此情况下，姑且希望拙著能填补这一空白。当然，即使不通览序编而直接阅读本编，也不会对本编的理解有任何障碍。

本编部分使用了“旧历”名称，而在序编中用的是“阴阳历”名称，这是因为在天文学、历学等方面，阴阳历的称呼更为准确，而且这一名称在中国得到了专门使用。另外，在中国的历学、天文学等著作中，也有将其称作更为郑重的“阴阳合历”的情况。

第一节　二十四节气的原理

1. 太阳黄经

辞典中对现在节气的解释，如“秋分”为 9 月 23 日左右，或者注释为(9 月)23 日或 24 日等稍有浮动的日期。还有写作太阳黄经 180 度的。这个 180 度的角度，在古人的认知中，是以春分为起点，太阳移动到黄道 180 度的位置。若按地球公转轨道而言，是地球从春分开始绕公转轨道旋转 180 度的位置。因此，将太阳黄经理解为地球在其公转轨道上从春分开始旋转的角度也无妨。

黄道是太阳在古人制作的天球上旋转的轨道，太阳黄经是(太阳)在黄道上旋转的刻度。不过，所谓的黄道，实际上并非真实存在于天空，而是人们通过长期观察创作出来的，如下图所示。该图展示了公元前 1000 年前后，地球一年内绕太阳旋转的公转轨道和如今假定的、具有代表性的十二星座所组成的位置关系。太阳位于正中央，地球历时一年绕太阳一周。在地球公转轨道的外侧，广袤的宇宙中存在着很多的恒星。人们巧妙地将这些星星进行组合，并赋予其文化意义，称之为巨蟹座、水瓶座等。这些恒星位于距太阳系非常遥远的地方，是不会围绕太阳旋转的，是与太阳系无关的存在。

地球绕太阳旋转至冬至时节，朝太阳的方向望去，可看到摩羯座(山羊座)。当然，在太阳光下肉眼是看不到恒星的，但只是看不到而已，实际上是有恒星存在的。不管是早上还是中午，摩羯座总是存在于太阳方向的位置。因此，人们认为太阳此时位于摩羯座。三个月后，地球旋转至春分时，朝太阳的方向望去，可看到白羊座(牧羊座)。因此，太阳此时位于白羊座。再过三个月，地球旋转至夏至时，巨蟹座存在于太阳的方向，因此，太阳此时位于巨蟹座。

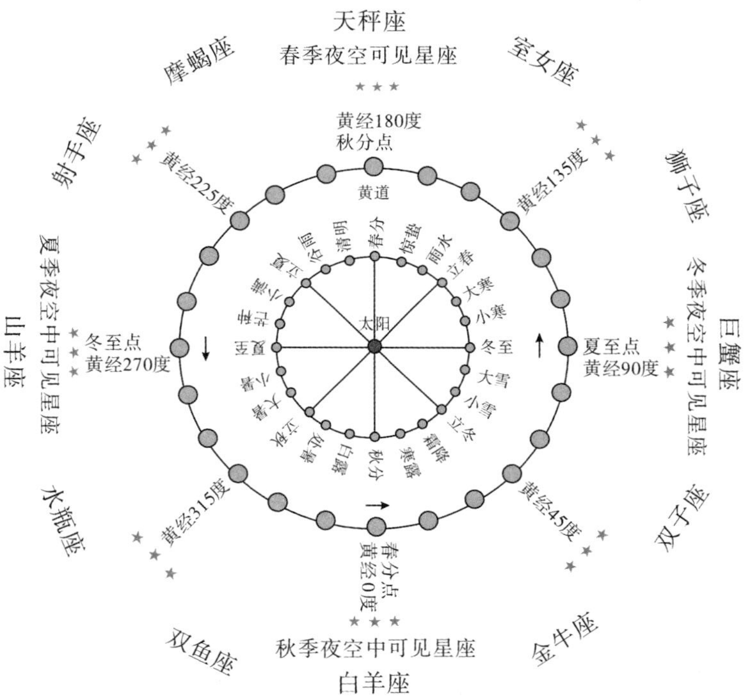

如此，在不同季节由绕太阳公转的地球观看太阳，可以看到太阳在广袤的宇宙中，太阳所在的不同的位置。将一年中太阳所在的这些位置连在一起，我们可以认为这就是太阳的通道即黄道。

用图来说，内侧的圆是地球每天围绕太阳转动约一度的公转轨道，外侧的圆是每个季节从地球所看到的太阳所在的方向、太阳的通道、黄道。在图中，地球是逆时针旋转的，其结果，从地球上看到的太阳，似乎也在黄道上逆时针旋转。地球的公转轨道是一个大致平坦的圆盘，圆盘中间是太阳，地球在它的外缘旋转。如果换一个角度，以地球为中心来思考，就像地球在圆盘的中间，太阳在圆盘的外缘旋转一样。再将其立体化，想象一下天球的话，球的中心是地球，太阳沿着贴在天球外表面的黄道旋转。

这种由于视角的变换而产生的视觉效果的逆转，想象一下游乐园的旋转木马就很容易理解了。木马是地球，太阳是木马呈圆形排列的大转盘的中心轴。从外面看是骑着旋转木马的孩子在围绕着旋转轴转，但是，在骑木马的孩子看来，旋转轴对面、正后方的景色在不断变换、转动。（进而想象一下下面的情况，就可以理解半年后午夜南方的夜空中看到当时太阳所处的星座。该木马自转，旋转轴发出强光。所以，此时从孩子的角度来看，转轴正后方的景色是耀眼的，看不见的。当旋转到正对面时，乘坐自转木马的孩子，背对旋转轴的时候，才可以第一次看到他正前方的景色。再想象一下这个木马的自转轴是斜的，孩子骑在倾斜的木马背上，有的时候略微向下，面朝地面，有的时候略微仰头，看着天空，绕着转盘转。把倾斜的木马背部比喻为赤道面，转台比喻为黄道面，就更容易理解这两方面倾斜的意义了。）

以上是我们从现在已知的地动说的立场出发，重新思考黄道的内容。然而，接下来从不知道“地动说”的中国古代人的立场出发，想象一下他们是如何看待黄道的。

太阳每天从东方升起，在天空中由东向西顺时针移动落下，这种运动被称为太阳的日周运动。但与此不同的是，冬至时太阳只升到低处，夏至时升到高处，整年来看，太阳或者在天空的高处移动，或者在低处移动，可以想象每天都在进行着不同的运动。

在阳光升起的南方天空，白天明亮，看不到星星，所以不知道太阳背后是什么星星。到了晚上，可以看到星星，但那又不是太阳背后的星星。太阳背后的星星，已经和太阳一起沉入地下。但是，傍晚时分，太阳刚落下时，没有了日光的干扰，人们可以看到紧随太阳的星星。不久，这些星星也会和太阳一起沉入地下。一夜过去，在太阳升起之前，这次人们能看到跑在太阳前面的星星。但是太阳一露头，在阳光下那些星星就看不见了。如此，在日落后不久的西方天空和日出前的东方天空，都可以看到靠近太阳并前后夹着太阳一起移动的星星。

观察这些星星时会发现，这些星星随着季节的变化而逐渐发生着变化。而且，如果一年四季观察这些星星，就会发现，正好以一年为周期，在相同的时间、相同的方向上，可以看到相同的星星(星星的年周运动)。另外，根据日落到日出的正好一半的时候，也就是午夜时分，正南边升起的星星，可以推断出与地底的太阳位置正好相反的星星。然后，会发现某个时期只能在日落后不久西边的天空和日出前东边的天空中才能看到的、前后夹着太阳的星星，半年后在午夜的南边的天空中排列在了一起。而且，可以看到本应位于太阳的正后方的星星出现在了正当中。

这样的观察，持续多年，将这些星星拼接在一起，太阳背后的星星就会以一年为周期连成一条带状星路。给人的印象，好似嵌有多个星星的大圆环或带子一般。

在日落后不久或者日出前的某个固定的时间点，往西或往东确定好方向，一年四季观察太阳，就会发现太阳背后前后的星星，随着季节的推移，逐渐向西下沉，又一点一点地从东方升起。也就是说，可以看到太阳的背后镶嵌着星星的大圆环，一年来都在按顺时针方向旋转。如果将这个圆环看作固定的，就可以发现太阳在这个圆环里，一年到头在由西向东按逆时针方向移动。这就是古人想象的太阳通道——黄道。

东汉时期，人们通过持续观察日落后和日出前南中的星星；南北朝时期通过观察午夜南中的星星，推测出太阳届时位于黄道的哪个位置。古人用各种方法推测太阳在星星之间的位置，称为“步日所在”。“步”是推测之义，“步日所在”即推测太阳目前所处的位置。

太阳在黄道上运行的想法是古人根据自身的实际情况想象出来的，但实际上，这是地球公转运动的反映，而且地球的公转运动恰好与此相反。黄经就是刻在这条黄道上的刻度，以春分点为0度，从春分点逆时针起算。根据今天是黄经几度，来定义节气。从黄道上的春分点算起是黄经多少度的数值，实际上就是地球在公转轨道上，从春天开始旋转的数值。

从地球来看，黄道(面)具有一定的角度倾斜。夏天的太阳升到高处，冬天的太阳只升到低处。从这一点来看，这是可以从经验上直观感受到的。地球的自转轴相对于地球的公转面倾斜23.4度，因此，自转的地球赤道面和公转面也倾斜23.4度。换一个角度，在以地球为中心的天球上考虑的话，地球旋转的公转面就变成了太阳移动的黄道面，地球的赤道面直接延伸到天球的话，就变成了天的赤道面。这样黄道面和赤道面就形成了23.4度的交叉。而且这两个面以春分点—秋分点的连线相交，而且春分点是赤道面下(南)的太阳在赤道面上出现的点。因此，将这个春分点作为太阳运动的起点(黄经度)，非常符合当时人类的感觉。

无论大洋东西，古人都得到了黄道这个思路。说到黄道，就不得不提黄道十二宫(十二星座)，想必大家都会想到这一点，不过，这原本与二十四节气并无关系。黄道十二宫(十二星座)是古巴比伦人的构想，据文献记载，公元6—7世纪这一构想才传至中国。但是，如今二十四节气和黄道十二星座是有关联的。古代的中国人构建的不是十二宫，而是后述的所谓二十八宿和十二次的太阳通道，这些后来都与二十四节气相关。不管如何，这些都是从地球上看到的星星和太阳的运动，即起因于地球的公转运动，所以也和太阳历的二十四节气有规律地相对应。

2. 节气的时刻

一般情况下，节气只用日期来标识，而某些具体场合会精确到时刻。如2019年的夏至是6月22日0时54分。这是由(日本)国立天文台在此前一年的2月，于《历法要项》上正式发布的时刻。如今的节气是用太阳黄经表示的，如夏至是由春分点黄经0度到达黄经90度的瞬间，若换成地球公转轨道来讲，是地球从春分开始旋转到90度时的瞬间，即连接太阳与地球的中心线旋转至90度的瞬间。因为是一瞬间的时刻，所以可以秒为单位精确地表示出来。

此刻，日本的日期和时刻也会随着其在地球上所处的位置而发生变化。2019年，地球由春分旋转至90度时，日本在自转中的地球上，通过了太阳正后方，位于刚过45分的位置。中国位于日本的西侧，时差晚日本一个小时，还未旋转至太阳的正后方。所以，(中国的)日期还没有发生变化，中国的夏至是此前一天的6月21日23时54分。

3. 节气的时段

虽然各节气的时段都是由一年内“太阳的转动”二十四等分得到的，但是按天数分割，还是按角度分割，会使节气的时段有差异。前者(按天数分割)是平气法，后者(按角度分割)是定气法。平气法是将一年的天数即一个回归年的长度等分，亦称恒气法。但是古人是如何计算一年的天数的，以及将何时作为一年的起点？如果持续观测日出和日落的方向，(太阳)由最北端移动至最南端时，可知每年的周而复始。古人也由此知道了夏至和冬至(春分、秋分)。如后文所述，世界各地都有观测冬至和夏至的古代遗迹，而且很多都成了世界遗产。

另外，到了某个特定的时期，在日落后或日出前，必定会在地平线上出现特定的星体，或者为南中，以及，北斗七星以北极星为中心，一年旋转一周。根据观测这样的星体一年的运动周期，可知一年的长度。

还有，在地面上垂直放置一根竿子，再在其正下方水平地面上南北朝向放置一把长标尺。持续观测太阳每天位于正南方向时的影子长度，可知冬至时最长，夏至时最短。人们一般将这一装置称之为“gnomon”，在中国称作“圭表”，其中立着的竿子为表，地面上水平放置的标尺为圭。

自古以来，中国凭借圭表，正确观测一年的天数。在春秋时代(前770—前476)以前，古人就已经知道一年有365.25天。西汉时，使用的竿子(表)的高度是八尺，测量(表的)影子长度的圭为一丈二寸(西汉时一尺约为 27. 65 厘米)。影子的长度传统上是依据古阳城(今河南省开封市，北纬 34. 4 度)的观测数据，夏至时长度为一尺五寸，冬至时为一丈二寸。(参考第三节的“2.《后汉书 · 律历志》”)表越高，测量的精确度越高，但影子会模糊不清。人们考虑了很多的办法和计算方法，到明代时，根据高度为六丈的表，甚至得出了与当时回归年的实际值仅差 2 秒的数值。

4. 平气法

这是以冬至为起点计算一年天数的方法。冬至时，(表的)影长是一年中最长的。弄清楚(冬至)前后太阳影长的变化，就很容易确定冬至日。若冬至确定的话，就可以按各节气分割天数。将 365 天二十四等分，每个节气为 15. 2 天，即每个节气基本为 15 天。在历法上，无法罗列含有小数点的日期，所以 365 天二十四等分的结果是天数为 15 天的节气有 19 个，天数为 16 天的节气有 5 个。

一年的零头为 0. 25 天，四年则为 1 天，于是每四年就有一年有 6 个天数为 16 天的节气。即一般情况下，一年设置 5 个天数为 16 天的节气，四年才会有一次设置 6 个。在 15 天的基础上增加的 1 天，称作没日。至于将没日划分到哪个节气中，需要使用复杂的计算法。但是，若单纯采用平均计算法，则在(一年的)70 日左右插入一天。(关于没日，也可参考本编第一章第一节的“参考　关于‘没日’”)

另外，人们认为，古人用圭表测量太阳影长的平气法，也参考了通过观察二十八星宿、十二次等结果得到的各节气的数据。

5. 采用二十四节气的太阳历

冬至和夏至、春分和秋分是作为天文运动而真实存在的时令。这种二至二分，进而又各自六等分得到的二十四节气，只是人为划分的结果，并非作为有某种意义的天文现象而真实存在的。尽管如此，将此作为历法使用的话，就形成了纯粹的太阳历。

宋代的沈括根据二十四节气制作了《十二气历》(1086)，也是他个人的想法，已消失在历史的长河中。太平天国时代，基于二十四节气制定的《天历》，也随着太平天国运动的失败而被废止。换言之，中国历代王朝并没有将这种好不容易发明的、独创的二十四节气，作为独立的太阳历正式使用。

那么，纯粹采用二十四节气的太阳历会是什么样的呢？只要给二十四节气的框架里填入日期，并使该日期具有节气意义，就构成了具有万年历性质的历法了。这里试将北宋咸平二年十二月二十二日(1000年2月5日)至咸平四年一月三日(1001年2月5日)的366天，转换成以二十四节气为中心的太阳历。不过，最小限度地附加了月亮圆缺的因素。

【基于二十四节气的咸平二年十二月二十二日至咸平四年一月三日】

(公历1000年2月5日—1001年2月5日，366天)

Ⅰ月 立春 01 02 03 04 05 06 07 08 **09** 10 11 12 13 14 15 16

咸平二年十二月二十二日至咸平三年一月八日

雨水　17 18 19 20 21 22 23 24 25 26 27 28 29 30 31
一月九日至一月二十三日

Ⅱ月　惊蛰　01 02 03 04 05 06 07 **08** 09 10 11 12 13 14 15
一月二十四日至二月八日

春分　16 17 18 19 20 21 22 23 24 25 26 27 28 29 30
二月九日至二月二十三日

Ⅲ月　清明　01 02 03 04 05 06 **07** 08 09 10 11 12 13 14 15 16
二月二十四日至三月十日

谷雨　17 18 19 20 21 22 23 24 25 26 27 28 29 30 31
三月十一日至三月二十五日

Ⅳ月　立夏　01 02 03 04 05 **06** 07 08 09 10 11 12 13 14 15
三月二十六日至四月十日

小满　16 17 18 19 20 21 22 23 24 25 26 27 28 29 30
四月十一日至四月二十五日

Ⅴ月　芒种　01 02 03 04 **05** 06 07 08 09 10 11 12 13 14 15
四月二十六日至五月十一日

夏至　16 17 18 19 20 21 22 23 24 25 26 27 28 29 30 31
五月十二日至五月二十七日

Ⅵ月　小暑　01 02 **03** 04 05 06 07 08 09 10 11 12 13 14 15
五月二十八日至六月十三日

大暑　16 17 18 19 20 21 22 23 24 25 26 27 28 29 30
六月十四日至六月二十八日

Ⅶ月　立秋　01 02 **03** 04 05 06 07 08 09 10 11 12 13 14 15
六月二十九日至七月十三日

处暑 16 17 18 19 20 21 22 23 24 25 26 27 28 29 30 31

七月十四日至七月二十九日

Ⅷ月 白露 **01** 02 03 04 05 06 07 08 09 10 11 12 13 14 15

八月一日至八月十五日

秋分 16 17 18 19 20 21 22 23 24 25 26 27 28 29 30

八月十六日至八月三十日

Ⅸ月 寒露 **01** 02 03 04 05 06 07 08 09 10 11 12 13 14 15

九月一日至九月十五日

霜降 16 17 18 19 20 21 22 23 24 25 26 27 28 29 **30**

九月十六日至十月一日

Ⅹ月 立冬 01 02 03 04 05 06 07 08 09 10 11 12 13 14 15 16

十月二日至十月十七日

小雪 17 18 19 20 21 22 23 24 25 26 27 28 29 **30** 31

十月十八日至十一月二日

Ⅺ月 大雪 01 02 03 04 05 06 07 08 09 10 11 12 13 14 15

十一月三日至十一月十七日

冬至 16 17 18 19 20 21 22 23 24 25 26 27 28 **29** 30

十一月十八日至十二月二日

Ⅻ月 小寒 01 02 03 04 05 06 07 08 09 10 11 12 13 14 15

十二月三日至十二月十七日

大寒 16 17 18 19 20 21 22 23 24 25 26 27 28 **29** 30 31

十二月十八日至咸平四年一月三日

◎将一年的开始 1 月 1 日作为立春。这一点与同是太阳历的法国革命历将秋分日定为每年 10 月 1 日，以及伊朗历将春分日作为一年的开始相似。

◎取年初为立春的话，接近于旧历日期；取年初为冬至的话，要将公历日期前移10天左右。

◎将一年分为12个月，每月姑且以Ⅰ、Ⅱ、Ⅲ、Ⅳ、Ⅴ、Ⅵ、Ⅶ、Ⅷ、Ⅸ、Ⅹ、Ⅺ、Ⅻ命名。无闰月。每月以30天为基础。

◎每月分为前半月与后半月，各以15天为基础。

◎每月前半月的1日通常为节气的首日，后半月的第一天通常为中气的首日。

◎出现没日的话，（前半月）则为16天，该月也就为31天。

◎加入月亮圆缺的因素时，用粗体字标识旧历每月一日（朔日/新月），用下划线标识旧历十五日。

◎例如，在该历上，被视作太阳黄经大约45度前后的日期，确定为每年的Ⅳ月（立夏小满月）1日。以月球的旋转来看，公历1000年的Ⅳ月，6日是新月，20日成了月圆之夜，这是偶然情况。

即便如上所示，加入了旧历的元素，中国在近现代之前也没有制作以阳历为中心的历法。取而代之得到发展的，是以太阴历（阴历）要素为核心的阴阳历。甚至可以说，二十四节气中的阳历是为了完善阴阳历而存在的。

6. 定气法

平气法是使用观测工具圭表，以冬至为起点，计算出一年的天数，并将其二十四等分。与之相对，定气法是西方国家运用开普勒行星椭圆形轨道的运行法则，将一个回归年划分为360度，以春分为起点二十四等分。这样的话，一个节气相当于15度。每个节气都一律为15度，这就构成了定气法中所说的节气时段，将此导入历法中，每个节气的具体时段就确定了。平气法是以“太阳围绕圆环状的黄道匀速旋转”(按公转轨道而言，地球是围绕以太阳为中心的圆形轨道匀速旋转)为前提。但是，根据开普勒行星运动的法则，这一前提本身就不存在。“黄道上的太阳旋转”，此处可理解为是有“表里反转”关系的地球公转。

地球公转是在以太阳为焦点的椭圆形轨道上，时而远离太阳旋转，时而靠近太阳旋转。在接近太阳(焦点)最近的近日点附近，旋转速度较快；在距太阳最远处的远日点附近，旋转速度较慢。所以，即使旋转同一角度，因速度不同，所花时间和旋转轨迹的长度都不同。即，在距离太阳近的地方，旋转速度快，所花时间少，旋转轨迹短。反之，在距太阳远的地方，旋转速度慢，费时多，轨迹也长。

近年，由冬至到小寒前后，地球位于近日点。夏至到小暑前后，地球位于远日点。因此，从冬至到小寒前后时地球公转速度快，节气的期间短，多为14—15天。另一方面，由夏至到小暑前后时，地球公转速度慢，节气的期间较长，多为15—16天。

以2016年的大雪节气和2018年的夏至节气为例看一下。根据(日本)国立天文台历法计算室“历法要项”《二十四节气及杂节》，试着用日期和实际的小时数来计算各自节气的时段。位于近日点的大雪，时段是从12月7日1时41分至12月21日19时43分，实际时间是14天18小时2分钟。而在日期上，12月21

日开始是冬至，所以，大雪时段只有 14 天。位于远日点的夏至是从 6 月 21 日 19 时 7 分至 7 月 7 日 12 时 42 分，实际时间是 15 天 17 小时 35 分钟，而在日期上，7 月 7 日开始是小暑节气，所以夏至有 16 天。如此，位于近日点附近的大雪和位于远日点的夏至，从旋转的角度看，尽管都是 15 度，但是所用的时间竟相差 23 小时 33 分钟。而且，历法上的节气时段，像这种情况，再有偶然因素的话，会导致相差两天的结果。

定气法是在采用开普勒法则的椭圆形轨道和非匀速运动的基础上计算节气的。对于这一算法正确与否的讨论，从明代末已经开始，而真正作为实际的历法实施是从清代的“时宪历”(1645—1911)开始的。因此，以 1645 年为界限，之前的历法为平气法，其后的称为定气法。使用《三千五百年历日天象》及《中华日历通典》进行确认的话，1645 年(清顺治二年)小雪和大雪节气，的确是 14 天。而在平气法中，一个节气为 14 天是不可能的。与之相对，定气法中冬至、小寒等节气为 14 天的并不少见。日本采用定气法比中国晚了近 200 年，到幕末 1843 年为止的“宽政历”仍是平气法(按日期分割法)，从 1844 年开始的“天宝历”才采用定气法(按角度分割法)。

第二节　二十四节气成立前史

二十四节气以“完成式”首次出现在历史文献上是在《汉书·律历志》的太阴历中。下面简单回顾一下《汉书·律历志》是怎样形成，之后又是怎样发展的。

1. 由古代遗址看冬至、夏至、春分、秋分

在古代人看来，太阳活动最显著的时间是在冬至和夏至。冬至时正午的太阳最低，夏至时则最高。另外，冬至时太阳由最(东)南端升起，在最(东)南方落下，白昼时间短。夏至时太阳由最(东)北端升起，在最(东)北方落下，白昼时间长。因此，古人首先认识和观测到了冬至和夏至(二至)。之所以要了解这些，是因为这些关乎着古人的生存。

知道了二至，其中间点的特征(太阳由最东方升起，在最西方落下，昼夜时间相同)也就很容易被发现了。所以，接下来用相同的方法可以找到春分和秋分(二分)。古人在较早的阶段就已经达到了将一年一分为四，且几乎是四等分的水平了。此阶段，人类由靠狩猎采集的迁徙生活进入了依靠农耕栽培的定居生活。

为进行农耕栽培，有必要进行季节预测，于是人们开始对太阳进行定期观测。据说，人类在公元前1万年前后就开始了农耕生活。此时，地中海沿岸开始种植小麦，长江中下游开始种植水稻，华北地区开始种植粟、黍等。关于日出日落的方位、角度等，如果不是在固定地点且进行多年的观测，是没有意义的。因此，定居生活成了前提。另外，组建可以专门从事这一工作的团队，必须有个成熟的社会才可以。

世界各地都有用于观测冬至、夏至的古代遗址。随着天文考古学(中国称为考古天文学)的进展，人们从这些已知的遗址中，不断发掘出天文观测的意义。英国的巨石阵群通过日出的方向可

以测出夏至。据说，比这个巨石阵群早一千多年，即公元前3100年左右，爱尔兰大型石墓室——纽格莱奇墓，就是为确保冬至日的朝阳可以照射到石室内部十几分钟而建造的。还有，南美秘鲁的查基洛遗址及墨西哥的库库尔坎神庙等。在日本，绳文时代的巨石群、部分环状列石等也具有观测太阳的功能，如秋田县的太汤环状列石等。

从2003年开始，在中国山西临汾的陶寺遗址（北纬35.9度，东经111.5度），人们陆续新发现了天文观测台的构造，据说是建造于公元前2100至前2000年前后。最新的研究表明，这里曾立着十余根高约五米的柱子，由观测点看到的柱子间空隙的方位，指示冬至、夏至、春分、秋分的日出方向。只是这些古代遗址的天文观测并不与二至二分实际到来的当日完全吻合，会有前后几天的误差。

2.《尚书·尧典》

在中国，《尚书·尧典》是最早可以确认早期二至二分观点的文献。

《尚书》是记述中国最早帝王治政情况的著作，据说是由春秋时代的孔子将传至当时的故事加以整理、编集而成的。其内容包括寄托儒家理想进行创作、添加的部分，某种程度上反映史实的部分，基于神话要素创作的部分等。《尧典》记述了尧帝命羲和制作历法并授之于民的事情：“乃命羲和，钦若昊天，历象日月星辰，敬授人时。”

接着具体讲述了如下内容：命四位天文官（羲仲、羲叔、和仲、和叔)奔赴各地，观察日月星辰，正确调整四季，进而形成历法。得益于此，人们可以顺利开展农事生活，由鸟兽驯化而来的家畜得以正确繁殖……

首先，对于春分的确定，尧帝命羲仲居住在嵎夷(今山东东部沿海一带)，于旸谷恭迎日出。根据平分昼夜的时间点和日落三四十分钟内南中的恒星(昏中星)为朱雀这两个要素，在历法中正确调整仲春(春分)时间。于是，人们分布田间，勤于农事，家畜也顺时生育繁殖……以这样的方式，进而确定仲夏、仲秋、仲冬节气。以下，摘出与天文观测有关的词语(出自《十三经注疏·尚书正义》)：

观测者	观测场所	日出日落	昼夜长短	昏中星	节气调整
羲仲	嵎夷，旸谷	寅宾出日	日中	星鸟	殷仲春
羲叔	南交		日永	星火	正仲夏
和仲	西，昧谷	寅饯纳日	宵中	星虚	殷仲秋
和叔	朔方		日短	星昴	正仲冬

为确定季节，此处用到的方法含有三个要素：太阳的升落，昼夜的长短，日落黄昏时南中的恒星。另外，在引用的《尧典》这一段落的最后写道，一年有366天(“期三百有六旬有六日”)。虽然也有说法认为这一部分是后来添加的，但不管怎样，这个数值大体是太阳一个回归年的天数。只要掌握了回归年的规律，即使比较粗略，也可以在来年的历法中划分出二至二分的时期。虽然从这份资料中读取到了观测太阳的记载，但是并没有迹象表明使

用了圭表。

另外，“日中”“日永”“宵中”“日短”分别意为“春分”“夏至”“秋分”“冬至”。这是因为春分和秋分时昼夜时间相等，夏至时白昼最长，冬至时白昼最短。同时，“仲春”“仲夏”“仲秋”“仲冬”也分别称作“春分”“夏至”“秋分”“冬至”。不过，也有观点认为这并非现在意义上的二至二分，而是指仲春月、仲夏月、仲秋月、仲冬月，而鸟、火、虚、昴四个昏中星，分别指朱雀、大火、玄武、白虎。不过这一说法尚无定论，甚至对把四个恒星当作昏中星是否合适也有异议。但是，不管怎样，《尚书·尧典》中已经大致产生了二至二分的构想，这一点基本无疑。

二至二分可以由昼夜长短、日升日落的方向、恒星的年周运动来确定。但是，在这部《尧典》的描述中，二至二分只是大概时间，或有前后几天的误差。要精确地计算出二至二分当日的时间，不可或缺地要用到圭表。甚至要用到至少历经数年方可正确计算出天数的干支法。人们认为，在尧治理的社会，并没有使用圭表和干支法。因此，我们并不知道在历法上有多大的精度可以预测来年二至二分到来的日期。

近代以前，人们认为尧是真实存在的圣人天子，但是近代以后，尧被认为只是传说中的人物，并非真实存在过。然而如前文所及，近年来在山西省陶寺遗址发掘的观象台遗迹，被视作古人观测日出的证明，人们可以借此测定二至二分的时间。21 世纪初，人们更是发掘出被认为是圭表的尺的部分(圭)，且不断有报告讨论该部分是否发挥了圭的作用。甚至有观点认为，陶寺既非传说，又非神话，而是确实存在的尧帝的都城。学术界将如何解决这个既有赞成意见又有否定意见的重要问题，仍需时日吧。

遍览《尧典》所载，尚未出现四立(立春、立夏、立秋、立冬)的观点。在文献上，可以确认四立设想的，既非夏王朝，亦非殷商时代，而是稍后的周王朝后半期(春秋战国时代)。现在，先简单介绍一下《夏小正》。

3.《夏小正》

流传至今的《夏小正》是中国最古老、最完备的农事历法。虽只有 460 余字，却被《大戴礼记》作为一编收录其中。《大戴礼记》是由西汉时期的戴德收集整理的，记载了由古老的夏、商、周传来的礼制等有关的文献。书中明确记载了《夏小正》是大禹开创的夏王朝(前 2070—前 1600)的历法。据《史记》记载，夏王朝是中国最古老的朝代，到了近代，则被认为是传说中的王朝。但是，根据近年的考古发掘，可以说，至少在中国是能证明夏王朝是真实存在的。只是，这一说法在日本学术界尚不能说得到了完全承认。

夏王朝灭亡一千多年后，孔子曾向弟子子游讲道：“我欲观夏道，是故之杞，而不足征也；吾得《夏时》焉。”(《礼记·礼运篇》)可知，即便孔子在夏王朝后裔的国家(杞)所得到的不是世传的《夏小正》，但是这个国家确实保存了夏王朝时期的农事历法。

《夏小正》中将一年分为 12 个月。但也有新观点认为，原是按太阳历将一年划分为 10 个月的。而且，如文末所言，《夏小正》记录了随季节变化的动植物生长情况、气候等，即物候情况。另外，也记录有当季应从事的农事活动。可以通过日落后或黎明前的特殊恒星的出现、北斗七星斗柄的朝向、银河的方向、昼夜的长短等判断每月季节的变化。可以说在这一点上，《夏小正》与太阳历的二十四节气是基于同样的基础。例如：

> 五月，参则见。……
> 时有养日。……
> 初昏大火中。……
> 六月，初昏，斗柄正在上。……

并且，有关物候的记载，如三月：

> 摄桑。
> ……拂桐芭。鸣鸠。
> ——夏纬瑛《夏小正经文校释》

此处描述了后来在《礼记·月令篇》等章节中出现的物候现象。如后文所述，北魏的“正光历”以后正式载入历法的七十二候，其渊源也可以追溯至《夏小正》。这一点也与二十四节气有密切关联。

虽然在《夏小正》中出现了夏至和冬至，但是未见春分和秋分，甚至连四立的构想都没有。人们获知季节的主要方式是观测太阳以外的恒星，并非以太阳的移动为中心。在这一点上，有别于后来的二十四节气。根据各季节对应的星座移动，将一年划分为 12 个月的话，或许就没有必要为了物候的观测、农事活动的目标而设立基于黄道的四立吧。

《夏小正》的物候①：

正月。启蛰。雁北乡。雉震呴。鱼陟，负冰。……囿有见韭。时有俊风。寒日涤冻涂。田鼠出。獭献鱼。鹰则为鸠。采芸。……柳稊。梅、杏、杝桃则华。缇缟。鸡桴粥。

二月。往耰黍。初俊羔。……荣堇。采蘩。昆蚩，抵蚳。玄鸟来降。……有鸣仓庚。荣芸。时有见稊。

三月。……摄桑。委杨。䴗则鸣。……采识。……田鼠化为鴽。拂桐芭。鸣鸠。

四月。……鸣札。囿有见杏。鸣蜮。王萯秀。取荼。秀幽。……

五月。……浮游有殷。鴂则鸣。时有养日。乃衣。良蜩鸣。……启灌蓝蓼。鸠为鹰。唐蜩鸣。……初昏，大火中，种黍。煮梅。蓄兰。菽糜。……

六月。……煮桃。鹰始挚。

七月。秀雚苇。狸子肇肆。湟潦生苹。爽死。荓秀。……寒蝉鸣。……时有霖雨。灌荼。……

八月。剥瓜。……剥枣。栗零。群鸟翔。……鴽为鼠。

九月。……遰鸿雁。……陟玄鸟。熊罴貊貉鼶鼬，则穴。荣鞠。树麦。……雀入于海为蛤。

十月。豺祭兽。……黑鸟浴。时有养夜。玄雉入于淮为

① 夏纬瑛《夏小正经文校释》，农业出版社，1981年。

蜃。……

十一月。……陨麋角。

十二月。鸣弋。……陨麋角。

4. 殷

殷商时代的历法没有流传下来。但是，在甲骨文、金文等文献资料中有年代、日期等的记载，我们由此可以研究殷商时代的历法是什么样的。只是，此历法是相当进步，还是处于发展阶段，不同的研究者有不同见解。尽管如此，殷商时代的历法属于阴阳历，几乎是定论。简单归纳该定论的基本观点如下：

◎一般而言，岁末置闰月。但也有相当超前的观点认为，视二至二分的情况，也有岁中置闰月的。

◎使用了圭表，借此可以把握二至二分，但是并未出现“四立”的名称。

◎一个回归年是按 365. 25 天计算，还是视为 365 天，对此有不同见解。

◎将月初设置为朔日(包含月龄为 0. 0 的日期)，还是如伊斯兰历法(回历)将首次可用肉眼确认到新月的日子设为朔日，意见各异。进而，将一次月亮圆缺视作 29. 5 天，还是有正负 1 天的浮动，甚至更多变化等，众说纷纭。一个月为 29 天或 30 天，也有 31 天的例外情况。若有闰月发生，则一年为 13 个月，也有极少数为 14 个月的。

◎关于一年的开始，有观点认为是旧历五月，也有观点认为是秋分到来月的次月等。

而且，仍有更多观点被不断抛出，这种情况在具有决定性意义的考古资料被发掘之前，会一直持续下去吧。不管如何，可以确定的是，至殷商时代为止，并未设立四立，且这一状况一直持续到西周时代都没有发生改变。从周朝的后半期即东周时代（春秋战国时代）开始，天文学和历法都取得较大进展。在此基础上，二十四节气的直接原型趋于完备。接下来，先介绍一下与二十四节气不同的《管子·幼官篇》的三十节气说。

5.《管子》的三十节气

《管子》一书是托春秋时代齐国宰相管仲之名创作的。或许当初存在管仲的一些言说，一些聚集在齐国的学士们以此为核心，从各派的立场出发加以添写，结果就成了拥有杂家内容的巨著了。此处介绍的《幼官篇》虽被认为是记载了管仲原著的内容，但是存在大幅改动，且文字也比较混乱，是较为难解的一篇。

在《幼官篇》《幼官图篇》中记载着一种季节历，即将一年分为三十节气，每个节气 12 天，而非 12 个月。因此，30 节气乘 12 天即为一年 360 天。只是并不像二十四节气那样，为每个节气命名。各节气的内容包括该节气的气候特征，为政者根据该节气当守之事、当为之事和农事等。下面，用①至㉚的数字为各节气命名，并从各节气中抽取只表示季节的部分。（见下表）

陈久金氏早就指出，三十节气属于《夏小正》、《诗经·七月诗》、十月太阳历的系谱。《幼官篇》《幼官图篇》原本就认为一年是 360 天，若划分为 10 个月，每个月就是 36 天。这样的话，一个节气 12 天，一个月刚好 3 个节气。换言之，《幼官篇》《幼官图篇》是一个有着显著特征的季节历：一个节气 12 天，一个月 36 天，划为三个节气，一年 10 个月共计 360 天。如下表，（在第二列）暂用罗马数字表示十月太阳历的顺序。

另外，也有人认为或许原本是 5 个季节，每个节气分别与东西南北中五个方位相对应。这样的话，1 个季节相当于 6 个节气，将分属 5 个方位的节气均分，也可以与十月太阳历进行整合。下表中，暂且按五个方位配置，并于第一行标识。[为便于比较三十节气和二十四节气，这里取三十节气说，每个节气 12 天与二十四节气每个节气 15 天的最小公倍数 60 为一组进行表示，所以三十节气的 5 个节气相当于二十四节气中的 4 个节气（5 节气乘 12 天，等于 4 节气乘 15 天，等于 60 天），由此可以明白两者季节的大致对应关系。三十节气说中减去 360 天剩余的 5 天或 6 天，是置于年末作为新年的节日，而在二十四节气的平气法中是作为没日分散在一年里。另外，在第六列标识了标准的公历日期，因为公历一年是 365 天，所以其间隔不是 60 天。]

方位	十月历	三十节气	二十四节气		新历日期
东方	Ⅰ月	①地气发，戒春事	01 立春		2月4日始
		②小卯，出耕	02 雨水		
		③天气下			
	Ⅱ月	④义气至	03 惊蛰		
		⑤清明，发禁	04 春分	第60天	4月4日止
		⑥始卯，合男女	05 清明		4月5日始
南方	Ⅲ月	⑦中卯	06 谷雨		
		⑧下卯			
		⑨小郢至	07 立夏		
	Ⅳ月	⑩绝气下	08 小满	第120天	6月5日止
		⑪中郢	09 芒种		6月6日始
		⑫中绝，收聚	10 夏至		
中方	Ⅴ月	⑬大暑至			
		⑭中暑	11 小暑		
		⑮小暑终	12 大暑	第180天	8月7日止
	Ⅵ月	⑯期风至，戒秋事	13 立秋		8月8日始
		⑰小酉	14 处暑		
		⑱白露下，收聚			
西方	Ⅶ月	⑲复理	15 白露		
		⑳始节	16 秋分	第240天	10月7日止
		㉑始酉，合男女	17 寒露		10月8日始
	Ⅷ月	㉒中酉	18 霜降		
		㉓下酉			
		㉔始寒	19 立冬		

续表

方位	十月历	三十节气	二十四节气		新历日期
北方	Ⅸ月	㉕小榆	20 小雪	第 300 天	12 月 6 日止
		㉖中寒	21 大雪		12 月 7 日始
		㉗中榆	22 冬至		
	Ⅹ月	㉘寒至			
		㉙大寒之阴	23 小寒		
		㉚大寒终	24 大寒	第 360 天	2 月 3 日止

本文引自远藤哲夫《管子·上》新释汉文大系 42，明治书院，1989 年校订本，部分改用了通行本。另外，为更直观反映节气，甚至使用到了“合男女”等部分。

在现行的《幼官篇》(一说是《玄官篇》)三十节气中，并未发现有观测太阳、恒星等的记录，也没有二至二分等的痕迹。另外，在中国，传统上是把冬至作为观察太阳年运动的基准点。但是，在三十节气中，我们并不知道古人是以何为基准思考回归年的。尽管如此，也并非不把二至二分等作为历法的起点，就不能构成太阳历。只要以恒星的年周运动为基准，选择哪个时间点为起点，都可以制定出有季节可循的历法。

总之，三十节气的存在告诉我们，古人为把握一年四季的循环，并遵循这一循环开展政事、农事等而制定历法时，未必只有将一年二十四等分的方法，也有其他的划分方式。

另外，值得注意的是，清明、大暑等之后的二十四节气名称是何时出现的？以及，《管子·轻重己篇》中，虽然已经提出了实质性的二至二分四立的八节的观点，但是人们认为此篇成文在汉初，有可能是抄录后述的《淮南子》。总而言之，《管子》的三十节气可以定位于《夏小正》至《吕氏春秋》《礼记》之间。

6. 西周至春秋时代的阴阳历、战国时代的四分历

据说，西周从历学上而言，实质上是殷商时代的延续。其中，冬至日、夏至日已接近精确日期，出现了把冬至日固定在历法上某个特定月份的趋势。另外，在以什么月相作为每月首日的方面取得了进展。也有观点认为，此时历法开始出现以下转变，即从把日落黄昏时在天空西边实际看到新月的日子视为（每月）首日转向将一整晚都无法看到新月出现的日子视作首日。

东周分为春秋时代（前 770—前 476）和战国时代（前 475—前 221）。春秋时代已经开始使用几种类型的月相表示阴阳历日期。从积极承认春秋时代天文学发展的立场来看，二至二分的日期是相当精确的，也有观点认为这是使用阴阳历进行调整的结果。由此，待到岁末进行的置闰，视二至二分的日期情况而定，若出现偏差的话，可以提前做出应对，在其前后进行调整。

但是，在此时的历法中仍没有使用立春、立夏、立秋、立冬即所谓四立的迹象。是否因此就可以说连四立的设想也没有呢？未必如此。文献记载中，我们今天所使用的四立名称是与《吕氏春秋·十二纪》和《礼记·月令》同时出现的。这是因为，虽然人们普遍认为四立是战国时代或汉代出现的，但是当时所反映的天文现象实际上是春秋时代初期发生的。总而言之，这关系到《吕氏春秋》和《礼记》是何时出现的，又经历了怎样的发展过程才成

为现在的情形。

至公元前 5 世纪后半叶，即春秋末期到战国时代，在观测太阳、月亮、行星、恒星、星座等方面取得了飞跃性进展。彼时，钟表的准确性有所增强，天文测量的数值更加精确了。在此情况下，施行了划时代的阴阳历“四分历”，即将一年的长度确定为 365.25 天，每 19 年置闰 7 次，把每月的首日设定为朔(新月)。

的确，借助简单的圭表对太阳升落进行观测而知晓当年二至二分的日期并不难。但是，以此预测来年哪天是二至二分，或者是此后的哪一天等，会有误差。鉴于此，需要事先把握一年的精确天数(回归年)，甚至不允许有两三天的误差，务必确保与历法上的这一点完全相符。

同时，也要把握一年的月亮圆缺的周期。四分历将一次月亮圆缺设定为多少天，可以通过以下计算方法简单求得。每 19 年置闰 7 次，所以 19 年就有 235 个月($19\times12+7=235$)，另一方面一年的长度是 365.25 天，19 年就有 6939.75 天($19\times365.25=6939.75$)。算出了 19 年的总天数和总月数，用总天数除以总月数就是一个月的天数，即 $6939.75\div235=29.53$ 天。

另外，四分历中，并非把首次看到新月的日子作为每月的第一天，而是将通过预测太阳、月亮、地球处于同一直线的时间而得知的朔日(新月)设定为每月第一天。实际上，首次看到新月的日子会受当日天气的影响，月亮圆缺的天数根据观测时期不同略有差异。排除以上这些不稳定因素，可以通过计算进行必要的预测。当至少具备了这些要素中的三个条件时，就有可能实施四分历了。(当然施政者为了统治而颁布历法时，也必须对日食、月食以及行星、恒星的运动轨迹进行预测，以获得更多的数据。)

在四分历中，二至二分的日期是事先确定好的。如此一来，把二至二分视为春、夏、秋、冬的话，就可以在各季节的中间点上设置四立(立春、立夏、立秋、立冬)，并将四立作为该季节到来时的首日。文献中最早确认四立设想的，是先于四分历的《春秋左氏传》。其中“僖公五年”条有如下记述：“凡分至启闭，必书云物，为备故也。”分至指二至二分，即春分、秋分和冬至、夏至；启闭分别指立春、立夏、立秋和立冬。《春秋左氏传》中写道：人们为了预防灾害，必须记录一年中的这八个时间点云的颜色。尽管只是名称有别，但的确可以认定这就是四立的设想。

另外，可以把春、夏、秋、冬的周而复始看作是由极值经过中间平衡点再到达极值的运动，即经由中间点达到春、夏、秋、冬各自的极值，再通过中间点达到春、夏、秋、冬的极值。在这一想法的背后，很容易发觉阴阳思想的存在。

在二至二分时，人们通过观测，可以确认太阳运动的具体特征。因此，也可以说在二至二分时，存在着实际的天体运动。但是，四立时并不存在任何天体运动的实质，而是人们想象着阴阳交替而任意设置的基准点。但是，在气候方面，四立的存在具有重大意义，这一内容在本篇中会逐步论述。四立时，确实有让人感到四季来临的征候。所以，后文所述的《吕氏春秋》等的时令思想，虽然以天体运动为基本框架，但气候也是亘要因素。

二十四节气中次于二至二分的重要节气标志——四立就这样产生了，并且四立的日期可以在历法上得以确认。二至二分与四立合称“八节”，在历学之外的领域也颇受重视。以四分历的成立带来的天文观测、历学的发展为背景，以及在阴阳、五行思想的影响下，农事、政事、人事等，在遵循季节循环的基础上有序开展，即在太阳历的基础上，形成了体系化的“时令思想”。

在文献方面，虽然在上述《夏小正》中可以看到这种朴素的原型，但是可以说确定这一设想的是《春秋左氏传》，并且以近乎完成的形式出现在公元前 3 世纪的《吕氏春秋・十二纪》中。不过，《十二纪》的文章并不是全部在当时创作出来的，可能存在着一些记述古时情形的文献，人们陆续把这些文献进行了编集。现行的《十二纪》文本也有可能是汉代增补的，并将其作为《吕氏春秋・十二纪》流传至今。时令思想涉及各种领域，这里仅就有关二十四节气的部分稍做介绍。

7.《吕氏春秋・十二纪》《礼记・月令》

随着季节的推移而发生的气候、动植物等的变化，以及遵循季节变化进行的朝廷活动、施政策略、农事等(即时令思想)，说起这些，首先想到的是《礼记》中的《月令》吧。但是，编撰于公元前 1 世纪的西汉时期的《礼记・月令》被认为几乎原样抄录了成书于公元前 241 年的秦的《吕氏春秋・十二纪》中十二个月的时令部分。不过，也有观点认为现行的《吕氏春秋・十二纪》的文本是抄录《礼记・月令》的内容。或者有可能是两者分别借用了春秋战国时代流传下来的相同文献，各自增加了一部分内容，导致了现在这样的结果。总之，假设两者都是基于相同原始资料这一设想成立的话，仅以今天所看到的形式，很难说清楚两者完成的具体时间是秦代还是西汉。关于完成时期应该多元化思考，关于完成过程也应该考虑到资料多层性、相互依存的可能性。在此基础上，暂以“秦代”完成的《吕氏春秋·十二纪》为代表，介绍如下。

“十二纪”是根据季节将一年分为 12 个月，分别为孟春之月、仲春之月、季春之月、孟夏之月、仲夏之月、季夏之月、孟秋之月、仲秋之月、季秋之月、孟冬之月、仲冬之月、季冬之月。这些月份相当于什么时节，由当月太阳位于恒星间的位置来表示。例如，孟春之月为“日在营室”，即假定天体黄道、赤道附近有二十八星座(二十八星宿)，太阳位于营室处(天马座 α 星 β 星、室宿)。所谓二十八星宿是以太阳在中国式的黄道赤道上的位置为基准确定的。[有关二十八星宿，请参阅序编第三节的“1.《汉书·律历志》(太初历/三统历)”]

另外，以在日落黄昏时、日出黎明时(即旦时)分别是什么恒星南中来表示各月的时节。孟春之月为“昏参中”“旦尾中”，即昏时参(猎户座)南中，旦时为尾(天蝎座)南中。这是以恒星的年周运动判断时节的方法。

孟春之月是说立春到来。同样孟夏之月、孟秋之月、孟冬之月分别是立夏、立秋、立冬来临。进而，仲春、仲夏、仲秋、仲冬分别是春分、夏至、秋分、冬至来临。如此，二至二分四立这“八节”必定在确定的八个月来临。八节即季节的八个标志，被固定在八个月。由以上可以清楚地看到“十二纪”是一种很纯粹的太阳历。

然而，关于“十二纪”也存在一种误解，认为它是阴阳历。但是只要稍做思考便可知作为季节历的“十二纪”不可能是阴阳历。“十二纪”中大量记载着与季节密切相关的物候、农事等，如仲春之月“桃李华”、孟秋之月“白露降”、仲秋之月“劝种麦，毋或失时”、季冬之月“鹊始巢”等。而在阴阳历中，很多时候前后会有个把月的季节偏差，以上那些现象不可能成为阴阳历中季节的标志。如果据此开展农事的话，农业定会以惨败告终。

还有，“十二纪”中没有关于闰月的任何记载。但是，对于阴阳历而言，闰月是不可或缺的、必备的组成部分。换言之，若没有闰月，阴阳历就不可能存在，而且至少是三年一次的置闰频度。不妨设想一下，恰逢闰月时，在这个季节里动植物的生长节奏会如何？农事如何开展？

“十二纪”编集时，秦国正在施行颛顼历(四分历的一种)，它当然属于阴阳历。据“十二纪”记载，四立来临时，太史官在该月开始前的第三天上呈天子，奏报此事。例如，在孟春之月“是月也，以立春。先立春三日，太史谒之天子曰：某日立春”。这里太史官可以断定三日后立春到来，是因为在阴阳历四分历上，何月何日为立春日是固定的。这种阴阳历中记载有太阳历的立春，所以有必要区别开实际所采用的阴阳历与其中所记载的太阳历要素。

“十二纪”中，除四立外，似乎还出现了二十四节气的名称，如“始雨水”“蛰虫咸动，启户始出”“小暑至”“白露降”“霜始降”等。但是，这并非将一年二十四等分，与二十四节气还有一步之距。

“十二纪”的文本中，如下文所示，较多在段前或段后总结归纳了赋予每月特征的数个物候现象。十二个月有二十四组物候现象，即每个月约有两组物候现象。而且，这二十四组物候现象，相当多的部分与后来的“节月”二十四节气七十二候的分类一致。例如，仲秋之月中，前一段有“盲风至，鸿雁来，玄鸟归，群鸟养羞”，后一段有“雷乃始收声，蛰虫附户。杀气浸胜，阳气日衰，水始涸”。这是仲秋之月的节气和中气，即八月节的白露“鸿雁来，玄鸟归，群鸟养羞”和八月中的秋分“雷乃始收声，蛰虫附户，水始涸”。“十二纪”中每月约归纳两组物候现象，若不考虑月份的限制，就形成了二十四个类别。于是，从物候的归纳方法来看“十二纪”的话，其在很大程度上具备了二十四节气的实质。这样看来，即便说二十四节气是将“十二纪”中的每两组归纳在一起的物候现象拆分而成的，也无大过吧。

另外，二十四这个数字是“十二纪”和“八节”的最小公倍数，具有很好的整合性。

《吕氏春秋》“十二纪”的物候

——许维遹《吕氏春秋集释》，中华书局，2009 年

孟春之月：……东风解冻，蛰虫始振，鱼上冰，獭祭鱼，候雁北。

……是月也，以立春。

……是月也，天气下降，地气上腾，天地和同，草木繁动。

仲春之月：……始雨水，桃李华，仓庚鸣，鹰化为鸠。

……是月也，玄鸟至。

……是月也，日夜分，雷乃发声，始电。蛰虫咸动，启户始出。

季春之月：……桐始华，田鼠化为鴽，虹始见，萍始生。

……是月也，生气方盛，阳气发泄，生者毕出，萌者尽达，不可以内。

……是月也，……时雨将降，下水上腾。

……是月也，……鸣鸠拂其羽，戴任降于桑，……

孟夏之月：……蝼蝈鸣，蚯蚓出，王菩生，苦菜秀。

……是月也，以立夏。

……是月也，聚蓄百药，靡草死，麦秋至。

仲夏之月：……小暑至，螳螂生，䴗始鸣，反舌无声。

……是月也，日长至，阴阳争，死生分。……鹿角解，蝉始鸣，半夏生，木堇荣。

季夏之月：……凉风始至，蟋蟀居宇，鹰乃学习，腐草化为蚈。

……是月也，树木方盛。……水潦盛昌。

……是月也，土润溽暑，大雨时行。

孟秋之月：……凉风至，白露降，寒蝉鸣，鹰乃祭鸟。

……是月也，以立秋。

……是月也，……天地始肃。

……是月也，农乃升谷。

仲秋之月：……盲风至，鸿雁来，玄鸟归，群鸟养羞。

……是月也，……乃劝种麦。

……是月也，日夜分，雷乃始收声，蛰虫附户。杀气浸盛，阳气日衰，水始涸。

季秋之月：……候雁来，宾爵入大水为蛤。菊有黄华，豺则祭兽戮禽。

……是月也，霜始降，……寒气总至。

……是月也，草木黄落，……蛰虫咸俯在穴，皆墐其户。

孟冬之月：……水始冰，地始冻，雉入大水为蜃。虹藏不见。

……是月也，以立冬。

……是月也，……天气上腾，地气下降，天地不通，闭而成冬。

仲冬之月：……冰益壮，地始坼，鹖鴠不鸣，虎始交。

……是月也，日短至，阴阳争，诸生荡。……芸始生，荔挺出，蚯蚓结，麋角解，水泉动。

季冬之月：……雁北乡，鹊始巢，雉雊，鸡乳。……征鸟厉疾。

……是月也，……冰方盛，水泽复。

……是月也，日穷于次，月穷于纪，星回于天。数将几终，岁将更始。

8.《淮南子》的《天文训》《时则训》

在《淮南子》之前，《逸周书·时训解》时被提及。《时训解》的二十四节气七十二候，如北魏的正光历中所述，出处未详。所以，此处暂不考虑。

西汉初期的《淮南子》(前 139) 比秦代的《吕氏春秋》晚百年。《淮南子·时则训》有很多地方简略抄录了《吕氏春秋》"十二纪"中的十二个月的时令部分，也有新增加内容。

一是关于月份的命名。“十二纪”中只是用孟春之月、仲春之月、季春之月、孟夏之月、仲夏之月、季夏之月等为季节命名，“时则训”则是换用了正月、二月、三月等。当然，这并非阴阳历中的正月、二月、三月等，而被称作后文所谓的节月。节月，恰如历法一般将二十四节气嵌入十二个月中。把孟春正月一日作为立春、一年的开始，每月一日为立春、惊蛰、清明等节气，每月十六日为中气。每月由节气和中气组成，所有月份均为 30 天，一年 360 天。关于这些，可用“大唐阴阳历”“节气日历”来解释。但是，“时则训”中这种月名的说法，是将“十二纪”“时则训”的太阳历属性误认为属于阴阳历的一个原因，这一点很容易想到。

有别于“十二纪”的另一点是，“时则训”采用了北斗七星的旋转(年周运动)。“十二纪”告诉我们，二十八个恒星群中太阳位于什么位置，以及昏旦时南中的恒星是哪些，可以根据这些信息判断该月在太阳历的一年中位于何处。《淮南子》也因袭了这一点，只是进一步导入了北斗七星斗柄所指的方向。

在当今世界标准的星座体系(88 星座)中，所谓北斗七星的星座是不存在的，它只不过是大熊座的腰部至尾部的部分而已。古代中国人却把这看作是连接椀与柄的一个勺柄，而非大熊座的一部分。七星部分是从大熊的腰部朝向尾部的顶端，即椀的顶部朝向斗柄的最前端的部分，分别命名为①α、……⑤ε、(六)ζ、⑦η，中文名为(一)天枢、……⑤玉衡、⑥开阳、⑦摇光(或瑶光)。

所谓北斗七星的斗柄指示方向是指由⑥开阳指向⑦摇光(或瑶光)的方向。一般称作斗柄(“天文训”中称斗杓)的是包含⑤玉衡的斗柄部分的三颗恒星，但在古天文学上，用⑥至⑦的两个恒星的朝向特指。

“时则训”中，用节月表示正月、二月、三月等，如下：

孟春之月，招摇指寅。昏参中，旦尾中。
仲春之月，招摇指卯。昏弧中，旦建星中。
季春之月，招摇指辰。昏七星中，旦牵牛中。

此处所说的招摇是⑥朝向⑦的方向，即斗柄。另外，也有不同观点认为，招摇是连接①⑤⑦的方向。这样的话，两种说法的斗柄方向相差约 15 度，且朝向北斗七星逆时针旋转，⑥与⑦的连线比①⑤⑦的连线靠前，即位于前进方向的一侧。15 度的差值相当于相差一个节气，也就是半个月的时间。

把斗柄指向十二支中的哪个方向称作斗建。建是指的意思。因此，现在是什么季节，可以用太阳历的节月来表示什么月份。斗建也称月建，但是这个月是节月的意思，并非阴阳历中的历月，因此并不能由北斗七星的季节时钟获知含有闰月的阴阳历中的月份。

接下来，就如何通过斗建来获知季节稍做说明。设想在北方上空，事先以天空的北极为中心绘制一个大圆，按逆时针方向刻上子、丑、寅、卯、辰、巳、午、未、申、酉、戌、亥十二支。因为是十二等分，所以间隔为 30 度。正向仰望北极，地平线、脚的朝向为子（北），头顶方向为午（南），右手方向为卯（东），左手方向为酉（西）。可以想象出根据这种方位绘制出的圆不是平面的，它是在半球面的天空绘制的，所以呈现出的是曲面上的弧线形，尤其是东西方面不是水平的，而是朝北略微下垂，呈“へ”字形。

天空的北极也并非现在的小熊座的北极星。春秋战国时的北极指的是在小熊座的北极星与北斗七星的第五颗（玉衡）的连线上，离北极星三分之一左右，靠近玉衡星的位置（那里未必有星）。北斗七星在以这个北极为中心，比如今更接近北极、更小的半径内旋转，所以人们可以更加清晰地观察到它的移动。

假如正午时也可以看到星星，并在同一地方持续观测北极的话，可以看到北斗七星一天（严格地说并不到一天，是地球自转的 23 小时 56 分钟 4 秒。24 小时是将随季节变化的太阳由南中到南中的时间平均化、标准化得到的平均太阳时间）绕北极逆时针旋转一周。把北斗七星斗柄顶端的两颗星视作钟表的时针的话，它是每两小时围绕十二支移动 30 度。这是基于地球自转的日周运动。

接下来，在固定时间点持续观测一年的话，可见北斗七星在一年内围绕北极（星）旋转一周。在晚上 8 点前后，更利于观测。这是因为在北纬 35 度附近，冬至和夏至的日落时间大约只相差两个半小时。时间一定的话，日落最迟的夏至（19 时 17 分）左右的黄昏时间可以作为一个备选项吧。所以，如果恰好在晚上 8 点，持续一年观察北斗七星斗柄“指针”的话，可以发现它是每个月按逆时针旋转，指向十二支的方向。这是地球公转引起的年周运动。

例如，下图（“北斗七星的年周运动”）绘制了公元前 500 年，洛阳(东经 112 度 24 分，北纬 34 度 48 分)的春分、夏至、秋分、冬至时，晚上 8 点的北斗七星的移动情况。(参照 *Stella Navigator* 11)

汉代画像石上看到的北斗七星（出自《金石索》武梁祠第三石）

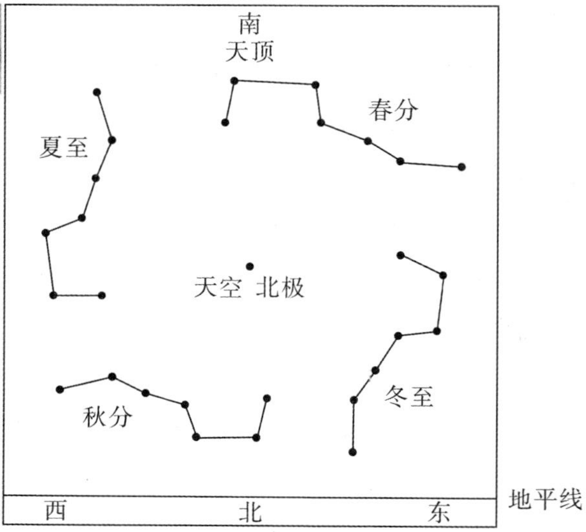

北斗七星的年周运动

根据“时则训”，孟春之月的正月是立春发生的月份，北斗七星的斗柄指向寅。仲春之月的二月是春分到来的月份，指向卯，三月指向辰，四月指向巳。以下同样，如下所示(为便于查看进行了整理，加入了如今的方位角度)：

节月	八节	季节月份	斗建(用十二支表示的斗柄指向)
正月	立春	孟春之月	寅(东北东)
二月	春分	仲春之月	卯(东)
三月		季春之月	辰(东南东)
四月	立夏	孟夏之月	巳(南南东)

续表

节月	八节	季节月份	斗建(用十二支表示的斗柄指向)
五月	夏至	仲夏之月	午(南)
六月		季夏之月	未(南南西)
七月	立秋	孟秋之月	申(西南西)
八月	秋分	仲秋之月	酉(西)
九月		季秋之月	戌(西北西)
十月	立冬	孟冬之月	亥(北北西)
十一月	冬至	仲冬之月	子(北)
十二月		季冬之月	丑(北北东)

根据北斗七星的倾斜情况来判断季节的话，通年都能看到北斗七星是非常重要的。如今的情况是，在西安至洛阳的北纬 35 度附近，约有 3 个月的时间北斗七星下降至地平线附近，部分恒星已无法观测到；而在北京附近的北纬 40 度，北斗七星通年都在地平线以上。但是，当时即使北斗七星的斗柄下垂至最低时，也没有沉至地平线以下的情况(这是由于地球自转轴摇摆的岁差运动引起的)。虽说如此，北斗七星的第七颗星，在公元前 5 世纪已经下垂至地平线附近，很难看得到了。《汉书》以后的正史中的律历志中，之所以没有记录斗柄的观测数据，就是因为斗柄没有完全发挥作用。

《淮南子》中具有划时代意义的是首次将一年二十四等分。“天文训”中记述道：

> 两维之间，九十一度十六分度之五而升，日行一度，十五日为一节，以生二十四时之变。斗指子则冬至……加十五日指癸则小寒……

如此环绕二十四气一周，到最后，

> 加十五日指壬则大雪。……加十五日指子。

至冬至而循环。“两维之间，九十一度十六分度之五”，九十一度十六分度之五是 91 度加 5/16 度之意，5/16，即 5 ÷ 16 = 0. 3125，两维之间也就是 91. 3125 度。度是长度单位，这里指的是天数。一周有四维，91. 3125 度×4 = 365. 25 度。这就是作为四分历基数的一个回归年，以冬至为起点，按 15 天的间隔依次划分为二十四气。

《淮南子》中不仅表示了二十四等分的划分顺序，而且二十四气的名称也与如今的几乎相同。不同的是“雷惊蛰”“清明风至”“白露降”，这三者是用三个字以上的主谓结构表示的，而非用独立的两字熟语命名。鉴于以上，可以认为作为太阳历的二十四节气已经实质性地形成了。

单纯将一回归年的 365. 25 天二十四等分的话，就出现了余数。与此同时，规定每个节气间隔 15 天的话，15×24 = 360 天，还差 5. 25 天不满一年。这两种思路不能很好地保持一致性，也就是说一回归年 365. 25 天的不适宜的现实与二十四等分理论的理想不能取得很好的整合。将此作为怎样的日期导入实际使用的历法中，这个难题恐怕不是作为理论性的“天文训”所要解决的课题吧。这是朝廷相应部门应承担的把历法编撰作为任务的工作，首次这样做的是在公元35年前后由汉光武帝指导而成的太初历。

“时则训”中用斗柄方向(斗建)表示十二气，“天文训”则进一步用斗建表示节气。二十四个方向仅用十二支是不够的，所以借用了天干中八个(甲、乙、丙、丁、庚、辛、壬、癸)，以及用四立中的报德之维、常羊之维、背阳之维、蹄通之维，分别表示东北、东南、西南、西北。如下一览表：

子	冬至
癸	小寒
丑	大寒
报德之维	立春
寅	雨水
甲	雷惊蛰
卯	春分
乙	清明风至
辰	谷雨
常羊之维	立夏
巳	小满
丙	芒种
午	夏至
丁	小暑
未	大暑

续表

背阳之维	立秋
申	处暑
庚	白露降
酉	秋分
辛	寒露
戌	霜降
蹄通之维	立冬
亥	小雪
壬	大雪

斗柄方向每节气移动 15 度，然而为了确保该斗柄移动指标的有效性，至少必备两个条件：一是能够通年定时观测，而不仅仅是旦时或昏时。也就是说需要钟表技术进步的辅助。这是因为，在同样的夜晚经过 1 小时，斗柄移动 15 度(一个节气的度数)。再一个就是，具备可以测定这小小 15 度的天文观测工具。在允许某种程度的测量误差的情况下，这两个条件在战国时代已大致具备了。

与《淮南子》差不多同时代的，还有《周髀算经》。它的成书时期是在《淮南子》之前还是之后，尚无定论。但是，就其中二十四节气部分而言，本人认为是在《淮南子》之后出现的。与更晚的太初历相比，也很难断定《周髀算经》是在它之前抑或之后产生的。有关《周髀算经》，请参阅本编第一章第二节的“参考　关于‘启蛰与惊蛰’4. 关于《周髀算经》、《时训解》及避讳”。

第三节　二十四节气的确立及充实期

1.《汉书·律历志》(太初历/三统历)

西汉太初元年，由唐都、邓平、落下闳等编著的太初历开始施行。其中，首次出现了今天所使用的二十四节气的所有名称。太初历的原著虽然已经失传，但是在《汉书·律历志》中存有一部名为“三统历”的历法，这是由刘歆在西汉末绥和二年(前7)对太初历进行若干修正，并更名形成的。一般而言，太初历和三统历被视为一体。

由于太初历的出现，可以说二十四节气名副其实地成立了——只是有两个地方的顺序不同：惊蛰与雨水调换、谷雨与清明调换(顺序的变更是次要问题，暂不纠结于此。从《后汉书·律历志》开始还原)。二十四节气从此融入了实际的历法即阴阳历中。换言之，在历法中为二十四个节气均标明了具体日期。二十四个节气是如何导入365.25天一个回归年的？在此，可以使用纯粹的计算方法来试想其原理，这就是平气法。

首先，一年365.25天除以24(气)，一个节气相当于15.21875天。从使用圭表观测的冬至日开始计算节气，并设定冬至到来时，刚好是这一天的子刻(0时00分)。先把冬至节气定为15天，而零数0.21857天是不能计入日历中的，所以这一部分就转入下一节气。这样操作几次后，当零数积累够1天时，就为该节气增加一天，达到16天，同时，剩余的部分计入下一节气中。

这样，到二十四节气最后的大雪节气结束时，共有五个 16 天的节气(如下表所示)。重新回到冬至点，开始新的一年。365 天过去了，此时多余的 0.25 天计入下一年。累积到第四年结束，刚好多出 1 天，这一年就变成了 366 天，该年 16 天的节气增加到 6 个。就这样，四年一个轮回，循环往复。

节气	计入下一节气的天数	备注
冬至	0. 21875	
小寒	0. 21875+0. 21875 = 0. 4375	
大寒	0. 4375+0. 21875 = 0. 65625	
立春	0. 65625+0. 21875 = 0. 875	
⑯雨水	0. 875+0. 21875 = 1. 09375	+1 为 16 天，零数 0. 09375 重复操作
惊蛰	0. 09375+0. 21975 = 0. 3125	
春分	0. 3125+0. 21875 = 0. 53125	
清明	0. 53125+0. 21875 = 0. 75	
谷雨	0. 75+0. 21875 = 0. 96875	
⑯立夏	0. 96875+0. 21875 = 1. 1875	+1 为 16 天，零数 0. 1875 重复操作
小满	0. 1875+0. 21875 = 0. 40625	
芒种	0. 40625+0. 21875 = 0. 625	
夏至	0. 625+0. 21875 = 0. 84375	
⑯小暑	0. 84375+0. 21875 = 1. 0625	+1 为 16 天，零数 0. 0625 重复操作
大暑	0. 0625+0. 21875 = 0. 28125	
立秋	0. 28125+0. 21875 = 0. 5	

续表

节气	计入下一节气的天数	备注
处暑	0.5+0.21875=0.71875	
白露	0.71875+0.21875=0.9375	
⑯秋分	0.9375+0.21875=1.15625	+1 为 16 天，零数 0.15625 重复操作
寒露	0.15625+0.21875=0.375	
霜降	0.375+0.21875=0.59375	
立冬	0.59375+0.21875=0.8125	
⑯小雪	0.8125+0.21875=1.03125	+1 为 16 天，零数 0.03125 重复操作
大雪	0.03125+0.21875=0.25	

注：⑯表示该节气为 16 天，节气的顺序按标准排列。

在《汉书·律历志》(太初历/三统历)中标示了太阳位于什么位置时是什么节气。每个节气太阳的位置由天球上设定的两大标尺即十二次和二十八星宿标示。

例如，由大雪开始如下记述冬至、小寒、大寒等：

星纪；初，斗十二度，大雪。
　　　中，牵牛初，冬至。……
玄枵；初，婺女八度，小寒。
　　　中，危初，大寒。……
降娄；中，娄四度，春分。……

鹑首；中，井三十一度，夏至。……

寿星；中，角十度，秋分。……

首先，“星纪”“玄枵”等，即所谓的十二次，是将天空赤道带的一年均分十二份的标尺。因此，可以与同样将一年二十四等分的二十四气很好地对应。见下表第一列，由星纪到析木的十二次。

十二个“次”中，各有两个节气。这里先提前用后来的“节月”说明一下，每个“次”的“初”时，是二十四气的“节气”到来，“中”时是“中气”来临。换言之，十二次中的“初”与“中”，与二十四气的节气和中气相对应。因此，比如冬至为“中气”，对应的是“星纪”的“中”，大雪是“节气”，在“星纪”的“初”时到来。这样看来，可以发现这与“节月”中配置的节气和中气是并行的，如下表第五列。（“节月”首次出现在《晋书·律历志》中，“中气”首次出现在《汉书·律历志》中。）

十二次并非观测天空中的恒星，并以此为基准来确定的，因此也可以说并没有实际意义上的恒星。但是，十二次与二十四气相对应，根据今天的太阳黄经，可以找到它们的大致位置。只是，当时的二十四气属于平气法，太阳黄经表示的是今天的定气法。本来，十二次是天赤道带，黄经是黄道，所以标准略有偏差。

其次，根据二十八宿判断太阳位于哪一宿、哪个位置，以此来表示该位置是哪个节气。如，太阳在斗宿十二度的话，节气为大雪，详见下表第三、四列。

十二次	初/中	二十八宿中节气的星度	二十四气	节月	太阳黄经（度）
星纪	初	斗十二度	大雪	十一月节	255
	中	（牵）牛初	冬至	十一月中	270
玄枵	初	（婺）女八度	小寒	十二月节	285
	中	危初	大寒	十二月中	300
娵訾	初	危十六度	立春	正月节	315
	中	（营）室十四度	惊蛰	正月中	330
降娄	初	奎五度	雨水	二月节	345
	中	娄四度	春分	二月中	0
大梁	初	胃七度	谷雨	三月节	15
	中	昴八度	清明	三月中	30
实沈	初	毕十二度	立夏	四月节	45
	中	井初	小满	四月中	60
鹑首	初	井十六度	芒种	五月节	75
	中	井三十一度	夏至	五月中	90
鹑火	初	柳九度	小暑	六月节	105
	中	张三度	大暑	六月中	120
鹑尾	初	张十八度	立秋	七月节	135
	中	翼十五度	处暑	七月中	150
寿星	初	轸十二度	白露	八月节	165
	中	角十度	秋分	八月中	180

续表

十二次	初/中	二十八宿中节气的星度	二十四气	节月	太阳黄经(度)
大火	初	氐五度	寒露	九月节	195
	中	房五度	霜降	九月中	210
析木	初	尾十度	立冬	十月节	225
	中	箕七度	小雪	十月中	240

《汉书》中的诹訾改为一般的娵訾。另外，惊蛰、谷雨、清明的太阳黄经与《汉书·律历志》相对应。

二十八宿广而言之就是将天赤道/黄道附近分为不相等的二十八份的星象组合。二十八宿旋转一周并非360度，而是365(+0.25)度(天)。可以把它想象成一个运动场，365度以东为起点，按照东→北→西→南的顺序分为四个区域。每个区域各有七宿，且按由西向东进行分配，即东方区域的七宿合计75度、北方区域的七宿合计98度、西方80度、南方112度，共计365度。这并非四等分，且各宿所占度数不等。例如，在位于北方的七宿中，斗宿26度、牛宿8度、(婺)女宿12度、虚宿10度、危宿17度、(营)室宿16度、壁宿9度，合计98度。

这些数值并非圆周的长度，而是由连接地球至二十八宿中标志性恒星即距星的直线形成的角度，将此习惯说成距离一样的名称，即角距离。每宿位于最西侧、显眼的恒星为距星，由此距星到东邻距星间角度上的距离(也可以想象为宽度、长度)，就是该宿所有的宿度，即距度。在《汉书》中，这并非黄道宿度，而是赤道宿度的数值，也是赤经的差值。

下表展示的是《汉书·律历志》的二十八宿的赤道宿度和各自的距星，以及相当于如今的什么星座。此赤道宿度，随着时代的推移都有几度的修正，元代的授时历达到了历史最高的精确度。

二十八宿·宿度		日文名称	如今的星座名 （括号内为希腊语惯用读音）
东	角十二度	角宿	处女座或室女座（α）
	亢九度	网星	处女座或室女座（κ）
	氐十五度	氐宿	天秤座（α）
	房五度	添星/房星	天蝎座（π）
	心五度	心宿	天蝎座（σ）
	尾十八度	足垂星	天蝎座（μ1）
	箕十一度	箕宿	射手座（γ）
北	斗二十六度	斗宿	射手座（ψ）
	牛八度	牛宿	山羊座（β）
	女十二度	女宿	水瓶座（ε）
	虚十度	虚宿	水瓶座（ε）
	危十七度	危宿	水瓶座（α）
	室十六度	室星	飞马座（α）
	壁九度	壁宿	飞马座（γ）

续表

二十八宿·宿度		日文名称	如今的星座名（括号内为希腊语惯用读音）
西	奎十六度	斗掻星·奎宿	仙女座(ζ)
	娄十二度	蹈鞴星·婁宿	白羊座(β)
	胃十四度	胃宿	白羊座35
	昴十一度	昴星	金牛座17
	毕十六度	雨降星	金牛座(ε)
	觜二度	觜宿	猎户座(ψ1)
	参九度	唐锄星·犂星	猎户座(δ)
南	井三十三度	井宿	双子座(μ)
	鬼四度	鬼宿	巨蟹座(θ)
	柳十五度	柳宿	长蛇座(δ)
	星七度	星宿	长蛇座(α)
	张十八度	張星	长蛇座(υ1)
	翼十八度	襷星	巨爵座(α)
	轸十七度	軫宿	乌鸦座(γ)

角→亢→氐……→轸的方向是由西向东。按照这种排列，首尾连接，即连接角和轸画圆的话，根据圆的画法有两种旋转方向。在角宿的位置立一个标杆，经轸宿从下方向右旋转画圆，即角→亢→氐……→轸是逆时针旋转，经轸宿从上方向右旋转的话，即角→亢→氐……→轸是顺时针旋转。顺时针的圆是由天空北极观向南极的方向，这个图经常被提及。逆时针旋转的圆是由天空南极观向北极的方向，即人们站在地上仰望天空的方向。在

开头部分介绍了太阳在黄道上的移动，这与那张图方向相同，较容易理解。

从南北方向分别得到的图，例如，在宋代苏颂的《新仪象法要》中，绘制有《浑象北极(星)图》和《浑象南极(星)图》，如下图所示。圆的分割幅度不同，是由于每宿的宿度不同。各宿的宿度，在宋代和汉代有的相同，有的略有差异，视为大致相似的宿度就好了。以这张图想象汉代的话，汉代的斗宿有26度，所以所画幅度较宽，牛宿只有8度，所画幅度较窄。外圆为天赤道，《浑象北极图》圆的中心为天空的北极，《浑象南极图》圆的中心则为天空的南极。《浑象南极图》的中心内圆因为从北半球无法看到南天的恒星，所以显示空白。太阳在这个轮胎状的地带中，按《浑象北极图》顺时针旋转，按《浑象南极图》逆时针旋转。

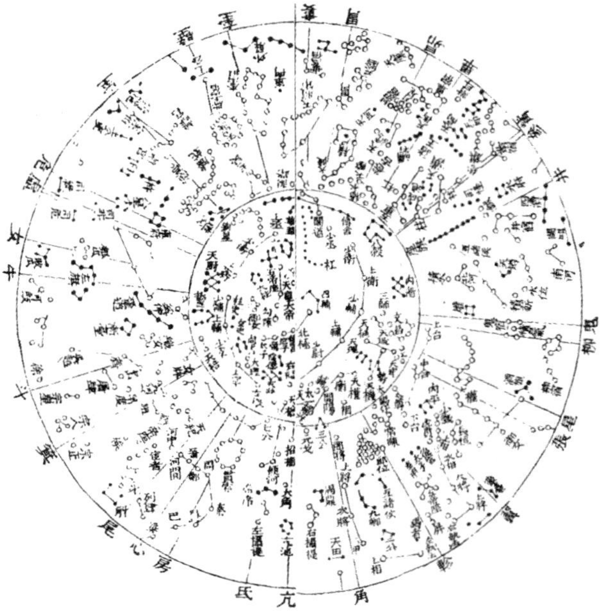

渾象北極圖

渾象南極圖

前文引用的“斗十二度，大雪”意为太阳位于斗宿所占 26 度中的第 12 度这一位置时，节气为大雪。“牵牛初，冬至”是太阳位于牛宿所占 8 度的初始位置时，冬至到来。“婺女八度，小寒。……危初，大寒”表示太阳位于占 12 度的婺女宿中的第 8 度时，是小寒节气，经过余下的 5 度，再经过 10 度的虚宿，就进入了占 17 度的危宿，此时的节气为大寒。5 度+10 度=15 度，也就是小寒节气的 15 天。从下表可以看出容易产生误解的地方，刻度是从星宿边界线的起点算起，因此并非 12−8=4。

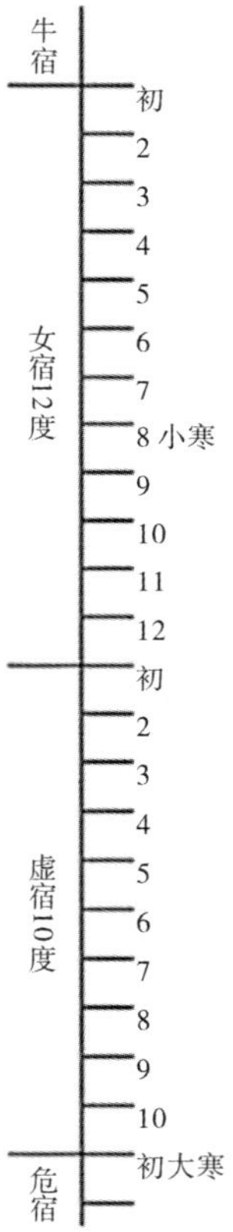

而且，在这一时间点，人们并不能在星空中确认用作二十四节气标志的二十八宿的距星。此刻是白昼，看不到星星，到了晚上则可以看到与实际正相反的、代表节气与季节的恒星。

2.《后汉书·律历志》(后汉四分历)

太初历/三统历之后，从东汉元和二年(85)开始至三国时代的100多年间，施行的历法是“后汉四分历”，其中以表的形式记载有二十四节气的各种数据，现仅将其中的二至二分摘录如下。为了便于理解该内容，与《汉书·律历志》相比，追加了六项新信息。

节气	日所在	黄道去极	晷景	昼漏刻	夜漏刻	昏中星	旦中星
冬至	斗二十一度	百一十五度	丈三尺	四十五	五十五	奎六	亢二
	八分退二					弱	少强退一
春分	奎十四度	八十九	五尺二寸	五十五	四十四	鬼四	斗十一
	十分	强	五分	八分	二分		弱退二
夏至	井二十五度	六十七	尺五寸	六十五	三十五	氐十二	室十二
	二十分退三	强				少弱退二	少弱进三
秋分	角四度	九十	五尺五寸	五十五	四十四	牛五牛五	井十六
	三十分	半强		二分	八分	少	少强退三

源自范晔《后汉书·律历志》，即西晋司马彪《续汉书·律历志》。此律历志卷下历法部分，是刘洪于光和元年撰写的。

第二列中的“日所在”是用二十八宿表示太阳位置，但是，此处与《汉书·律历志》相同，采用以天赤道为基准的宿度来表示。只是数值更为详细，且数值本身每隔几度都会有变化。

上表反映的并非二十四节气的运动，而是与二十四气相对应的可见恒星因岁差运动产生的偏差值。假定移动了 5 度，因岁差运动约 26000 年重复(旋转 360 度)一周，1 度就需要约 72 年，5 度则需要三百数十年的时间。这与《汉书·律历志》和《续汉书·律历志》的时代差大致相符。

第三列中的“黄道去极”也是指当时的太阳位置，表示位于黄道的太阳，从天空北极开始计算离南极多远，以及与南极形成的角度是多少。这与我们今天使用的赤纬非常相似。赤纬是以天赤道为 0 度，天空北极为+90 度，天空南极为-90 度。所以，此时太阳的赤纬与黄道去极合计为 90 度。“日所在”为东西水平方向的话，“黄道去极”就是南北垂直方向，在球面天空形成纵线和横线，用它们的夹角度数表示太阳的位置。冬至时，太阳最低，离北极最远(角度最大)，夏至时太阳最高，离北极最近(角度最小)。所以，“去北极”度数也是冬至最大，夏至最小。春分和秋分时，度数几乎相等。春分和秋分的数值之所以相差甚微，是因为该节气的日期是基于平气法确定，并结合测算这一天的“黄道去极”得到的。与定气法(太阳黄经)得出的实际春分、秋分日期，有时最多也就相差三四天。

第四列的“晷景”是用圭表测得的南中时的太阳影长。有种称为日晷的仪器，是用来测量太阳影子长度的。日晷的指针下安装有圆盘状的东西。圭表只测量南中时太阳的影长就可以了，所以只需在立着的竿子下放置一个棒状的东西就行。也就是说，在地面上南北方向且水平放置刻有度数的“圭”，并在其南端垂直放置“表”。垂直地面的竿子及其影子，构成了直角三角形，因此可以运用三角函数简单求得影子的长度，即影子的长度=竿子的长度×太阳高度角的余切值。竿子的高度，只要不是特殊的圭表，一般为八尺。另外，只要观测地点的纬度确定的话，哪怕是门外汉也可以通过(日本)国立天文台历法计算室或天文软件，轻易求得太阳高度角。这里可以使用 *Stella Navigator* 11 进行验证。

把地点定在东汉的都城洛阳(东经 112 度 24 分，北纬 34 度 48 分，海拔为 0 度)，假定时间是公元 200 年(东汉建安五年)。这一年的冬至按定气法(黄经 270 度)的话是公历 12 月 21 日(平气法的话，冬至是十一月一日，公历 12 月 24 日，推迟 3 天)，南中时的太阳高度是 31.56 度。8 尺×cot31.56(1.628)，得出影长为 13.024 尺，约为 13 尺，即 1 丈 3 尺(前文所示的丈三尺)。顺便一提，夏至(定气法的儒略历，6 月 23 日)时，竿子高度 8 尺乘以太阳高度角 78.87 的余切值(0.196)，得出影长为 1.668 尺，约 1 尺 5 寸(表中的尺五寸)。且，东汉的 1 尺折合为 23 厘米的话，8 尺=184 厘米，这样的竿子形成的影长，冬至时为 3 米，夏至时为 35 厘米。

第五、六列中的“昼漏刻”和“夜漏刻”指白昼时间和夜晚时间。“黄道去极”和“晷景”是使用浑天仪和圭表测得的实际数值，与之相对，昼夜的时间是根据上述实际数值，通过计算得出的数值。据说这些实际数值和计算数值是东汉熹平三年(174)得出的。春分、秋分时，一般而言，昼夜时间几乎相等。当时，一天分为 100 刻，昼夜本应该各 50 刻。然而，这里实际昼比夜的时间大约多 10 刻(144 分钟)。这是因为，当时的人们对昼夜的看法不同于今日。拂晓的早晨(旦时)和刚日落的黄昏(昏时)，这两个时间段人们尚能在户外读书、劳动等，于是就将这两个时间段的各二刻半(36 分钟)划入了白昼。如果将这 5 刻时间划归夜晚，昼夜时间就几乎相等了。当时将一天(24 小时=1444 分钟)分为 100 刻，1 刻就是 14.4 分钟，昏、旦的二刻半就是 36 分钟，5 刻就是 72 分钟。

第七、八列的“昏中星”和“旦中星”是指在昏时与旦时，南中的恒星，即通过子午线的恒星。人们自古都在使用这种方法判断季节。但是，《后汉书》中并没有精确地指出是哪个恒星。所谓二十八宿是用环刻在天空赤道带的星度值来表示的。这也不是实际测量的数值，而是计算出来的。如，春分的昏中星为“鬼四”，“鬼”位于二十八宿中的南方区域，宿度为 4，即占 4 度(角距离)的星宿；“四”是指位于第四度的位置。另外，冬至的昏中星为“奎六弱”，其中“弱”等指单位度以下的余数，用将 1 度十二等分的中国独特的单位来换算，等于 0.08333…，见上表第二列。

在每个昏旦的时间点，靠近子午线的地方，未必有醒目的恒星出现。即使有，也只不过是单纯的偶然现象。所以，并不是实际存在的具体位置，而是只能表示其在连续的二十八宿所形成的卷尺刻度上的位置。

用现代视角重新解释旦中星、昏中星，不需拘泥于赤道带。例如，若要寻找 2020 年在洛阳可见的醒目的恒星，春分(3 月 20 日)的昏中星是大犬座的天狼星，夏至(6 月 21 日)的昏中星是处女座的角宿，秋分(9 月 22 日)的旦中星是猎户座的参星，冬至(12 月 21 日)的旦中星是处女座的东上相星。

以上，《后汉书·律历志》从多个角度罗列了二十四节气中有关太阳与节气的天文学方面的数据。这种思路可以说以《汉书·律历志》为发端，进而在《后汉书·律历志》中得到了发展，并确立了方向。以后的律历志也沿袭了这种思路，进而附加其他角度的数据，或让数据更加精准。另外还记录有二十四节气与行星、月亮等相关的天文学方面的、历学方面的众多数据。但是，这些与地球接收到的太阳热量，也就是季节，没有直接的联系。

《后汉书·律历志》完成了引起季节变化的太阳移动和与之相呼应的二十四节气的天文学数据的基本框架。稍后就这些方面稍做介绍。

3.《晋书·律历志》(景初历)、《宋书·律历志》(元嘉历)

三国时，在魏国的杨伟编撰的景初历(237—444—451)①中，首次出现了二十四气的节气和中气与十二个月完整对应的形式，即所谓的“节月”(见下表)。在此前的历代律历志中，“中气”首次出现于《汉书·律历志》，“节气”首次出现于《后汉书·律历志》。另外，《汉书·律历志》中，“中气”的原点位于十二次的“初”和“中”的“中”，这一点前文已经阐述过了。

二十四节气名称	月份	节气或中气
大雪	十一月	节
冬至	十一月	中
小寒	十二月	节
大寒	十二月	中
立春	正月	节
雨水	正月	中
惊蛰	二月	节
春分	二月	中
清明	三月	节
谷雨	三月	中

① 景初历是从魏明帝景初元年(237)开始施行，在南朝使用至宋文帝元嘉二十一年(444)，而在北朝使用至北魏太武帝正平元年(451)。

续表

二十四节气名称	月份	节气或中气
立夏	四月	节
小满	四月	中
芒种	五月	节
夏至	五月	中
小暑	六月	节
大暑	六月	中
立秋	七月	节
处暑	七月	中
白露	八月	节
秋分	八月	中
寒露	九月	节
霜降	九月	中
立冬	十月	节
小雪	十月	中

注：摘自《晋书·律历志》下“推闰月术”，《宋书·律历志》中“推闰月术”。

从此以后，都采用了这种形式。只是在《晋书》中，一年是从大雪十一月节·冬至十一月中开始的，这是优先采用以冬至为起点的天文观测形式。

接下来，到宋代的元嘉历(《宋书·律历志》下“推闰月术”)才开始有了从立春正月节·雨水正月中开始新的一年，与实际的阴阳历毫无违和感地整合在了一起。

可以说，至此，“节月”的基本框架已经完备，只是各节气还没有被三候等分。后世配置有七十二候的“二十四节气七十二候”

完备的节月形式，是从《魏书・律历志》中的北魏正光历开始的。

4.《魏书・律历志》(正光历)

在北魏末期施行的“正光历”(523—539—565)①中，首次记载了七十二候，即每个节气各由三候组成，24 气乘 3 候等于 72 候。但是，初候、次候、末候的名称还没有出现，在文献上可以确认首次出现的是《隋书・律历志・下卷》中记载的隋朝刘焯编撰的皇极历。

在正光历中，同时记载了一种多少天为一候的计算方法(《魏书・律历志・上》)。此后的很多历法都仿照正光历记载七十二候及其计算方法。

此种算法的原理是将以冬至为起点的一回归年七十二等分。据说正光历中，一回归年(一太阳年)是 365.2437 天，一候约为 5.0728 天。各时代的历书、历法中，一回归年的取值不同，一候的天数也有细微的差异。但是，在实际的历法中，是不会记载带小数点的日期的，因此导致的结果就是一候为 5 天或 6 天。一候为 6 天时，如后文所述，理解为“没日”较妥当吧。

正光历所采用的七十二物候，都是出自《礼记・月令》(《吕氏春秋・十二纪》)，有的截取一部分，有的改换了字面。例如，正光历将《礼记》季冬的“鸡乳”(相当于小寒)改为“鸡始乳”，作为立春的初候；把《礼记》仲秋的“盲风至”(相当于白露)换成白露

① 正光历是从北魏正光四年(523)开始使用，后来北魏分裂为东魏和西魏，东魏使用至兴和元年(539)，西魏灭亡后，北周继续使用至保定五年(565)。

次候的“暴风至”；把《礼记》孟秋的“天地始肃”（相当于立秋）推迟为白露的初候。如此，正光历与《礼记》相比，虽季节稍有偏差，但确立了七十二个物候表现，而且该表现的基本框架为后世所继承，这是正光历编撰者的巨大功绩。

一般认为，七十二候是在诞生于先秦至汉代的《逸周书·时训解》中被基本确立的。的确，与唐代的《大唐阴阳历》中的“大衍历”“宣明历”所记载的七十二候相比，包括物候顺序和字面，《逸周书》的七十二候必定与以上这些完全一致。但是，如目前所见，从《吕氏春秋》的《十二纪》到《淮南子》的《天文训》《时则训》，才逐步确立了二十四气的名称，并制定每气 15 天的原则，从这一流程来看，时训解则是过早地实现了七十二候的确立。时训解的七十二候，从本应该处于发展阶段的时代状况中脱颖而出。所以，《逸周书》的本体暂且不论，单就其中的时训解一篇，难以摆脱系后世伪托之作的嫌疑。退一步讲，即使时训解在先，正光历在后，也丝毫不能减弱它在历书上首次采用七十二候的意义。

另外，正光历的七十二候与时训解相比，物候现象整体推延，季节延迟。不过，在这里反而能看到它与黄河中游流域的气候相一致的特征。一方面，有说法称正光历是反映北魏旧都平城（山西省大同市，北纬 40 度，海拔 1040 米）的气候特征，这恐怕不准确吧。原因是，由平城到洛阳的迁都是在太和十九年（495）完成，正光历是其 13 年后的神龟年间（518—519）编撰的，实施又是在三年后的正光四年（523）。有关七十二候的排列，在中国只有两个系统：北魏的《正光历》和唐代的《大唐阴阳历》大衍历·宣明历。唐代《大唐阴阳历》大衍历·宣明历的排列确立后，直至清代，虽然朝代更迭，国都有开封、杭州、南京、北京等，经历过大的迁移，但是这种排列几乎不变。仅这一点，就可以说正光历七十二候独特的排列方式，给中国物候现象的表现形式带来了多样性，这是相当宝贵的。

《魏书》正光历七十二候如下(《魏书·律历志·上》)：

节气	物候现象
立春	(一)鸡始乳，(二)东风解冻，(三)蛰虫始振
雨水	(一)鱼上冰，(二)獭祭鱼，(三)鸿雁来
惊蛰	(一)始雨水，(二) 桃始华，(三)仓庚鸣
春分	(一)鹰化鸠，(二)玄鸟至，(三)雷始发声
清明	(一)电始见，(二)蛰虫咸动，(三)蛰虫启户
谷雨	(一)桐始花，(二)田鼠为鴽，(三)虹始见
立夏	(一)萍始生，(二)戴胜降于桑，(三)蝼蝈鸣
小满	(一)蚯蚓出，(二)王瓜生，(三)苦菜秀
芒种	(一)靡草死，(二)小暑至，(三)螳螂生
夏至	(一)鵙始鸣，(二)反舌无声，(三)鹿角解
小暑	(一)蝉始鸣，(二)半夏生，(三)木槿荣
大暑	(一)温风至，(二)蟋蟀居壁，(三)鹰乃学习
立秋	(一)腐草化萤，(二)土润溽暑，(三)凉风至
处暑	(一)白露降，(二)寒蝉鸣，(三)鹰祭鸟
白露	(一)天地始肃，(二)暴风至，(三)鸿雁来
秋分	(一)玄鸟归，(二)群鸟养羞，(三)雷始收声
寒露	(一)蛰虫附户，(二)杀气浸盛，(三)阳气始衰
霜降	(一)始涸，(二)鸿雁来宾，(三)雀入大水化为蛤
立冬	(一)菊有黄华，(二)豺祭兽，(三)水始冰

续表

节气	物候现象
小雪	(一)地始冻，(二)雉入大水化为蜃，(三)虹藏不见
大雪	(一)冰益壮，(二)地始坼，(三)鹖旦不鸣
冬至	(一)虎始交，(二)芸始生，(三)荔挺出
小寒	(一)蚯蚓结，(二)麋角解，(三)水泉动
大寒	(一)雁北向，(二)鹊始巢，(三)雉始雊

注：表中序号(一)(二)(三)是著者添加的。另外，原典中是以冬至为始，为便于比较，著者将其改为以立春为始。

5.《隋书·律历志》(皇极历/大业历)

隋代的张胄玄部分修正了刘焯的历法，在此基础上编撰了大业历，其中首次记载了二十四气各自的日出和日落时间。《隋书·律历志·中》记载有这些数据。通常认为这些是实际测算的数据，其实是以冬至、夏至为对称，每两气取相同的数值得出的。例如，以冬至为界，立冬与立春相对，以夏至为界，立夏与立秋相对，这样较为直观。同样，大寒与小雪、谷雨与处暑……大业历中记载了二十四气的日出、日落时刻，摘录部分如下：

二十四气	日出时刻	日落时刻
大寒	卯八刻四十九分	酉一分
小雪		
谷雨	卯一刻二十八分	酉六刻五十二分
处暑		

将表中谷雨和处暑的日出、日落时间换算成现在的时间看一下。卯、酉，根据十二地支(子丑寅卯辰巳午未申酉戌亥)将一天十二等分的算法，一支为两小时。子时是 23：00—1：00，丑时是 1：00—3：00，以此类推……亥时 21：00—23：00。起点子时，并非从 0：00 开始，而是从 23：00。刻是当时将一天分为 100 刻的单位，24 小时=1440 分钟=100 刻，1 刻=14.4 分钟(14 分钟 24 秒)。在《隋书》中，1 刻=60 分，所以当时的 1 分等于现在的 0.24 分钟(14.4 秒)。

以此为基础换算一下日出时间。“卯一刻二十八分”，卯时是 5：00—7：00，所以 5：00+1 刻×14.4 分+28 分×0.24=5：00+14.4 分+6.72 分=5：00+21.12 分=5 小时 21 分 7.2 秒。

同样，日落时间“酉六刻五十二分”，酉时是 17：00—19：00，所以，17：00+6 刻×14.4 分+52 分×0.24=17：00+86.4 分+12.48 分=17：00+1：00+26.4 分+12.48 分=18：00+38.88 分=18 时 38 分 52.8 秒。①

同样，在隋代刘焯的《皇极历》中，还记载着“夜半漏”的时

① 使用 *Stella Navigator* 11 对这些数据进行检验的话，与西历 600 年，长安的谷雨、处暑的日出、日落时间的地方平时(地方平均太阳时=地方平均时=地方时)大致相同。而且，与 1400 年后的今天相比也没有什么变化。这或许是因为处暑、谷雨前后，地方平时和地方真时(地方真太阳时=视太阳时)只有一两分钟的误差。当地的地方真时见序二第 4 页。而地方平时则是采用假定无论哪个季节都按 24 小时为 1 天进行计算的、平均化的太阳(平均太阳)时。这两种时间制度的时间差(均时差)为零时，也就是这两种时间制度的时间相等时，地方平时也是把太阳南中时定为 12：00。虽然 *Stella Navigator* 11 不显示地方真时，但是仅在此刻，可以 *Stella Navigator* 11 的地方平时的时间，判断该日的当地的地方真时。严格地说，这一天一年仅有四次。

间。刘焯与张胄玄的争论以失败告终，导致他制作的历法未被采纳。但是，在《隋书·律历志·下》中记录了这一历学数据。在中国式的思维中，从日落到日出的时间中除去昏时和旦时微亮的时间，剩余的则为夜晚时间，将其平分的就是夜半漏（夜漏半）。关于此内容，将在下一节进行说明。

定气法是基于太阳（可见的）运行快慢（称为日行盈缩），皇极历虽然据此算出了二十四节气的日期，但是并没有得到应用。

6.《旧唐书·律历志》（戊寅历）

唐代傅仁均的戊寅历首次记载了二十四气每气的一更和一筹的长度。摘录冬至和夏至部分如下所示：

二十四气	日出	日落	夜漏半	一更	一筹
冬至	辰二十四分之二十	申七刻十二分	二十七刻十二分	十一刻	二刻四分
夏至	寅七刻十二分	戌二十分	十七刻十二分	七刻	一刻九分

摘自《旧唐书·律历志·一》。

更与筹一般合称为更点，夜晚时间分为五更，进而将一更分为五点（筹），变更时击鼓，变点时敲钟，以此告诉人们夜晚时间的变化。昼、夜时间随季节发生变化。夜，冬至时最长，夏至时最短；昼与之相反。夜晚时间是每天一点点发生变化，但并不是每天都计算的。仅确认二十四个节气变换的分界点，并作为进入该节气的日子，代表着整个十五六天的节气期间，把每个节气夜晚时间五等分（一更），进而再各自五等分（一点＝一筹），以此来表示时间。

冬至，夜漏半(隋代皇极历中为夜半漏)是 27 刻 12 分，所以夜漏(除去日落和日出前两个微亮时段的 5 刻)是这一数字的 2 倍即 54 刻 24 分。与《隋书》不同，戊寅历中 1 刻等于 24 分，分的位数向前进一位，夜漏时间就是 55 刻(与《后汉书·律历志》的冬至夜漏刻数值相同)。一更是其五分之一，即 11 刻。冬至的一更换算成现在的时间就是 14.4 分钟×11＝158.4 分钟(2 小时 38 分钟 24 秒)。

接下来，一筹(一点)是一更的五分之一，等于 2.2 刻。2.2 刻＝2 刻+0.2 刻＝2 刻+24 分×0.2＝2 刻+4.8 分，舍去零数就是 2 刻 4 分。将此换算成现在的时间，首先 1 分是 1 刻(14.4 分钟)的二十四分之一，即 0.6 分钟(36 秒)。因此，冬至的一筹是 14.4 分钟×2+0.6 分钟×4＝31.2 分钟(31 分钟 12 秒)。在验算冬至的一点至冬至的一更的时间时，需要考虑舍去的 0.8 分钟(28.8 秒)。

用同样的方法计算夏至的时间，夜晚时间是夜漏半的 17 刻 12 分的 2 倍，即 34 刻 24 分，因为 24 分是 1 刻，也就是 35 刻。一更是其五分之一，即 7 刻。也就是说夏至的一更是 14.4 分钟×7＝100.8 分钟＝1 小时 40.8 分钟(1 小时 40 分钟 48 秒)。接下来，一筹是一更的五分之一，即 1.4 刻。1.4 刻＝1 刻+0.4 刻＝1 刻+24×0.4＝1 刻+9.6 分，舍去零头就是 1 刻 9 分。换算成现在的时间是 14.4 分钟+0.6 分钟×9＝19.8 分钟(19 分钟 48 秒)。

如此，每个节气的夜晚时间不同，敲鼓打钟的间隔也不同。这是 1400 年前长安的时间，即使用现在西安的时间换算更点的时间，也没有两三分的改变。这样就产生了基于因季节而异的昼夜时间的更点时制，称作不定时法。

另外，唐代高僧、历学家一行(683—727)制定了大衍历，试图用周易理论说明二十四节气七十二候。据说，这是基于汉代孟喜开创的“卦气说”。的确，阴阳的消长及其反复变化，与由冬至经春分至夏至、再经秋分回到冬至的太阳移动，有极好的契合性，但这仅是一种解释季节变化的思想理论体系，在此暂且不提。

7.《大唐阴阳历》

公元641年，吕才等奉唐太宗之命编撰了《阴阳书》五十三卷。这部书在中国已经散佚，但传到了日本，《日本国见在书目》中记载有五十一卷，然而并未流传下来。其中的第三十二、三十三卷，作为两卷本《大唐阴阳历》被单独处理。据说，奈良、平安时代以后，此两卷本被用作每年颁发的具注历的指南。具注历是当时流行的历法，用汉文记载了当日的吉凶、禁忌等诸多信息，且留有余白的部分，可以记日记。

《大唐阴阳历》有多种抄本流传下来，在网页上就可以浏览到三种。下表被认为是以17世纪后半期抄本的(日本)国立天文台藏本(外题“宣明历二十八宿吉日考入”，内题“大唐阴阳历”)为基础，同时参考了京都大学人文科学研究所藏本(被认为是最早的抄本，但只有立秋至大寒部分的下卷)、(日本)国立国会图书馆藏本(只有上卷，且欠缺三分之二左右)，仅抽取七十二候部分，并对原典的“节气+节月名”的顺序做了先后调整，同时进行了若干整理。明显的错字、异体字等，依据《新唐书》的大衍历进行了修改。尤其是粗体字的乃、坏、武、蝉等，虽有别于大衍历，但意义相同。

节月	节气	日期	七十二候	节月	节气	日期	七十二候
正月节	立春	一日	东风解冻	正月中	雨水	十六日	獭祭鱼
		六日	蛰虫始振			二十一日	鸿雁来
		十一日	鱼上水			二十六日	草木萌动
二月节	惊蛰	一日	桃始华	二月中	春分	十六日	玄鸟至
		六日	仓庚鸣			二十一日	雷乃发声
		十一日	鹰化为鸠			二十六日	始电
三月节	清明	一日	桐始华	三月中	谷雨	十六日	萍始生
		六日	田鼠化为鴽			二十一日	鸣鸠拂其羽
		十一日	虹始见			二十六日	戴胜降(于)桑
四月节	立夏	一日	蝼蝈鸣	四月中	小满	十六日	苦菜秀
		六日	蚯蚓出			二十一日	靡草死
		十一日	王瓜生			二十六日	小暑(麦秋)至
五月节	芒种	一日	螳螂生	五月中	夏至	十六日	鹿角解
		六日	鵙始鸣			二十一日	蝉始鸣
		十一日	反舌无声			二十六日	半夏生
六月节	小暑	一日	温风至	六月中	大暑	十六日	腐草为萤
		六日	蟋蟀居壁			二十一日	土润溽暑
		十一日	鹰乃学习			二十六日	大雨时行
七月节	立秋	一日	凉风至	七月中	处暑	十六日	鹰乃祭鸟
		六日	白露降			二十一日	天地始肃
		十一日	寒蝉鸣			二十六日	禾乃登

续表

节月	节气	日期	七十二候	节月	节气	日期	七十二候
八月节	白露	一日	鸿雁来	八月中	秋分	十六日	雷乃收声
		六日	玄鸟归			二十一日	蛰虫坏户
		十一日	群鸟养羞			二十六日	水始涸
九月节	寒露	一日	鸿雁来宾	九月中	霜降	十六日	豺乃祭兽
		六日	雀入大水为蛤			二十一日	草木黄落
		十一日	菊花有黄			二十六日	蛰虫咸俯
十月节	立冬	一日	水始冰	十月中	小雪	十六日	虹藏不见
		六日	地始冻			二十一日	天气上腾地气下降
		十一日	野鸡入水为蜃			二十六日	闭塞而成冻
十一月节	大雪	一日	鹖鸟不鸣	十一月中	冬至	十六日	蚯蚓结
		六日	武始交			二十一日	麋角解
		十一日	荔挺出			二十六日	水泉动
十二月节	小寒	一日	雁北乡	十二月中	大寒	十六日	鸡始乳
		六日	鹊始巢			二十一日	鸷鸟厉疾
		十一日	野鸡始雊			二十六日	水泽腹坚

表中大雪次候为“武始交”，照此而言，意义是不通的。隋代刘焯的历法将这一物候用作冬至的初候。中华书局版校点本《隋书》的校勘记中写道，唐人为避讳将虎换成了武。这是因为《隋书》是在唐代编撰的。敦煌写本中存留的唐代具注历的残本上，乾符四年、景福二年的历法中写作“武”。邓文宽在《敦煌天文历

法文献辑较》的校注中也说这是避讳唐代先祖的缘故(江苏古籍出版社，1996年)。本文遵此做法。

在每月的开始都标记着二十四节气和七十二候的日期。既有部分缺失的版本，也有格式不一的版本，在对这些资料进行补充整理综合的基础上，就得到了一年份的二十四节气和七十二候。因标有具体的日期，看似是实际的历法，其实这并非现实社会中所使用的阴阳历。但是，在如今所存留的文献中，《大唐阴阳历》是首次系统地为二十四节气七十二候标注日期的历法。该日期当然不是阴阳历的历月，而是根据太阳历的节月体系添加的。普遍认为历史上每年发行的具注历的二十四节气和七十二候是以此历法为范本进行添加的。

8. 节气日历(唐代吕才《大唐阴阳历》)

在上文节月的二十四节气七十二候的历法中，如果导入所有每一天的日期的话，就构成了下文一年360天的“节气日历”。如此形成的历法，其特征是一年360天，一个月30天，每个月包含节气和中气，一气有15天，又分为3候，一候5天。各节气的每5天组成一行，分别为初候(第一候)、次候(第二候)，末候(第三候)。

将正月、二月、三月……称作孟春正月、仲春二月、季春三月、孟夏四月、仲夏五月、季夏六月、孟秋七月、仲秋八月、季秋九月、孟冬十月、仲冬十一月、季冬十二月。颠倒先后的语序，也可称为正月孟春、二月仲春、三月季春等。

月份	节气	日期	月份	节气	日期
正月	立春	1 2 3 4 5 6 7 8 9 10 11 12 13 14 15	六月	小暑	1 2 3 4 5 6 7 8 9 10 11 12 13 14 15
	雨水	16 17 18 19 20 21 22 23 24 25 26 27 28 29 30		大暑	16 17 18 19 20 21 22 23 24 25 26 27 28 29 30
二月	惊蛰	1 2 3 4 5 6 7 8 9 10 11 12 13 14 15	七月	立秋	1 2 3 4 5 6 7 8 9 10 11 12 13 14 15
	春分	16 17 18 19 20 21 22 23 24 25 26 27 28 29 30		处暑	16 17 18 19 20 21 22 23 24 25 26 27 28 29 30
三月	清明	1 2 3 4 5 6 7 8 9 10 11 12 13 14 15	八月	白露	1 2 3 4 5 6 7 8 9 10 11 12 13 14 15
	谷雨	16 17 18 19 20 21 22 23 24 25 26 27 28 29 30		秋分	16 17 18 19 20 21 22 23 24 25 26 27 28 29 30
四月	立夏	1 2 3 4 5 6 7 8 9 10 11 12 13 14 15	九月	寒露	1 2 3 4 5 6 7 8 9 10 11 12 13 14 15
	小满	16 17 18 19 20 21 22 23 24 25 26 27 28 29 30		霜降	16 17 18 19 20 21 22 23 24 25 26 27 28 29 30
五月	芒种	1 2 3 4 5 6 7 8 9 10 11 12 13 14 15	十月	立冬	1 2 3 4 5 6 7 8 9 10 11 12 13 14 15
	夏至	16 17 18 19 20 21 22 23 24 25 26 27 28 29 30		小雪	16 17 18 19 20 21 22 23 24 25 26 27 28 29 30

续表

月份	节气	日期	月份	节气	日期
十一月	大雪	1 2 3 4 5 6 7 8 9 10 11 12 13 14 15	十二月	小寒	1 2 3 4 5 6 7 8 9 10 11 12 13 14 15
	冬至	16 17 18 19 20 21 22 23 24 25 26 27 28 29 30		大寒	16 17 18 19 20 21 22 23 24 25 26 27 28 29 30

第四节　阴阳历中的二十四节气

1. 太阴历(阴历)的体系

在阐明中国的阴阳历之前，先简单介绍一下阴阳历中的阴历(太阴历)。严格来讲，它与伊斯兰教历(回历)中使用的纯粹的阴历有不同之处。在中国历史上，最早出现的历法是简略的太阳历，并没有纯粹使用阴历的记录。

阴历的基本原理是利用月亮圆缺来判断日期。无论何人身处何地都可以从地球上看到相同形状的月亮圆缺，并且很有规律，周而复始，上百年、上千年循环往复。在这种情况下，将月亮圆缺的形状与日期相对应，就可以制作出延续几千年的历法。

阴历的基本框架如下：

◎一个月为 29 天或 30 天，29 天者称为小月，30 天者称为大月。这是因为月亮圆缺恢复原状大约需要 30 天。实际上平均约为 29.53 天，一般认为 29 天和 30 天是月亮圆缺的周期。阴历中不存在 28、31 等天数的月份。

◎一年为 12 个月。像阴阳历中的闰月，阴历中是没有的。这是因为月亮圆缺的循环，反复十二次后，回到原来的季节。人们看到十二次满月，又回到初始季节，这个过程就是一年。只是，需要注意的是，并非刚好一年，而是大约差 11 天，这部分稍后论述。

◎在以月亮圆缺为标志的历法中，新的一天是从开始看到月亮时的日落时间算起的。这种情形只在纯粹采取阴历的伊斯兰教历中存在，在中国的阴阳历中，一天是从日出时刻开始的，后来才调整为从午夜开始。

◎月亮圆缺的形状和日期的对应，大约始终是这一模式，但是在北纬 35 度附近是如下这样对应的：

若哪天一整天看不到月亮，该日就是历法上每月的第一天（朔）。这样的月亮称为新月。在伊斯兰教历中，将黄昏时于天空西边较低之处第一次实际看到新月的这一天定为每月的第一天。

◎新月时，从地球角度来看，太阳、月亮、地球处于同一方向并依次排列，并且月亮和太阳几乎同时升落。在太阳光的照射下，月亮反射的部分就成了在地球上看到的月亮形状。在新月时，太阳位于月亮的背面，因而无法看到被太阳照射的月亮的一面，并非月亮消失了。从地球上看，月亮就在太阳附近。三者虽处于同一方向，但并未重合为一条直线。月亮有时位于太阳的正上方，有时处于太阳的下方。一旦二者重合为一条直线，月亮就遮住了太阳，形成日食。新月时也并非一定会发生日食现象，这是因为月亮的公转轨道面相对于地球的公转轨道面是倾斜移动的

(有约5度的偏差)。

◎过两三天，日出后不久，细细的月牙儿(蛾眉月)升起。月亮开始出现时，太阳位于天空东边很低的地方，因光线较强，无法看到月亮。太阳落下，天空开始变暗时，新月位于西边较低的位置。这样的月亮形状，相当于旧历日期中的初三或初四。而在伊斯兰教历上，时间要晚两三天。此时，月亮紧随太阳之后。

◎傍晚时，D字形的半月(弓形月、弦月、上弦)在天空南边升起，是旧历中的初八前后。此时，太阳、地球和月亮的所在位置，形成一个直角三角形。地球位于直角位置，斜边两端是太阳和月亮。月亮与太阳大约呈90度夹角进行旋转。太阳在天空南边最高位置时，月亮开始出现；太阳即将落下时，D字形的月亮南中。午夜时，月亮变成茶碗状落下。

◎满月的话，大概是旧历中的十五日。十六日肯定也是满月，有时十四日和十七日也会出现满月现象。

太阳、地球、月亮三者按照这样的顺序几乎排列成一条直线。太阳从天空东边开始升起时，满月在天空西边开始落下。一天结束了，太阳在天空西边开始落下，天空东边开始升起一轮又大又圆的月亮。午夜时，月亮在南中。不久，朝阳开始升起，但是在天空西边仍然可以看到又圆又白的月亮。此时，已是旧历中的十七八日。

◎到了午夜，半月(弓形月、弦月、下弦)从天空东边渐渐升起。此时为旧历上的二十三日前后。朝阳升起时，反D字形月亮在南中，此时，月亮、地球、太阳构成直角三角形，地球处于直角位置。太阳与月亮大约呈90度夹角，随后追赶着月亮。

◎过了午夜，接近早晨时，如钩的残月开始升起，此时为旧历的二十七日前后。不久，随着太阳开始升起且逐渐升高，就难以看到发白的月亮了。此时，太阳紧随月亮之后。

人们根据月亮的形状，可以如此大致估算日期。将此运用到历法中，就是阴历。

12 次月亮圆缺周期后回到初始季节，一年就过去了。也就是说看到 12 次满月的话，就是一年。

而实际上，一个月亮圆缺周期(一朔望月)约为 29.5 天。在无法标记小数点的历法中，这是将 59 天(29+30)视为两次月亮圆缺周期。因为发生了两次月亮圆缺就认为过了两个月，但其实只有 59 天而已。进而，认为反复了 12 次月亮圆缺就是 12 个月，但一年的话，实际上只有 354 天(29.5 天×12)。

从日期角度重新思考一下，首先从 1 月 1 日开始，反复 12 次月亮圆缺，因此就认为回到了 1 月 1 日，其实在太阳历中还只是 12 月 21 日。由此，到了第二年，再反复 12 次月亮圆缺，以为是已经过了两年，而实际上才只是 12 月 10 日。到了第三年，再反复 12 次月亮圆缺，认为是过了三年，而在太阳历中才是 11 月 29 日。如此，只通过观察月亮圆缺计算历法的话，认为过了三年，实际上太阳的移动却要晚一个月左右。认为已经过了九年的话，实际就要晚 3 个月，也就是晚一季。以此类推，18 年后就要晚 6 个月，应当是冬季的时候却是夏天。按照阴历，即使备注了冬季的 1 月 1 日进行播种，但过了 18 年，那已是夏天了。人们若是依据这样的历法，是无法开展农事活动的。

2. 阴阳历(阴阳合历・旧历・太阴太阳历)的体系

经过三年，实际日期要晚 1 个月的话，就在第三年插入 1 个月，使这一年变成 13 个月就可以了。这样的话，第四年时大体可以重新回到初始季节，构成与季节相一致的历法，这是阴阳历的原理。中国阴阳历一年的基本要素如下：

◎一年 12 个月或 13 个月。13 个月时，其中一个整月为闰月。

◎基本上一年为 354 天。

算法是(大月 30 天+小月 29 天)×6=59 天×6=29. 5 天×12=354 天

其他还有 355 天、383 天、384 天的，主要是这四种情况，也有极少数情况下为 353 天、356 天、385 天等。

◎一年间，大月和小月的比例如下：

(30 天×6)+(29 天×6)= 354 天	(59×6)= 354 天
(30 天×7)+(29 天×5)= 355 天	(59×5)+30+30=355 天
(30 天×6)+(29 天×7)= 383 天	(59×6)+29=383 天
(30 天×7)+(29 天×6)= 384 天	(59×6)+30=384 天

◎闰月的名称为闰正月、闰八月等。任何月份都有可能出现闰月。

◎阴阳历中出现闰月的年份称为闰年。(在太阳历的新历中将出现闰日的年份称为闰年。)

大约三年一次插入完整的一个月。其结果，就是 354 天×3+30 天=1092 天(插入 29 天一个月的话，就减少一天，这种情况暂不考虑)。在第三年插入闰月，结果就是三年有 1092 天，平均一年有 364 天。这与太阳历中三年经过的天数(365 天×3＝1095 天)大致相同。

即使使用这种单纯的计算方法，也产生了 3 天的偏差。为了尽量减少这种偏差，把原本 21 年插入 7 次闰月的频度，调整为 19 年插入 7 次闰月。如今，一回归年(一太阳年)是 365.2422 天，但在战国时代的四分历中已经把一年看作 365.25 天了。这样的话，19 年的天数就是，365.25 天×19＝6939.75 天。19 年插入 7 次闰月的话，就有 12 月×19+7 月＝235 月。另一方面，如今的一次月亮圆缺(望朔月)是 29.530589 天，235 个月的话就是 6939.688415 天。在四分历中运用这种算法的话，19 年后，偏差值缩小为 6939.75 天−6939.688415 天＝0.061585 天≈89 分钟。用如今的数值进行运算的话，即 235 月×现在的望朔月−19 年×现在的一个回归年＝0.086615 天，误差约为 125 分钟。这种算法在中国称为“章法”，在古希腊称为“默冬周期”。尽管如此，仍然有误差存在，为使误差更少，后来就研究出更为准确的历法(“破章法”)。

在第三年的最后插入闰月的做法(岁末置闰)，会导致延迟一个月以上才进入闰月。因此，如果根据每月的情况插入闰月的话，误差会更小。此处所想到的是，每个月必定有确定的作为太阳历指标的中气(冬至、春分、夏至、秋分等十二个中气)到来。比如，说到 11 月必定是太阳历的冬至到来的月份等，事先这样规定好的话，在阴阳历的日期中，就只会相差不足一个月的时间。该月内有中气到来的意思是，最早在月初到来，最晚在月末到来。冬至时(以太阳黄经为例进行说明以便理解)太阳位于黄经上 270 度的位置。规定这样的冬至必定在 11 月 1 日至 11 月 30 日之间到来，绝不会在 10 月份或 12 月份到来。只要使用阴阳历，冬至就只在 11 月这个月内到来。在阴阳历中，冬至早来或晚来，其误差都控制在一个月以内。

因此，最起码要做到在把握月亮圆缺规律的基础上，必须能预测来年何时是新月。同时，必须把握太阳移动的规律，可以在历法上推算出何时进入哪个中气。此种天文观测精确度的提高，是以历法的进步为前提的，而且从汉初的太初历开始成为可能。

从某个新月(朔)开始到月末，是一个月的周期，把该月确定为几月份是由这个周期内哪个中气开始的日期决定的。

中气		阴阳历
雨水	⇔	一月
春分	⇔	二月
谷雨	⇔	三月
小满	⇔	四月
夏至	⇔	五月
大暑	⇔	六月
处暑	⇔	七月
秋分	⇔	八月
霜降	⇔	九月
小雪	⇔	十月
冬至	⇔	十一月
大寒	⇔	十二月

由如上对应关系，确定月份名称。中气与中气的间隔为 30 天，插入没日的话为 31 天。这些中气是逐月推进季节变化的太阳移动的里程标。另一方面，与太阳周期未必保持一致的月亮周期，从新月到下个新月的间隔时间平均是 29.5 天。而在历法上，只有 29 天的小月或 30 天的大月。倘若如此，在太阳由一个中气的首日移动到下个中气的首日的 30 天、31 天内，就完全涵盖了月亮由一个新月到下个新月的移动周期。有时，在当月并没有中气首日的到来(参考下文 ABC 月)，此时，上面的原则就不成立了。由于当月没有中气首日的到来(没有太阳移动的里程标)，该月就被视为无季节性月份，或者与上个月重复使用同一月份名称，在下个中气到来之前，这个月处于原地踏步的状态。所以，该月的干支也没有向前推进，考虑用上个月的干支比较好，这就是闰月。人们将中气首日未到来的月份当作闰月的这种做法称为“无中气置闰”。

如东汉的贾逵曾说“闰月无中气”(《后汉书·律历志·中》)，隋代的刘焯在前文提到的历法中写道“定朔无中气者为闰”(《隋书·律历志·中》)等。清代历法学家王锡阐(1628—1682)进一步论述说，汉代以前的上古时期由于历法技术粗浅，所以采取岁末置闰的办法，汉代以后才逐渐精确(至元代)，“举中气以定月，而无中气者即为闰”(《清史稿·列传》293)。

如何置入闰月，这是历法学家们的高级专业领域内的问题。但是，看一下实际的历法是怎样置入闰月的，从这一结果很容易确认置闰的规则。可以用宋代咸平二年(999)的闰三月检验一下，暂定有 A 月、B 月、C 月，而且大小月的排列已确定，没日也考

虑在内，哪天什么节气到来已确定。(见下表)

A 月因月末有中气谷雨到来，确定为三月；C 月因月初有中气小满到来，所以确定为四月。而 B 月没有中气到来，因此成了闰月，称其为“闰 A 月”。

A 月日期	节气	B 月日期	节气	C 月日期	节气
1		1		1	小满
2		2		2	
3		3		3	
4		4		4	
5		5		5	
6		6		6	
7		7		7	
8		8		8	
9		9		9	
10		10		10	
11		11		11	
12		12		12	
13		13		13	
14		14		14	
15	清明	15	立夏	15	
16		16		16	芒种
17		17		17	
18		18		18	
19		19		19	

续表

A 月日期	节气	B 月日期	节气	C 月日期	节气
20		20		20	
21		21		21	
22		22		22	
23		23		23	
24		24		24	
25		25		25	
26		26		26	
27		27		27	
28		28		28	
29		29		29	
30	谷雨			30	

如上，在确定月份名称时，为尽可能与季节变化保持一致，用到了二十四节气。每逢误差过大时，置入闰月予以修正，从这个角度也可以说二十四节气是为校准这一刻度制定的。其结果，在阴阳历中，日期与节气的误差完全控制在一个月以内，二十四气的成立与无中气置闰成了配套组合。实现这一点的是从前文所述的汉初太初历开始的。由此，每 19 年置入 7 次闰月的章法，暂且被发展性地、原则性地取消了。

在优先考虑月亮圆缺的阴阳历中置入了太阳目前所处位置的标记。由月亮圆缺推进的时间轴和带来寒暑变化的太阳移动的时间轴，同时在阴阳历中运行。为阻止因使用阴阳历而造成的季节误差扩大化，古人研究出了太阳的季节变化里程标——二十四节气。或者说这是为与太阳历不产生过大误差的阴阳历而制作的。古人希望一方面能享受由月亮圆缺编织成的最好的历法带来的恩惠，另一方面又能根据季节变化更加顺利地开展包括畜牧、捕捞、狩猎在内的广义上的农事生产活动，可以说是为了满足这种一举两得的愿望钻研出了阴阳历。

3. 旧历(平气法)的一个月中可能出现的节气

在实际的历法中，该月可能会有什么节气呢？在下文一览表中，展示了这一可能性。其中，粗体字表示该月内有中气首日到来，该日可以是该月的 1 日至 30 日之间的任何一天。同时，进入节气的日期是上月 16 日至本月 15 日之间的任何一天。(参考序编第四节的“4. 关于每个节气的初日”)

关于置入闰月的情况，中气首日在闰月的前一个月到来，在闰月里不会有中气首日。但是，该闰月的前半月实际上属于中气(占九成有余)。在闰月里只会有十二节气发生。

月份	中气/节气	闰月	节气	入节日期
正月	大寒、立春、**雨水**、惊蛰	闰正月	前半雨水,后半惊蛰	十四、五、六日,惊蛰
二月	雨水、惊蛰、**春分**、清明	闰二月	前半春分,后半清明	十四、五、六日,清明
三月	春分、清明、**谷雨**、立夏	闰三月	前半谷雨,后半立夏	十四、五、六日,立夏
四月	谷雨、立夏、**小满**、芒种	闰四月	前半小满,后半芒种	十四、五、六日,芒种

续表

月份	中气/节气	闰月	节气	入节日期
五月	小满、芒种、**夏至**、小暑	闰五月	前半夏至,后半小暑	十四、五、六日,小暑
六月	夏至、小暑、**大暑**、立秋	闰六月	前半大暑,后半立秋	十四、五、六日,立秋
七月	大暑、立秋、**处暑**、白露	闰七月	前半处暑,后半白露	十四、五、六日,白露
八月	处暑、白露、**秋分**、寒露	闰八月	前半秋分,后半寒露	十四、五、六日,寒露
九月	秋分、寒露、**霜降**、立冬	闰九月	前半霜降,后半立冬	十四、五、六日,立冬
十月	霜降、立冬、**小雪**、大雪	闰十月	前半小雪,后半大雪	十四、五、六日,大雪
十一月	小雪、大雪、**冬至**、小寒	闰十一月	前半冬至,后半小寒	十四、五、六日,小寒
十二月	冬至、小寒、**大寒**、立春	闰十二月	前半大寒,后半立春	十四、五、六日,立春

上文一览表中，在旧历正月，大寒、立春、雨水、惊蛰这四个节气都有可能到来，并非意味着这四个节气在一个月内同时并存。以南宋乾道二年(1166)的正月为例具体说明如下：

◎第一周为大寒　　(上一年十二月二十二日进入大寒节气)

◎中间 15 天为立春　(正月初八日进入立春节气)

◎最后 8 天为雨水　(正月二十三日进入雨水节气)

在一个月的中间时间段有某节气、中气到来的话，其两端有前后节气或中气的存在。这是有三种节气的情况，而且这样的情况每月都可能发生。进一步讲，一个月有三种节气的情况较为普遍，极少有只存在两个节气的情况。

4. 关于每个节气的初日

关于小寒等“节气”的初日，做如下思考。以小寒为例进行说明，是因为用立春等其他的节气来说明是一样的。这只适用于平气法，不适用于清顺治二年(1645)以后采用定气法的旧历。

◎中气的冬至必定在十一月一日至十一月三十日之间到来。

◎冬至最早在十一月一日到来时，时段为15天(或者是加入了没日的16天)，所以到十一月十五日(或者十一月十六日)结束。

◎冬至结束的第二天进入小寒节气，即十一月十六日(或十一月十七日)为小寒节气的初日。

◎冬至最晚在十一月三十日来到的话，为期15天(或者是加入了没日的16天)，所以到十二月十四日(或十二月十五日)结束。

◎冬至结束的第二天进入小寒节气，即从十二月十五日(或者十二月十六日)开始为小寒节气。

◎但是，十二月十六日开始进入小寒节气的话，到十二月三十日为止都属于小寒节气。因此，在十二月份就没有大寒节气到来的余地了。

◎然而，作为中气的大寒，必须在十二月一日至三十日之间到来，所以十二月十六日就不能成为小寒初日。

◎由以上可知，进入小寒节气的日期，即使考虑到了没日、大月、小月等因素，也只能是十一月十六日至十二月十五日之间的某一天。

闰月的情况

◎闰月时，闰十一月十四、十五、十六日进入小寒节气。此后的15天(或者是加入了没日的16天)为小寒期间。理由如下：

◎最早的情况下，假如闰十一月十三日开始进入小寒，其间即使是包含了没日的16天，到十一月二十八日小寒就结束了，不得不在闰十一月二十九日进入大寒节气。如果有中气大寒到来的话，就不能成为闰月了。

◎最晚的情况下，假如闰十一月十七日进入小寒，此前的冬至包括没日的话要从闰十一月一日开始，不含没日的话，从闰十一月二日开始。不管怎样，都是在闰十一月进入冬至，而有中气的冬至到来的话，这也就不能成为闰月了。

◎《汉书·律历志》中写道："中气在朔若二日，则前月为闰。"与上面的说明相吻合。

5. 阴阳历中的太阳历要素

在现行的太阳历中，不考虑取消400年三次闰年的情况，而且是4年有一次闰年，有一天闰日。实际上这在阴阳历中得到了很好的实施。只是，这一年不是用年号划分的。用年号(阴阳历)来说的话，如宋咸平元年和咸平二年，同样都是一年，但前者只有354天，后者竟有384天。通过编到阴阳历中的太阳历的标志来看，即将由冬至节气到下个冬至的前一天计为一年，算一下四年的天数。

从宋代至道二年的冬至到咸平三年冬至的前一天，太阳历上的四年有 1461 天。按公历来说就是从 996 年 12 月 21 日到 1000 年 12 月 21 日。其具体天数如下：

至道二年的冬至从十一月四日开始，到年末十二月二十九日结束，共 27 天+29 天=56 天。

至道三年有 29 天×5+30 天×7=355 天。

咸平元年有 29 天×6+30 天×6=354 天。

咸平二年有 29 天×6+30 天×7=384 天。

咸平三年的元旦到冬至的前一天十一月十八日，有 29 天×5+30 天×5+17 天=312 天。

上面，由冬至到下个冬至的前一天，四年共计 1461 天，即 365 天×4+1 天=1461 天，刚好包含了一天闰日。阴阳历就这样很好地融合了太阳历的要素。

换言之，就是四分历中一回归年(一太阳年)的 365. 25 天×4=1461 天。

6. 旧历日期与新历日期的关系

虽然，旧历(阴阳历)的日期不能正确反映季节，但是可以通过在一定范围内持续进行变动，从而与季节变化相适应。与公历日期是太阳沿黄道上的刻度(地球公转轨道的反面)一点点定量的移动相比，旧历日期虽然多少会或早或晚，但是大致与季节变化相一致，如前文所见。接下来用唐代的情况具体说明公历日期与旧历日期的关系。

若举出一个历史上旧历日期与公历日期偏差最大的例子，那就是唐武德二年(619)的三月一日(刚进入闰月的第一天)吧。这一天按照公历是4月23日，因计算方法、时代不同，结果会有所差异，最多者相差可达五十二三天。

相反，最接近的例子是唐宣宗大中十四年(860)的十月三十日(即将进入闰月的前一天)，对应的公历日期是11月20日，两者只相差二十天。因此，可以说旧历日期大致晚公历日期二十天至五十二三天。

那么，相同的旧历日期换算成公历的话，结果会怎样呢？仍然是因年代不同，两者或很接近或相差较大，其变动的幅度最多可相差一个月。例如，同样是正月元日，唐贞观四年(630)的元日对应的公历是2月21日，而建中三年(782)的元日则是1月22日。即使同为元日，有的年份是最寒冷的大寒时节，而有的年份则早已过了立春，进入雨水节气了。

即使是同样的重阳节九月九日，大顺元年(890)对应的公历是9月30日，而永昌元年(689)对应的公历是10月30日，两者之间最多相差一个月。也就是说，虽然都是重阳节，有的还未到菊花开放的时节，有的菊花早已凋落殆尽。

第五节　二十四节气与太阳热量

1. 二十四节气与日出/日落的方位角度、南中高度、白昼时间

各节气的太阳移动请参阅附2　二十四节气的日出/日落时刻、

白昼时间、南中高度、日出方位角、夹角及八节间的增减表。

地球自转轴相对于公转轨道面倾斜了 23.4 度(23 度 24 分)。地球保持着这一倾斜度进行公转，是地球上某个地方(面)接收太阳能量通年有变化的原因。

地球上的某个地方在太阳由该地地平线升起时，开始接收太阳热量。根据太阳高出地面多少，即该地的太阳高度情况，来确定源自太阳的热量值。具体主要取决于以下三点(暂不考虑遮挡阳光的云、尘埃等因素)：

其一日出到日落的时间；其二太阳升起的高度；其三太阳由日出位置到日落位置所呈现的角度。人们根据这三者之间的关系，可以直接感受到太阳热量的多少。

(1)日出到日落的时间(白昼时间)

太阳南中时的高度、日出/日落的时间等，由于诸多因素的影响，即使冬至日、夏至日也并非达到了与之相吻合的极值。为体现二十四节气的整体趋势，这里仅以二至的数值进行讨论。另外，本著选择在北纬 35 度附近，海拔为 0 米，以地方时间考量。一千数百年间，世界上的任何地方，数值都大致相同。

白昼时间，夏至时最长，为 14 小时 30 分钟；冬至时最短，为 9 小时 50 分钟。两者相差 4 小时 40 分钟，夏至的白昼时长约为冬至的 1.5 倍。

(2)太阳的南中高度

在北纬 35 度附近，南中时的太阳高度，夏至时为 78.4 度，感觉太阳几乎就在头顶上空。冬至时为 31.6 度，比北极星的可见高度还低。夏至时的太阳南中高度约为冬至时的两倍半。

太阳光穿过包裹着地球的大气层到达地表。如果把大气层当作隧道的话，夏至时太阳位于最高的地方，大气隧道长度变短，冬至时太阳位于最低的地方，大气隧道长度变长。由于大气引起的乱反射，该隧道越长，热量被吸收得越多，到达地表的太阳热量越少。

另外，把照射到某个位置的太阳光看作一个巨大的圆筒形光束，由正上方射入的话，光密度高，倾斜射入的话，密度变小。这一点也可以理解为，由低处斜射的冬至时，太阳光线变弱，由高处直射的夏至时，太阳光线变强。根据太阳高度不同，地球表面接收的太阳热量不同。据说，在北纬 35 度附近，冬至太阳南中时接收的太阳热量约为夏至太阳南中时的一半。

(3)太阳从日出方位到日落方位呈现的角度(夹角)

在北纬 35 度，日出的方位，夏至比冬至高约 60 度，即太阳从更北侧升起。日落的方位，夏至同样比冬至高约 60 度，即太阳从更北侧落下。把春分、秋分时看作太阳从正东方升起、在正西方落下的话，东西方向为一条直线，夏至、冬至时各扩大 30 度(偏向北侧)，或缩小 30 度(偏向南侧)。一年内摆动的幅度，日出和日落也各有 60 度。

从日出方位到日落方位的角度(称为夹角)，冬至是 123. 2 度，夏至是 239. 4 度。以正南至正北的直线为中心进行思考的话，冬至是由东向西张开 120 度的夹角，而夏至是 240 度。也就说，冬至和夏至的夹角相差约 120 度，夏至接近冬至的两倍。

2. 地球接收的太阳热量值与气温的时间滞差

夏至时，地球接收到的太阳热量值最大，但在位于制定出二十四节气的中国大陆的中心地带——黄河中游流域，气温最高是一个月后，即两个节气后的大暑时节。相反，冬至时地球接收到的太阳热量最少，此后一个月，即两个节气后的大寒时节气温最低。

这是因为地球是个巨大的岩石球体，即使加热也不会立刻升温，反之，即使进行冷却，也不会迅速降温，这一过程需要一个月左右的时间。

与之相对，同处一个地球的日本，比中国的黄河流域要再晚半个月，即在三个节气后的立秋时天气最热，立春时最冷。这是因为日本是浮在海洋上的岛国，黄河中游流域处在中国大陆的正中央。海水和陆地的比热不同，海水的比热高于陆地，所以更不易冷却或加热。即使同处中国大陆，东部沿海地区位于黄河中游流域以东，也存在约一候至两候的温差。

附 1　二十四节气概说关联年表

公元前 13000 年前后，进入新石器时代。

前 8000 年之前，开始栽培稻（长江中下游流域），粟、黍类（华北），小麦（地中海东部沿岸地区）等。

可以观测太阳移动（冬至、夏至、春分、秋分）状况的古代遗址有：

前 3100 年前后—前 2900 年前后，爱尔兰纽格莱奇大型石室墓（1993 年世界文化遗产）。

前 2100 年—前 2000 年前后，山西省临汾陶寺遗址的天文观测台构造遗址。

前 2000 年前后—前 1600 年前后，英国巨石阵的环状石柱群（1986 年世界文化遗产）。

前 300 年前后，南美秘鲁的查基罗天文遗址。

500 年中叶—1000 年前后，墨西哥玛雅文明的库库尔坎神庙（1988 年世界文化遗产），日本秋田县的太汤环状列石等。

前 2200 年，该时期的二至、二分，在后来的《尚书 · 尧典》中有所反映。

前 2070 年，夏王朝建立。

该时期的物候在《夏小正》中有所反映，而且是七十二候的源流之一。

前 1600 年，夏王朝灭亡，殷朝建立。殷代的阴阳历中出现了岁末置闰。

前1046年，周朝建立。从历学角度而言，西周时代其实是殷代的延续。

在春秋时代以前，一回归年是365.25天。

前770年，周朝迁都洛阳，东周(春秋时代和战国时代)开始。

前551年—前479年，孔子在世。

前475年，战国时代(至公元前221年)开始。

前432年，古希腊的默冬发明了默冬周期。

春秋时代末期至战国时代，阴阳历的四分历施行，采用了章法(即默冬周期)

前300年，齐国学士达数百千人。托管仲之名的《管子》成书。三十节气说产生。

前241年，《吕氏春秋》成书。出现四立(立春、立夏、立秋、立冬)。二十四气七十二候萌芽。节月的构想萌发，用二十八宿、昏中星、旦中星表示节月。

前221年，秦始皇统一中国。

从先秦到汉代期间，《逸周书》成书。其中的“训时解”成立时期尚无定论。

前202年，刘邦(汉高祖)建立汉朝。次年，定都长安。

前139年，《淮南子》成书。二十四气的名称几乎完备，具备二十四气的实质。节月大致成立。用斗建表示节月和二十四气的时间。

《周髀算经》或在此前后成书。(亦有说法认为成书于春秋战

国时代或东汉)

前 2 世纪前后，戴德汇编整理《大戴礼记 · 夏小正》。

前 104 年，西汉太初元年，施行太初历(至 84 年)。确立了二十四气，采用无中气置闰的方法。用十二次和二十八宿表示二十四气的时间。

前 1 世纪前后，编纂出《礼记 · 月令》。

前 45 年，古罗马恺撒制定儒略历，并颁布施行。

前 7 年，西汉绥和二年，刘歆增订太初历，制定“三统历”。

公元 85 年，东汉元和二年，“后汉四分历”(范晔《后汉书 · 律历志》、司马彪《续后汉书》)施行。关于二十四气，重新记载了黄道去极、晷景、昼漏刻、夜漏刻等要素。

237 年，三国时期，魏国杨伟的景初历(237—265)施行。完成节月的形式。

445 年，南朝宋元嘉二十二年，元嘉历施行。完成与如今相同的节月形式。

523 年，北朝北魏正光四年，正光历(523—539—565)施行。在实际的历法中首次记载七十二候。

597 年，隋开皇十七年，张胄玄制定的历法(至 607 年)施行。(历法的名称未流传下来)

600 年，隋代的刘焯制作皇极历(未施行)，记载了二十四气中各节气的夜半漏。七十二候的初候、次候、末候的名称出现。至刘焯的历法为止，一直在使用正光历的七十二候。

604 年，日本推古十二年，首次使用阴阳历(中国的元嘉历)。

608 年，隋大业四年，张胄玄修正了刘焯的历法，称作大业历，并颁布施行。记载了各二十四气的日出、日落时刻。

619 年，唐武德二年，傅仁均的戊寅历(至 664 年)施行。记载有各二十四气的一更、一筹的时长。

641 年，唐贞观十五年，吕才等编纂《阴阳历》五十三卷。在中国已散佚，但传到了日本。其中的一部分作为《大唐阴阳书》两卷本通行，首次出现与现行的七十二候相同的内容和顺序。

729 年，唐开元十七年，一行的大衍历(至 761 年)施行。

764 年，日本施行大衍历。

822 年，唐长庆二年，徐昂的宣明历(至 892 年)施行。

862 年，日本贞观四年，废除大衍历，施行宣明历(至 1684 年)。

1086 年，北宋元祐元年，苏颂著《新仪象法要》(《浑象北极星图》《浑象南极星图》)。

1281 年，元代至元十八年，郭守敬的授时历(至 1644 年)施行。

1582 年，罗马教皇格里高利十三世施行格里历。

1609 年，德国人约翰尼斯·开普勒在布拉格发表关于行星运动规则(第一、二)的演说。

1645 年，清顺治二年，时宪历施行。引入开普勒法则，首次使用定气法。

1685 年，日本贞享二年，废除宣明历，施行贞享历(至 1754 年)。平气法。

七十二候根据日本(京都)的风土，部分发生变化。

1755 年，日本宝历五年，施行宝历历。改变了贞享历的七十二候。以后的历法均沿用此七十二候。

1793 年，法国革命历(共和历)施行。将每年 10 月 1 日定为秋分日及一年的开始。

1798 年，日本宽政十年，施行宽政历(至 1843 年)。至此为平气法。

1844 年，日本弘化元年，施行天保历(至 1873 年)。

1852 年，清咸丰二年，太平天国壬子二年，在太平天国施行了二十四节气的天历(至 1864 年)。七年后，改良天历为太平新历。

1873 年，日本明治六年，施行格里历(公历)。

将旧历明治五年十二月三日定为新历(公历)明治六年一月一日。

明治五年十二月三日至年末的旧历十二月的日历是不存在的。

1912 年，废除清代的时宪历，采用格里历(阳历)。将宣统三年十一月十三日作为中华民国元年一月一日。

2016 年，中国的二十四节气被列入联合国教科文组织的《人类非物质文化遗产代表作名录》。

附 2　二十四节气的日出/日落时刻、白昼时间、南中高度、日出方位的角度数、夹角度数及八节间的增减表

日出方位 东偏南的角度数 东偏北的角度数 （十进制）	日落方位 西偏南的角度数 西偏北的角度数 （十进制）	日出日落 方位夹角度数 （度，十进制）	八节间的增减 （度，十进制）	
偏南 28.4	偏南 28.4	123.2	冬至	
偏南 27.2	偏南 27.2	125.6		
偏南 24.3	偏南 24.2	131.2	+18.0	
偏南 19.5	偏南 19.3	141.2	立春	立春
偏南 13.4	偏南 13.2	153.4		+40.2
偏南 6.6	偏南 6.4	167.0		
偏北 0.6	偏北 0.8	181.4	春分	春分
偏北 7.7	偏北 8.0	195.7		
偏北 14.5	偏北 14.7	209.2	+40.3	
偏北 20.7	偏北 21.0	221.7	立夏	立夏
偏北 25.4	偏北 25.6	231.0		
偏北 28.6	偏北 28.7	237.3		+17.7
偏北 29.7	偏北 29.7	239.4	夏至	夏至
偏北 28.7	偏北 28.6	237.3	−18.2	
偏北 25.6	偏北 25.4	231.0		

续表

日出方位 东偏南的角度数 东偏北的角度数 (十进制)	日落方位 西偏南的角度数 西偏北的角度数 (十进制)	日出日落 方位夹角度数 (度，十进制)	八节间的增减 (度，十进制)	
偏北 20.7	偏北 20.5	221.2	立秋	立秋
偏北 14.9	偏北 14.6	209.5		
偏北 7.8	偏北 7.6	195.4		-39.9
偏北 0.8	偏北 0.5	181.3	秋分	秋分
偏南 6.3	偏南 6.5	167.2		
偏南 13.5	偏南 13.7	152.8	-40.5	
偏南 19.5	偏南 19.7	140.8	立冬	立冬
偏南 24.0	偏南 24.1	131.9		
偏南 27.2	偏南 27.3	125.5		-17.6
偏南 28.4	偏南 28.4	123.2		冬至

二十四节气	太阳黄经	新历日期	日出时刻	日落时刻	白昼时间	八节间的减增		南中时的太阳高度	八节间的增减	
单位	度	年/月/日	时:分	时:分	小时,分钟	小时,分钟		(度,十进制)		
冬至	270	2018/12/22	7:04	16:53	9h49min	冬至		31.6	冬至	
小寒	285	2019/01/06	7:08	17:03	9h55min	+45		32.5	+7.1	
大寒	300	2019/01/20	7:06	17:16	10h10min			34.8		
立春	315	2019/02/04	6:57	17:31	10h34min	立春	立春	38.7	立春	立春

续表

二十四节气	太阳黄经	新历日期	日出时刻	日落时刻	白昼时间	八节间的减增		南中时的太阳高度	八节间的增减	
单位	度	年/月/日	时:分	时:分	小时,分钟	小时,分钟		(度,十进制)		
雨水	330	2019/02/19	6:42	17:46	11h4min		1h 35min	43.6		+16.4
惊蛰	345	2019/03/06	6:24	18:00	11h36min			49.2		
春分	0	2019/03/21	6:03	18:12	12h9min	春分	春分	55.1	春分	春分
清明	15	2019/04/05	5:42	18:24	12h42min	+1:35		61.0	+16.3	
谷雨	30	2019/04/20	5:23	18:36	13h13min			66.4		
立夏	45	2019/05/06	5:05	18:49	13h44min	立夏	立夏	71.4	立夏	立夏
小满	60	2019/05/21	4:53	19:01	14h8min		47min	75.1		+7
芒种	75	2019/06/06	4:46	19:11	14h25min			77.6		
夏至	90	2019/06/22	4:46	19:17	14h31min	夏至	夏至	78.4	夏至	夏至
小暑	105	2019/07/07	4:52	19:17	14h25min	-48		77.6	-7.2	
大暑	120	2019/07/23	5:02	19:10	14h8min			75.1		
立秋	135	2019/08/08	5:14	18:57	13h43min	立秋	立秋	71.2	立秋	立秋
处暑	150	2019/08/23	5:25	18:40	13h15min		1h 34min	66.6		-16.1
白露	165	2019/09/08	5:37	18:18	12h41min			60.8		
秋分	180	2019/09/23	5:48	17:57	12h9min	秋分	秋分	55.1	秋分	秋分
寒露	195	2019/10/08	6:00	17:35	11h35min	-1:36		49.3	-16.5	
霜降	210	2019/10/24	6:13	17:15	11h2min			43.4		
立冬	225	2019/11/08	6:27	17:00	10h33min	立冬	立冬	38.6	立冬	立冬
小雪	240	2019/11/22	6:40	16:51	10h11min		45min	35.0		-7.0
大雪	255	2019/12/07	6:54	16:48	09h54min			32.5		
冬至	270	2019/12/22	7:04	16:52	9h48min		冬至	31.6		冬至

附 3　西安市节气初日平均气温及八节间的增减表

<table>
<tr><th>节气初日平均气温(℃)</th><th colspan="2">八节间的增减(℃)</th><th>二十四节气</th></tr>
<tr><td>0.1(0.5)</td><td rowspan="4">冬至
-0.6
立春</td><td rowspan="3"></td><td>冬至</td></tr>
<tr><td>-1.0(-0.7)</td><td>小寒</td></tr>
<tr><td>-0.4(-0.4)</td><td>大寒</td></tr>
<tr><td>-0.5(1.2)</td><td rowspan="4">立春
+9.4
春分</td><td>立春</td></tr>
<tr><td>2.5(3.3)</td><td rowspan="2"></td><td>雨水</td></tr>
<tr><td>5.6(6.3)</td><td>惊蛰</td></tr>
<tr><td>8.9(9.3)</td><td rowspan="4">春分
+8.7
立夏</td><td>春分</td></tr>
<tr><td>12.5(13.3)</td><td rowspan="2"></td><td>清明</td></tr>
<tr><td>14.8(15.7)</td><td>谷雨</td></tr>
<tr><td>17.6(18.4)</td><td rowspan="4">立夏
+8.1
夏至</td><td>立夏</td></tr>
<tr><td>20.2(21.1)</td><td rowspan="2"></td><td>小满</td></tr>
<tr><td>23.4(24.0)</td><td>芒种</td></tr>
<tr><td>25.7(26.0)</td><td rowspan="4">夏至
+1.3
立秋</td><td>夏至</td></tr>
<tr><td>25.9(26.4)</td><td rowspan="2"></td><td>小暑</td></tr>
<tr><td>27.4(27.6)</td><td>大暑</td></tr>
<tr><td>27.0(27.1)</td><td>立秋</td><td>立秋</td></tr>
</table>

续表

节气初日平均气温(℃)	八节间的增减(℃)		二十四节气
24.3(24.4)		-8.6	处暑
20.5(21.2)			白露
18.4(18.7)	秋分	秋分	**秋分**
15.7(15.8)	-9.2		寒露
11.6(12.3)			霜降
9.2(9.4)	立冬	立冬	**立冬**
5.0(5.3)		-9.1	小雪
2.2(2.3)			大雪
0.1(0.5)		冬至	**冬至**

关于附表3、4：

◎表示太阳在北纬35度、东经115度、海拔0米，中国中原地带的中心移动。

◎在Google earth上，相当于山东省菏泽市东明县南韩寨附近。从南韩寨正东，约15公里至黄河。周边有商丘市、开封市、菏泽市，南韩寨就位于这三个市所组成的三角形的正中央。距离东南方向的洛阳约240公里。

◎数据源自(日本)国立天文台·天文信息中心·历法计算室“历法计算”。(http://eco.mtk.nao.ac.jp/cgi-bin/koyomi/koyomix.cgi)

◎(日本)国立天文台的“历法计算”中关于中国的情况，是以中国的标准时为基准来表示的。该表中是一律减去20分(5度乘

4 分)后，用位于东经 115 度的地方平时来表示。结果，该数值与中国标准时的数值相同。

◎在相同纬度附近、海拔 0 米的情况下，地球上任何地方，哪怕时间回溯到过去纪元前后，太阳移动的数据几乎不变。从地方平时的角度看，日出日落的时间也控制在 3 至 4 分钟之内。

◎二十四节气中的八节用粗体字表示。

◎在(日本)国立天文台的“历法计算”中，日出日落的方位是用以北为 0 度，测量向东旋转的角度来表示的。该表中，为能够更加直观地感受日出日落的方位角度，选择由正东和正西开始、各自变化多少来表示。因此，从“历法计算”的数值进行单纯的减法计算，结果如下：

◎日出方位用以东为 0 度，东偏南的角度、偏北的角度表示。

◎日落方位用以西为 0 度，西偏南的角度、偏北的角度表示。

◎基于从美国海洋大气厅气候数据在线搜索获得的日平均气温的数据，取 1951 年至 1990 年 40 年间的气温的平均值制成表格，用以表示靠近北纬 35 度的西安每个节气初日的数值。另外，也包含八节间的气温增减。节气初日的日期，选择与 2019 年相同的时间。

◎沈娇娇、徐虹、李建科、王靖、高红燕《近 60 年西安市 24 节气气温变化特征及突变分析》(《资源科学》2013 年第 3 期)中刊载的表 2“不同时代二十四节气初日气温距平”(第 648 页)是根据“西安市 1951 年至 2010 年逐日气温观测资料”得出的近 60 年间的平均气温，其数值在括弧内标示。此论文中揭示的节气初日气温，与我单纯平均的计算方法不同，总的来说较高，是因为其中反映了最近 1990—2010 年气温上升的部分。

本编
有关二十四节气中国诗的探讨

第一章　春

第一节　孟春诗

立春 2a

所谓立春，指从冬至开始，太阳逐渐升高，白昼时间变长，阳光明媚，开始洋溢春天气息的时节。

太阳位于黄经 315 度。地球在围绕太阳旋转的公转轨道上，位于距离春分 315 度、冬至 45 度的地方，每天向前推进 1 度，约四个半月移动 135 度到夏至。

公历日期是 2 月 4 日前后。另外，也指从此时至 2 月 17、18 日的半个月期间。在至明代为止的旧历(平气法)中，立春日可以是十二月十六日至正月十五日之间的某一天。闰月时，可以是闰十二月十四日、十五日、十六日中的某一天。

节月为正月节。

癸亥立春，在壬戌十二月二十五日*

〔元末明初〕张昱

一岁两春应是闰，自题春帖自相怜。

苟全性命君之赐，痛念文章儿不传。

随俗辛盘惟赤手，省思旧物只青毡。

土牛虽送余寒在，未可重裘换薄绵。

说明：

①洪武十六年(癸亥年)的立春是洪武十五年(壬戌年)的十二月二十五日

拙译：

一年当中出现两次立春，这应是闰年。今天我在张贴的立春帖上题诗，聊以自慰。之所以至今能够暂且保全性命，皆拜君王所赐。让我心痛的是，儿子未能将我的文章学问传承下去。按照立春习俗，唯有用自己徒手采集的辛味野菜制作辛盘。我家有什么旧的好东西呢？思来想去，唯有一条蓝色毛毡。虽说土牛应该已经送走了寒气，但余寒尚在，所以我还不能把冬季厚厚的裘装换成春季单薄的棉衣。

* 该诗文本出自《张光弼诗集》卷 7(《四库丛刊续编》集部第 451 册，商务印书馆，1934—1936 年)。第五句的“槃”改为了“盘”。据明代田汝成《西湖游览志余》卷 11(成文出版社，1983 年)记载，张昱辞官后，居所荒废，曾在友人募集捐款的帮助下修筑房屋。

作者张昱生于庐陵(江西省吉安市),生卒年不详,元朝灭亡后退出了官场。据说有一次,张昱被明太祖朱元璋召见,朱元璋怜其年事已高,赠予厚礼,准其还乡。张昱从此逍遥于杭州西湖山水之间,享年83岁。

那么《立春》这首诗创作于何时呢?诗的第二句有“题春帖”,所以无疑是立春日创作的。古代人书写“宜春”二字,于立春日张贴在门上,或书写在旗帜上,后来演变成书写绝句、对联等切合立春时节的内容,这就是春帖。那么,该诗所指的是哪一年的立春呢?

诗题中有“癸亥立春”,从张昱的生平来看,癸亥年指明洪武十六年,然而,这一年是没有立春的。所以,“癸亥立春”这一说法不能成立。

而,“壬戌十二月二十五日”指洪武十五年十二月二十五日,这天是立春日。实际上这一年正月十四日也是立春,也就是说在壬戌洪武十五年(1382年1月23日—1383年2月10日)有两次立春:正月十四日(1382年2月5日)和十二月二十五日(1383年2月5日)。这一年有384天,闰二月,共有13个月。因而,次年的洪武十六年就没有立春了。所以,该诗是作者在年末的立春日所题,包含了“今天是今年的第二次立春,其实应该是来年的立春,所以来年就没有立春节气了”之意。

这种情况在现在的公历中是不可能发生的,但在旧历中每两三年就有一次,属于正常现象。一年有两次立春,就有闰月发生,或者也可以说有闰月发生的话,一年就有两次立春。坚持从章法(默冬周期)理论思考闰月置入方法的话,19年置入7次闰月,所以一年有两次立春的年份,在19年间应有7年。但实际上，也有不严格遵循这种规律的情况。

在此稍微详细介绍一下旧历一年间立春到来的方式，有如下四种情况：

一年两次，年初和年末，标识为◎。

一年一次，年初，标识为□。

一年一次，年末，标识为⧄。

当年无立春，标识为×。

在每个年号旁用不同记号标识洪武十五年和十六年前后立春发生的情况，如下：

年号	年份	记号	年号	年份	记号
洪武	一年	◎	洪武	十四年	⧄
	二年	×		十五年	◎
	三年	⧄		十六年	×
	四年	◎		十七年	◎
	五年	×		十八年	⧄
	六年	◎		十九年	×
	七年	⧄		二十年	◎
	八年	×		二十一年	⧄
	九年	◎		二十二年	×
	十年	⧄		二十三年	◎
	十一年	×		二十四年	×
	十二年	◎		二十五年	◎
	十三年	×		二十六年	⧄

续表

年号	年份	记号	年号	年份	记号
洪武	二十七年	×	永乐	三年	×
	二十八年	◎		四年	◎
	二十九年	⧄		五年	×
	三十年	×		六年	□
	三十一年	◎		七年	◎
建文	一年	×		八年	×
	二年	□		九年	◎
	三年	◎		十年	⧄
	四年	×		十一年	×
永乐	一年	◎		十二年	◎
	二年	⧄		十三年	⧄

可以很清楚地看到没有立春的年份“×”和一年有两次立春的年份“◎”出现得多么频繁。一年一次立春，且立春只在年初到来的年份，上表中的48年间仅有4年。①

① 从《二十四节气农谚大全》和《中华气象谚语大观》中收集的大量的谚语来看，一般民众阶层对这些现象也极为关注。现从两书中摘录部分如下（括号内为地名）：“一年打两春，一年不打春”（山西），“一年赶双春，三年一次闰”（福建）等，说的只是单纯历法上的现象；“一年打两春，黄土变成金”，只是将上句稍做改变的“一年两个春，……”“一年两头春，……”（山西、江苏、山东、河南），是说一年两次立春，会是好年头、丰年。但也有相反意味的，“一年两头春，苦煞种田人”（上海）；上句意义不变，下句说法发生变化的“……，饿死经纪人”“……，爹无衫，妈无裙”（海南）等，同样是年成不好的征兆。另外，也有说法认为没有立春的年份是丰年，如“年逢无春好种田”，“无春之年是丰年”（湖北）等。

该诗第二句“春帖”、第五句“辛盘”、第七句“土牛”，都是立春日的活动中所用之物。“春帖”如前文所述，是立春日书写的，与此相似的是“春联”，是除夕日张贴出来，作迎接元日到来之用的。也就是这首诗创作五六天之后的事情。

“辛盘”指五辛盘，是备齐葱、韭菜、蒜苗等有辛味的五种蔬菜做成的拼盘，蔬菜品种因时间、场所不同而有所差异。一般元日时供奉，立春时食用①，也称为春盘。这里指的是立春时准备的辛盘。

“土牛”是在节月十二月，即小寒与大寒之间的节气时，用土或泥制作的牛，用于驱赶寒气的仪式。《礼记·月令》“季冬之月”中有“出土牛，以送寒气”（同《吕氏春秋·季冬纪》），此处借用此说法。到了东汉，这一仪式增添了新的特性，用途也发生了变动，成了立春节气的仪式，用以告知农民开展农事活动。从南北朝到隋唐时期，又增加了“打春牛”“鞭土牛”等表演性动作，梁、宋、金以后娱乐性色彩增强，明清之际，更与乐舞、民间技艺相结合而盛行②。该诗创作于明初，当时作者的身边恐怕也是在热

① 举一个立春节气供奉辛盘的例子。元末明初陶宗仪的诗《腊月癸亥立春，喜晴，三首》其一：“……今日初晴值立春。……土牛彩仗寒犹冱，蔬甲雕盘绿未匀。”其二：“开岁三元尚一旬，东城箫鼓已迎春。辛盘切出丝丝细，花胜簪来朵朵新。……”（《陶宗仪集》上册《南村诗集》卷3，浙江古籍出版社，2014年）诗题“腊月癸亥立春”指的是明洪武三十一年十二月二十一日（1399年2月5日）的立春。所以，其二中写道“开岁三元尚一旬”，即到新年元日（三元）尚有10天（一旬）。这是张昱创作那首诗16年后的事情。顺便一提，这里的“癸亥立春”不是指癸亥年，而是指癸亥日（因为上面出现了历月“腊月”）。

② 参阅闵宗殿《古代的劝农备耕民俗——迎春》（《古今农业》2004年第1期）、黎国韬《春牛舞与立春仪考》（《文化遗产》2012年第1期）。

热闹闹地举行“春牛”活动吧。只是，比起为告知农民春耕而举行春牛活动的仪式感，作者更加注重土牛送走春寒的属性。

春寒料峭是立春诗中经常描绘的景象，这应该是基于作者的实际感受。立春之后屡屡出现气温降至最低的情况。看一下张昱度过晚年的杭州市近60年的气温情况。将大寒和立春各15天的每日平均最低气温平均计算的话，分别是0.9℃和2.6℃。同样，把这两个节气各15天的每日平均最高气温平均计算的话，大寒是7.9℃，立春是9.7℃。的确，立春节气天气开始变暖了。但是，看一下极端最低气温出现的频度，-8℃以下的天数，大寒期间只有一次，而立春期间出现了三次。而且，从小寒到春分期间，极端最低气温的纪录是-10℃（1969年），这是在立春的初候时出现的。① 所以，立春天气变暖是毋庸置疑的，但是在立春期间，也会出现这个冬天的最低气温，而且更加寒冷的日子会频繁到来。这一气温动向，今天也好，明代也罢，并没有什么变化。

总而言之，这首诗中镶嵌着立春节气所使用的词汇，是一首充满立春气息的诗。作者在晚年迎来立春，回顾了自己的一生，不忘感谢天子皇恩浩荡，自己因此才活到今天。实际上，作者晚年是很贫困的，也无法期待儿子的未来，无论如何也不能说这个立春节气值得庆贺，诗中多少包含了作者的自嘲。尚处于寒冷之中的立春节气，更加凸显了作者贫寒的境遇，因此可以说这是一

---

① 根据“天气后报”“杭州1月份每日气候数据”“杭州2月份每日气候数据”计算得出。洪武十五年的大寒是十二月十日至二十四日（1383年1月21日—2月4日）。之后的立春是洪武十五年十二月二十五日至洪武十六年一月九日（1383年2月5日—2月19日）。各15天是平气法原理的节气期间，因此，与使用定气法的现在的节气时间稍有误差。这里是用平气法的日期查看的杭州市近年的数据。

首饱含作者实际感受的诗。

至和乙未元日立春*

〔宋〕韩琦

元日难逢是立春，普天谁不喜佳辰。
一年气候均诸节，万卉芳菲实九旬。
柏叶始倾为寿酒，土牛随示力耕人。
故阴尽革无余腊，端朔阳来庆共新。

拙译：

与元日难得重合的是立春日，普天之下谁会不喜欢这样的良辰佳日呢？一年二十四节气和七十二候，每个节气的时段都是一样长，而百花齐放、万紫千红、芳香艳丽，其实也就是九旬(即90天)时间。今天第一次斟满浸泡过柏叶以祝长寿的美酒，事先准备好了土牛，告诉耕作的农民们，春耕随着时节来临了。旧的阴气将尽，腊月即十二月已所剩无日，在新年之际迎来新的阳气，万事齐备，共祝新年。

作者韩琦(1008—1075)，相州(河南省安阳市)人，辅佐北宋三代皇帝，名臣、贤相。官居宰相十余年，为社会安定、经济发

* 该诗文本出自《全宋诗》第6册卷318。另外，参考了余敏辉、史芳树《韩琦生平功绩述评》(《徐州教育学院学报》1999年第1期)、刘朴兵《近十几年来韩琦研究综述》(《殷都学刊》2003年第2期)、莫砺锋《论北宋名臣韩琦的诗歌》(《文学遗产》2014年第1期)等。

展做出了贡献。宋熙宁二年(1069)，王安石变法开始，韩琦多次反对，四年后任相州长官，回归乡里，两年后逝世。据说他为人极为宽厚。

如诗题中所写，北宋仁宗至和二年(1055)历法上的元日，恰好与二十四节气的立春日重合，成了元日立春。这一年只有 354 天，此时韩琦 48 岁，为并州(山西省太原市)长官，三年后升为宰相。

立春日，既有在年末十二月后半月到来的，也有在正月的前半月到来的，而刚好在元日时立春是非常少见的。之后的元日立春(元旦立春)是元祐八年(1093)，韩琦已去世。此前的元日立春是韩琦 29 岁时的景祐三年(1036)和 10 岁时的天禧元年(1017)。仅从这一点来看，一生中逢上两三次元旦立春，这个频度是相当难得的。①

第三句中一年的“气候”，这里并非气象、天候的意思。“气”

① 在中国，有不少以“正月立春”“元旦立春”为题的诗(很少以“朔日立春”为题的，使用的场合非常特殊。因此，一般认为不用为好吧)。但在日本，情况似乎不大相同，田中新一引贝尔纳・弗兰克在《关于“旧年”与春季》中指出：“正如已看到的，一年的元日与立春重合，是相对较为稀少的，而且是在现实生活中更加引人注意的现象。然而，这似乎并没有构成能与前者相媲美的文学主题。尽管包含了让人更为感动的要素，但是从中并未看出有很多胜过新年祝贺程度的、独创性的、诗性的扬言机会。”(田中新一《平安朝文学中所看到的二元性四季观》，风间书房，1990 年)此后可知，平安朝的日本人关于元日和立春重合的现象，似乎并没有太多诗性的感动。阴阳历的历月和二十四节气的节月都是人为的产物，是为了计算人类创作出的时间而形成的体系。而且，对日本人而言是舶来的，是高级的天文学、历学的学问体系，是运用到数学和有组织性的天文观测的先进科学，传入日本后，也仅仅是在有限的群体中传承。所以在日本，一般人对于这两种人为的体系并不感到有趣。比起这来，日本人更关心自然季节的推移和这种人为体系显示出的时间的偏差。

指二十四气的气，各有15天；“候”指七十二候的候，各有5天。① 按节月思考的话，设定一年360天，首先由冬至和夏至二等分，再由各自的中间点春分和秋分二等分，结果将一年四等分，得到了春、夏、秋、冬四季。把四季的起点放到各自的中间点上，就是立春、立夏、立秋、立冬，进而将一年八等分。再各自进行三等分，就形成了间隔15天的二十四气。最后，再将各气三等分，就形成了间隔5天的七十二候。一年360天，不足(相对于365天或366天)的5天或6天，设为没日，置入实际的历月中。[参阅序编第三节的“8. 节气日历(唐代吕才《大唐阴阳历》)”]

第四句“万卉芳菲实九旬”，按节气计算的话，从立春开始，经雨水、惊蛰、春分、清明，到谷雨，有6个节气，每节气15天，共90天，即九旬。若说为何到谷雨为止，或是因为人们认为花开是在春季三月份，过了谷雨，春天结束，花儿凋谢，之后是立夏，夏季开始了。

明初王逵是这一做法的先行者，这与后来在文人间流行的“二十四番花信风”②有共通之处。王逵的二十四番花信风是从小

① 气候有多种意义，这里的气候指二十四气和七十二候。明代郎瑛在《七修类稿》卷三“天地类”“气候集解”中，批判性地再次讨论了有关二十四气和七十二候的旧说。在“气候集解”之前的“节中气候”中，关于节气、中气和候，进行了如下说明：“每月有节气，有中气，如丑之终，寅之始，则为节；寅之半，则为中。五日为一候，积六候而成月，故一岁则有七十二候；三节为一气，积六气而成时，故一岁则有二十四气也。”(《续修四库全书》第1123册)另外，孔颖达关于二十四气和七十二候的时段、间隔，在《礼记·月令》“孟春之月”的开头部分也有说明：“凡二十四气，气有十五日有余……凡二十四气，每三分之，七十二气，气间五日有余，故一年有七十二候也。……五日，以五日为一候也。”(《礼记正义》，《十三经注疏整理本》卷14，郑玄注，孔颖达疏，北京大学出版社，2000年)

② 参阅程杰《二十四番花信风考》(《阅江学刊》2010年第1期)。

寒开始，每个节气三个花信风，即每候(5天)逐个数下去，以谷雨告终。① 从小寒到谷雨有八个节气、二十四候、四个月、十二旬、一百二十日。是以立春为起点，还是以小寒为起点，其间有90天和120天之别，但都是到立夏之前的谷雨时花儿凋落。顺便一提，在王逵的花信风中，立春有迎春花、樱桃、望春，但是与实际的开花时间有较大偏差。

第五句的柏叶酒，也称柏酒。从汉代开始，有元日饮用柏酒的活动。这里的柏并非山毛榉科落叶树的槲树，而是桧木科的侧柏②。第六句的制作土牛以告知农民不久就要开始春耕了，如前首诗所述，是一项立春的劝农仪式。

这首庆祝元日和立春重合的诗，就创作手法而言，列举了这两个典型的活动仪式，认为它们同等重要。若说这只是形式性的倒也没错，但是，今天作为值得庆贺的日子，这种谁都可以平等享受的、公共的喜悦，与作者自身个人的喜悦，自然地融为一

---

① 在《蠡海集·气候类》中，载有对王逵的二十四番花信风的看法。(《四库全书》的编纂者认为此王逵非宋代王逵，而是明代的王逵)。“是以有二十四番花信风之语也。五行始于木，四时始于春，木之发荣于春，必于水土，水土之交在于丑，随地辟而肇见焉，昭矣。析而言之，一月二气六候，自小寒至谷雨，凡四月八气二十四候。每候五日，以一花之风信应之，世所异言，曰始于梅花，终于楝花也。详而言之，小寒之一候梅花，……谷雨三候楝花。花竟则立夏矣。”(《文渊阁四库全书》第866册)王逵在此处记述说二十四番花信风从小寒一候的梅花开始，以谷雨三候的楝花结束，接着就进入了夏季。

对此，一般性的观点认为四季是分别从四立(立春、立夏、立秋、立冬)开始的，分别为90天。从立春开始的春季当然也是90天，是花开的季节，其花从梅花开始，经90天后，春天结束，花季也结束了。这可以说是作为一种共识而存在的。

② 参阅《植物汉字语源辞典》和《植物的日文名称、中文名称和传统文化》第五章“柏与槲的误写及其受容背景(一)”。

体。可以说，这种喜悦被性格温厚且不久将登上高位的保守中庸的为政者毫无破绽地表达出来了。这首诗也被称为是所谓有朝廷重臣风格的“台阁体”。

参考　关于“没日”

关于没日，本文参考了内田正男《日本历日原典》历法编第一章“没日和灭日”(雄山阁出版，1975 年)、内田正男《历法与时间的原典》“没日”(雄山阁出版，1986 年)、广濑秀雄《日本史小百科·历法》“没日”(东京堂出版，1993 年新装版)、汤浅吉见《关于宣明历的没日·灭日》(《历法与天文的古代中世史》第I部第三章，吉川弘文馆，2009 年)、细井浩志《学习日本史的(古代历法)入门》Ⅲ第2 章的“6.‘没日·灭日’”(吉川弘文馆，2015 年)等。

各正史的律历志中记载了推没日、推没日术、求没日、求没日术等。例如，《旧唐书·律历志》二“求没日术”中“求次没，因前没，加日六十九”等。内田正男的上述著作历法编中虽有“大体没日的间隔为 69. 64 天”，同时指出也有实际上与这一天数全然不同的例子。(参阅序编第一节的“4. 平气法”)

立　春*

〔南宋〕施枢

雪花风细拂春旗，一色云边漏暖曦。

---

* 该诗文本出自《全宋诗》第 62 册 3282 卷。传记出自程章灿主编《宋才子传笺证(南宋后期卷)》(辽海出版社，2011 年)之下东波的《施枢传》。

群吏守文行故典，长官书祝致新祠。
土牛底事遭身碎，彩胜随时把鬓欺。
争似野人闲可睡，枕边搔发自吟诗。

拙译：

雪如花瓣般飘落，微风轻拂着立春时悬挂的春幡，温暖的阳光从天空满布的灰色雪云的缝隙中泄露。群臣恪守古式的文章之事，举行古老的传统仪式，父母官书写好了立春的祝词，供奉在了装饰一新的祠堂里。土牛无辜遭到破碎，彩胜（有时插在头发上的装饰品）随时要遮掩女人们原本美丽的发髻。如今的我，犹如隐逸的在野之人一般，可以安静地睡个好觉，然后，起身坐在床边，一边搔弄着头发，一边苦思冥想着好的诗句。

作者施枢，南宋末丹徒（江苏省镇江市）人，生卒年未详。南宋绍定五年（1232）科举落榜后，多次游历吴越之间，历练诗歌才华，为求生计，四处求职。放弃科举考试的学子们，为谋得诸如高官私人秘书等职位，将自己的诗文写在牌子上，奔走于世间。南宋末年，就涌现出这么一批被特称为江湖派①的诗人，施枢就是其中之一。他科举落榜后第三年，在苏州做了提举常平使（负责物流、价格的总督察官）的私人秘书，以此为开端，辗转于官场，第十一年，终于当上了溧阳知县。三年后，任期结束，此后

① 关于江湖派，参考内山精也编《南宋的江湖诗人——中国近世文学的黎明》（勉诚出版社，2015 年）。

不知所终。

自选诗集是落榜文人兜售自己时的有力的宣传材料。这首诗就收录在作者最早的自选集《艺隐倦游稿》①的开头部分。由序文可知，其中收录的近百首诗是作者在端平元年至端平三年间创作的。同时，从第七句“野人”的说法来看，作者创作这首诗时尚未做官。而且，作者在序文中写道，科举落榜后，从端平二年开始，主要在浙江省杭州市游历，端平二年秋在吴地进入了提举常平使的府内。把上面的条件叠加的话，可以进一步断定这首诗是端平元年至端平二年秋之间创作的。但是，端平元年并没有立春节气。端平二年正月初九(1235 年 2 月 5 日)和十二月二十日(1236 年 2 月 5 日)出现两次立春。作者是端平二年秋获得官职的，因此这首诗可以锁定是在端平二年第一次立春(正月初九)到来时创作的。创作地点或是在江苏到浙江一带的某个城镇。

第一句中的“雪花”有如雪般的花的意思，此处指的是大雪如散落的花一般降落。立春从字面上看像是暖和了，实际上还只是刚过大寒节气，从大寒到立春前后，屡屡出现最低气温。如这首诗所描写的，立春以后大雪纷飞，倒也是正常现象。但是，地球已在绕太阳旋转的公转轨道上处于冬至点到春分点的正中央位

① 《艺隐倦游稿》收录在宋代陈起的《江湖小集》卷 23(《文渊阁四库全书》第 1357 册)、宋代陈思的《两宋明贤小集》卷 295(《文渊阁四库全书》第 1364 册)。其自序中写道：“余下壬辰[绍定五年(1232)]第，始学诗，间吟殊未与意合。甲午[端平元年(1234)]往来锦谿(浙江省杭州市临安区)，或自家山趋京城，萍泛不羁，每多感赋，至市桥见月之句，若有悟解。及乙未[端平二年(1235)]秋，入吴摄庾台(提举常平使)幕，丙申[端平三年(1236)]秋，复过越，访东畊先生唫，又少暇日，搜故箧，得五言、七言、绝句，可意者，仅百篇，题曰倦游稿。”引号内括弧为作者所加。

置。很有可能作者创作这首诗时是在杭州市，杭州市大概位于东经 120 度，北纬 30 度(忽略海拔)，立春南中时的太阳高度为 44 度，比冬至时的 36.5 度高出 7.5 度。用今天杭州市的地方平时来说的话，立春时，10 时 25 分至 14 时 7 分之间的 3 小时 42 分钟期间，太阳一直在南方天空保持着高于冬至时的最高太阳高度。日出和日落的方位组成的夹角是 143.3 度，比冬至时的 126.1 度宽了约 17 度。白昼时长为 10 小时 51 分钟，比冬至时的 10 小时 12 分钟长了约 40 分钟。这些数据同 11 月初旬的立冬时节相同。①作者从云层缝隙中透射的日光中，感受到了太阳光的增强，进而感受到了春天的气息。

在五行观念中，春属木，为绿色，所以第一句中的春旗应是绿色的。立春日，人们在树梢挂起这样的旗帜，也称为春幡、青幡。

立春时，朝廷和地方都会举行迎春仪式。第三、四句，描绘了江南的某个城镇在隆重举行仪式时的情形。但是，作者丝毫不为这种庄严的仪式所感动。土牛是上首诗中提到的劝农仪式，改称为春牛以后，这一仪式也在各地盛行起来。时至今日，仍有地方在传承着这种传统仪式。土牛原本是由官僚鞭打的，后来由扮演司掌春天和树木生长之神的人来鞭打。土牛被打碎后，其土作为有灵验的东西，被人们争相抢去。作者作为知识分子，冷淡地看待这一习俗。

---

① 数据源自 *Stella Navigator* 11，时间设定为 1234 年至 1235 年。且通过日本的国立天文台“历法计算”，即使从近 800 年后的 2020 年的情况来看，得到的结果也大致相同。杭州市的地方平时实际上与中国标准时相同。中国标准时是以东经 120 度的地方平时为基准的，杭州就大致处在东经 120 度。因此，也可以说杭州的地方平时就是中国的地方平时。

第六句的“彩胜”，是用绢或纸做成的发饰，将其戴在头上也是立春的习俗。作者认为与世间流行的华美发饰相比，头发本身具有的美更胜一筹，这也是他不同于一般民众的价值观。

在宋代，立春日会休假一天。如果作者已做官的话，今天应在休息吧。但是，从开头部分可知，作者应是无官无职，为在野之身。早上可以好好睡个懒觉，勉强说是这种身份所具有的特权吧。这一特权既是为官之人所羡慕的，亦是隐者讴歌身份的象征。唐代孟浩然曾写道：“春眠不觉晓，处处闻啼鸟”，正是这种隐者睡懒觉的真实写照。

作者施枢本应该也可以这样做，但是事实上并未如此。他并不外出，而是坐在床前，绞尽脑汁，思索诗句，为此挠头，苦不堪言。怎么就无法写出受人肯定的好诗句呢？更要紧的是，这种苦是糊口所必需的。因为放弃科举道路的人，除了做学问或从事教育之外，只有凭借诗文才艺获得职位了。作者是如此冷静客观地看待自己的生存状态和境遇。在立春这样热闹的节日里，作者之所以不得不冷眼旁观世间的欢喜，也不是没有原因的。

但是，这反而产生了其他诗人所没有的感性，增添了诗的趣味性。另一方面，上首诗的作者韩琦完全从政界中枢的为政者的立场出发，将此盛大的节气喜庆与个人的欢喜融为一体，创作出的诗往好的说是毫无破绽，但缺点是不痛不痒，没有个性。两个人的诗，风格和创作方法自然都不相同。

雨水 2b

所谓雨水，指阳气生，气温升，冰雪消融，降水量增多。

太阳位于黄经 330 度。地球在围绕太阳旋转的公转轨道上，位于距离春分 330 度、冬至 60 度的地方，每天向前推进 1 度，约四个月移动 120 度到夏至。

公历日期是 2 月 18、19 日前后。另外，也指从此时至 3 月 4、5 日的半个月期间。在至明代为止的旧历（平气法）中，雨水日可以是正月初一至正月三十日之间的某一天。十二月、二月、闰月内不会有雨水日到来。

节月为正月中。

正月二日，雨雹（自注：是日雨水节）*

〔明〕陈献章

雨水不雨水，雨雹胡乃然。
小者如莲实，大者如弹丸。
仍闻隔江言，有雹大如拳。
吾君古帝尧，神功格皇天。
雹往而霰来，无乃为丰年。

自注：后二日雨霰

拙译：

今天是雨水节气，然而上天并没有降雨，反而下了冰雹。为何会发生这样的事情呢？冰雹小的如莲子，大的如弹丸。还听到

---

* 该诗文本出自孙海通点校《陈献章集》卷 4（“理学丛书”，中华书局，1987 年）。传记参考了黎业明《陈献章年谱》（“岭南思想家研究丛书”，上海古籍出版社，2015 年）。

隔江对岸的人们说，那里下的冰雹如拳头般大小。当朝天子犹如尧帝般圣明，其功绩甚至可与天神似比高，因此或许可以凭借天子的威力驱逐此次冰雹，迎来降霰，倘若如此，怎会无法迎来丰收之年呢？

（自注：二日后，果真降霰）

作者陈献章(1428—1500)，广东新开(广东省江门市)人，明代中期的儒者、思想家，心学先驱者，与王阳明并称的湛若水是其高徒之一。留有大量诗作，诗风以自然、平易见长。他三度进京参加科举会试，三度落榜。于是放弃做官，回归乡里白沙村，刻苦钻研，勤于思索，致力于培养弟子，享年 73 岁。

从作者本人在诗题中的注释来看，正月二日是二十四节气的雨水。在作者 73 年的生涯中，雨水节气赶在正月二日到来的情况有三次，分别是：34 岁时的天顺五年(1461)、53 岁时的成化十六年(1480)、72 岁时的弘治十二年(1499)。那么，这首诗是在其中的哪一年创作的呢？我推测是弘治十二年(1499 年 2 月 20 日)。这是因为作者在诗的后半部分将当时的皇帝称为传说中的圣人天子尧帝，表达了自己极其崇敬的感情，而且以带有亲切情感的“吾君”相称。其背景如下：

明成化十八年(1482)，55 岁的陈献章被当地官员推荐给朝廷。当时，地方官有义务把隐匿在民间的贤者推荐给朝廷。这样做不仅为朝廷笼络了人才，也平息了民怨，给老百姓带来希望，展示出朝廷在人才录用方面的宽大姿态。虽然多次科举落榜，但是已经成为赫赫大儒的陈献章，自然是被推荐的人选。他虽然不心甘情愿，但还是从广东出发赶赴京城，历经 8 个月的漫长旅行，终于在第二年(成化十九年)三月末抵达北京。接着，他以旅途中宿疾恶化和家中有老母需要奉养为由，向朝廷乞求回归乡里，并获得恩准。回到乡里的时间是这一年的十二月初。陈献章凭借天子的特殊隆恩，在乡里被授予翰林院检讨的官职。该官职与科举进士科出身同等待遇，也是当时登上宰相之位的一条路径，当然也享受俸禄。满怀感激之情的陈献章无疑对皇帝更怀敬爱之情。17 年后，临去世的前几日，陈献章身着朝廷的朝服朝冠，说道："吾辞吾君"①，并写下辞世之诗。所以，作者使用"吾君"这样的词语来称呼皇帝，深怀如此这般的热烈情感，应是 57 岁以后。

雨水日是公历 2 月 19 日前后。在二十四节气诞生的黄河流域，虽然此前还在下雪，但雨水之名意味着从此以后雪将变成雨。雨水节气是由冬天到春天转变的分界点，天气有时会抢在春天来临前迅速转暖，有时也会因倒春寒而骤然变冷。所以，进入雨水节气后，有时也会下雪。

我们不妨把作者的家乡江门市同开封市对比看一下。历史上多次作为都城的开封市，位于黄河中游流域、中原的正中央、二十四节气的诞生地，与日本的京都同处北纬 35 度线上，比较适合作为中国的一个代表。

单纯平均计算近年来江门市雨水初候(2 月 20 日—24 日)的

---

① 门人张诩的《白沙先生行状》(《陈白沙集附录》,《文渊阁四库全书》第 1246 册)中有："殁之前数日，蚤具朝服朝冠，令子弟扶掖焚香，北面五拜三叩首，曰：吾辞吾君。"可见，死之前的这种行为在当时也是极为少见的，本编第四章第三节的"大寒 1b"诗中提到的同为广东人士的屈大均(1630—1695)在《广东新语》卷九"白沙逸事"中也有记录。

每日平均最高气温，得到的结果是 18.4℃，平均最低气温是 14℃。虽然不能从这两个数值得出一天的平均气温，但是假如把两者相加再除以二，得到的值是 16.2℃。用同样的方法，计算开封市大约 1 个月后的末候 4 月 15 日—19 日期间的日平均气温，得出大致相同的数值 16℃。虽然这种操作非常粗糙，但是再进一步推测的话，江门市雨水节气的温暖程度要领先中原地区两个月，话说这个偏差是不是大了些呢？①

这样的话，看起来的确不会下雪或霰。但是，以江门北边 60 公里外的广州市的数据（因为目前没有江门市的数据）看一下这一时期极端最低气温，雨水初候的五天时间内出现的极端最低气温的平均值为 3.2℃，这样，当出现极端最低气温时，下雪或霰也就不足为奇了。（参阅本编第四章第三节的“大寒 1b”注文）

这首诗中写到在中国的最南部，雨水日下了冰雹。② 冰雹是由积雨云生成的，所以一般多发生在晚春或初夏，很少发生在寒冷的雨水节气期间。广东的情况主要是，稍稍提早在 3—5 月份

① 根据从“天气后报”得到的数据进行计算得出，包括《江门二月份每日气候数据》《开封四月份每日气候数据》《广州二月份每日气候数据》。顺便一提，根据美国海洋大气厅 *NNDC Climate Data Online*，15 年间（1959、1963、1975—1988）开封谷雨末候中间那一天的 4 月 17 日的平均气温是 14.8℃。中国大陆，尤其是内陆部分的气温特征是日较差较大，所以很难与江门市这样日较差较小的地方相比。于是，以各日平均最高气温水平看的话，开封谷雨末候中间那一天的气温与江门市春分末候（3 月 31 日—4 月 4 日）相同，而以平均最低气温水平来看的话，刚好与立夏次候（5 月 10 日—5 月 14 日）相同。

② 张德二主编《中国三千年气象记录总集（第二册）》（凤凰出版社、江苏教育出版社，2004 年）中记录明弘治十二年（1499）正月，在广东省的五个县出现降雪、霰、雹等的情况。尤其是在新会县、开平县、台山县，有正月壬戌日（即这一年的雨水日）降雹、第三天乙丑日降霰的记载。可知陈献章在诗中描述的正是这一事实，也就是如地方志中所记录的异常气象。

发生。[①] 因此，这个时期降雹是不太正常的天气状况。或许是因为来自西北的强冷空气突然侵入原本温暖的广东，形成积雨云的原因吧。我们可以联想到在降雹的同时，狂风肆虐，并伴随雷声，然而这些并未出现在诗句中。如诗中所言，拳头大的冰雹降落，会给农作物、建筑物等带来巨大灾难，甚至会造成家畜或人的死伤。在陈献章所居住的白沙村，下的只是莲子般大小的冰雹，所以并无大碍，而对岸的村庄无疑遭受到了重大损害。其实霰不过是很细小的冰雹罢了，不会砸坏农作物的。

在世界范围内，中国也是冰雹灾害较多的国家。但是，据 20 世纪后半期的统计情况来看，从广州、江门以南到沿海区域，以及海南岛的西南部、广西壮族自治区南部等地方，是全国降雹天数最少的地区。降雹的年平均天数为 0.1 天以下，绝大多数年份是看不到降雹的。即使在整个广东省，年平均降雹天数也在 0.5 天以下。[②]

虽然不清楚明清时代具体的降雹天数，但是在地方志等文献中记录有发生在各地的雹害情况，可以对此进行统计、分析。根据倪玉平的研究[③]，清朝 268 年间总雹害次数为 6404 次，广东省

---

① 根据《中国农业气象学》第 377 页图 5-40“各地区主要降雹时间分布图”。

② 根据《中国农业气象学》第 376 页图 5-39“年平均冰雹日数图”。同时参考了《中国气候资源地图集》第 273 页“年平均冰雹日数”。

③ 出自倪玉平《清代冰雹灾害统计的初步分析》(《江苏社会科学》2012 年第 1 期)中的表 2“清代冰雹省区分布”。同时，吴滔《明清雹灾概述》(《古今农业》1997 年第 4 期)中，“清前期全国各省(区)雹灾发生次数统计”记载了从清朝顺治年间到道光年间的 207 年，共计 1281 次雹害(倪玉平采用的是《清实录》的数据)。据此可知，清朝后期的嘉庆、道光年间次数为零；而清朝中期广东省所占比例为全国的 0.3%，清朝前期的雍正年间为 5.7%，康熙年间为 10.4%，顺治年间为 10.5%。以乾隆时期为界，时代越往前，广东省所占比例越高。

的雹害次数为 309 次，占比不到总体的 5%，位居全国第七。与近年的降雹次数绝对偏少相比，清朝时的广东省排名倒是更靠前一些。

另外，在颜停霞的研究①中，收集了明朝 275 年间 1970 次雹害记录，其中广东省有 164 次，占全国总数的 8.3%，排名上升至全国第四。而且，从陈献章晚年的 1488 年前后开始，明代的雹害开始增加。每年增长的幅度不同，而陈献章写这首诗时，总体而言处于雹害的增长期。

于是，陈献章会感到以前很少遇到降雹现象，近年来却增多了。明代的诗中，几乎都是把冰雹作为单纯的自然现象进行描述的，像陈献章这样以冰雹为契机，对农业寄予关心的较为少见②，也可以说这是陈献章诗所具有的特征吧。

在中国，一般而言，冬季的雨量较少，所以雨水节气期间如果没有充足的降水会对农业生产带来不利影响。冬季降雪的重要性会在小寒、大寒部分讲述。雨水时期的降雨也可以视为丰收的征兆。代表性的农谚有：

---

① 见颜停霞、毕硕本、魏军、李禧亮《明代雹灾的时空特征分析》(《热带地理》2013 年第 5 期)。文中写道："在 1488 年以后，每年的雹灾次数总体增加"，"总体上看，我国明代的雹灾情况呈现出前期少、后期多的特点"等。明清时期，广东也降雹或与明清小冰期有关。据前文的《中国农业气象学》记载："盛夏中国东部北纬 35°以南地区经常在副热带高气压控制下，冷空气不易侵入，而且 0°层高度离地面太高，即使在云层中生成冰雹，降落时多在空中融化，不会造成雹灾。"(第 377 页)明清小冰期时代，广东的气温比今天还低，具备降雹的条件。

② 在网站"搜韵"(http：//sou-yun.com)上，单纯检索"雹"字，共有 69 例。截至目前，网站"搜韵"收录了明代 7185 位诗人的 266080 首诗。

雨水有雨庄稼好，大春小春一片宝。①

与此同类的，还有更多丰富多样的农谚。从黄河到长江，甚至华南一带，广为人知。话虽如此，实际上雨水时期未必都有充足的降水，冰雹会给农业带来灾害，但是霰很快就会融化，可为作物补给水分。所以，作者祈愿以天子的威力制止降雹，进而化雹为霰，滋养大地。同时，对有着丰功伟绩的"吾君"能否如此，存在半信半疑的心理。当然，皇帝并不能把冰雹变成霰，但是，后文描述了在第三天冰雹果真变成了霰。之所以诗中在无任何脉络铺垫的情况下，突然出现了当今皇帝如神般的功绩，是因为作者对"吾君"请愿，希望发生由雹而霰的奇迹，而且确信吾君应该能够做到。

这首诗包含了两种情感：一是对雨水日不下雨而降雹的惊奇；二是希望化雹为霰，进而得到雨水的愿望。在陈献章的诗集中，这首诗后便是《五日雨霰》一诗②，描写了正月五日果真降霰的情形，其中写道：

映空絮忽飞，谁谓越无雪。

只是这里被比喻成柳絮的雪花纷纷降落到地面上，变成了瞬间将

---

① 出自《二十四节气农谚大全》。"大春"指的是诸如稻、玉米、大豆、花生等"秋熟作物"，"小春"指的是小麦、油菜等"春熟作物"。

② 出自《陈白沙集》卷五(《文渊阁四库全书》第1246册)。陈献章的诗虽是以诗体类别分类的，但各诗体类别中，按照惯例，是按创作年代排列的。文中所引内容是在这一前提下成立的。另外，也与末句后的自注相符。

大地变白的霰。这应该是慢慢从天空飘下，落到大地上瞬间融化的鹅毛大雪吧。

春晴书见*

〔明〕居节

金羁芳草去翩翩，王谢儿郎美少年。
雨水已过正月后，莺花不隔短筇前。
春云拟黛山千叠，画阁笼烟柳半天。
燕子未来寒食远，谁家庭院试秋千。

拙译：

一位像是南朝贵族王、谢家儿郎的美少年，骑着佩黄金配饰马鞍的骏马，踏着芬芳的香草，奔驰而去。雨水节气已过，现在已是二月份了，鸣叫的黄鹂鸟、盛开的花朵并没有被眼前的短筇所阻隔。春云叆叇、山川叠峦，秀美的楼阁笼罩在烟雨之中，柳树发芽，并生长出新叶，遮掩了半个天空。燕子还未从南方归来，寒食节尚远，然而，不知是谁家早已开始荡起了秋千。

作者居节的生平不甚明了。近年来的研究表明，他是明嘉靖六年(1527)至万历十三四年(1585或1586)间吴州(江苏省苏州

* 该诗文本出自《列朝诗集》丁集第八(《四库禁毁书丛刊》第96册，北京出版社，2000年)。生卒年见娄玮《居节生年考——兼谈几件传世居节和文徵明画作》(《故宫博物院院刊》2015年第2期)。另外，参考了程质清《居节简介》(《书法》，1996年第2期)。

市）人，师从著名画家文徵明。未做官，靠卖画为生，晚年于虎丘之地租赁房屋，60岁左右，在贫穷中去世。从有限的信息可知诗的创作地点是苏州，但年代未详。

第一、二句中的王氏和谢氏是南朝时的上流贵族。富贵的美少年骑着佩黄金配饰马鞍的骏马，风度翩翩，朝气蓬勃而又华丽逼人，营造出与早春相符的氛围。作者是以所见为诗题，因此应该真实看到了那美少年。此时的苏州，在世界上也是为数不多的富裕大都市，所以如此装饰的富贵阶层的年轻人并不少见吧。

第三句中的“正月后”，应该是已经到了旧历二月，甚至说已经过了雨水节气。这里需要考虑两种情况，一是完全过了该节气，二是过了该节气的初日。前者的话，该节气已经结束，进入下一个节气了（惊蛰）。不过，通常多为后者的情况，此时还停留在雨水节气期间。雨水为节月，是正月中气，所以雨水日必定在旧历正月中到来。已过雨水的说法，相当于过了雨水日几天的意思吧。从这种语感中并不能确定实际过了几天。

如果雨水日在正月末左右到来，且已过“数日”的话，这首诗的创作时期仍处在雨水节气期间。只是从诗中描写的物候现象来看，也会让人觉得雨水节气已过。同时，诗中提及寒食节、清明节还为时尚远，所以这首诗很可能是在雨水末到惊蛰，或刚入春分不久时创作的。

第四句的“莺花”，不清楚实际状态是什么样的。说到“莺花”一般指“莺”和“花”，按日本式的思维就是“黄莺”和“梅花”。在近年来的观察记录中，日本的莺是从2月下旬、雨水后半期开始啼鸣①。此时，梅花尚在开放，从季节角度而言，与这首诗并不相违。

但是，在中国，莺是高丽莺(黑枕黄鹂)，不同于日本莺的种类②。每年首次看到中国莺的日期都相当晚。江南是4月下旬到5月初之间，即过了清明到谷雨时，莺才初现身影③。如果是这样的话，就要比诗中所描述的季节晚一个月。

那么，这里有两点需要思考。一是明代诗人在诗中用到的莺与今日中国的莺可能不是同一物种。也就是说同一个莺字，由于时代不同，所指内涵也不同。二是作为春天鸟类的代表，作者举出了莺，但并不是把这时鸣叫的鸟都认定为莺写进诗中。换言之，可能把其他种类的鸟当作了莺。毕竟诗属于文学，作者并不是自然科学家。生活中既有对博物学非常熟知的诗人，也有对鸟、花等的名字不甚了解的诗人。所以，中国诗中只写鸟和花，

---

① 由(日本)“气象厅”主页“生物季节观测累年表”(莺的初鸣)(1953—1998)来看日本莺初鸣的年平均值，即使包括西南诸岛在内也在雨水以后，尤其是2月下旬以后(只有大分县例外，早在2月14日)。由年平均值看，尚无立春时鸣叫的莺。但是，按最早时间说的话，九州本岛立春前后开始鸣叫，本州最南端的和歌山县潮岬是1月16日，京都是1月11日、31日等。

② 中国的莺是雀目高丽莺科高丽莺，日本没有。即使在日本极少发现的，也是候鸟以及离群的鸟。日本的“莺”属于雀目鹟科莺亚科的莺，是与中国的莺在大小和体形(叫声)上都不相同的其他种类的鸟。参阅加纳喜光《动物汉字语源辞典》(东京堂出版，2007年)。

③ 中国莺的首见日记录源自李桂垣《黑枕黄鹂在我国的春季迁徙》(《动物学研究》1984年第4期)的“黑枕黄鹂北迁时国内各地的首见日期”。其中记载了49个地方(至少是1947年至1982年间的断断续续的观测记录)的首见日期。由此可知，云南省勐海县(1961年1月23日)、勐连县(1960年2月13日)、广州市(1963年2月4日)等较早；江南的话，上海市(无记录年份，4月27日)、南京市(无记录年份，5月1日)、江苏省盐城市(1972年5月8日)、浙江省丽水(1964年5月2日)等地较晚。另外，最近中国的网络上可见到的报告与此差别不大。

而不描写其具体颜色和声音的情况出人意料得多。这种类型的诗，进行深入探索也是强人所难。

以上是把诗中的“莺花”解释为“莺”和“花”两种意思的情况。在收集了宋代两万余首词的《全宋词》中，有说法认为“莺花”并非指莺和花，而是指“樱花”。① 它包括日本的樱花和中国的樱桃花，广义上讲都属于蔷薇科樱属，3 月到 4 月开花。这首诗中或许也是广义上的樱花，也有可能作者把与之相似的花称作了“莺花”。

第五、六句“春云拟黛山千叠，画阁笼烟柳半天”中所描写的景色均与雨水节气相符。日本的七十二候也有相似的表现，如贞享历(1685)的雨水次候有“霞彩碧空”、宝历历(1756)的雨水次候中有“霞始靆”等。

第六句的“柳半天”，实际上具体的柳的姿态是什么样的，也不是很清楚。柳有各种各样的，诗中所描述的柳，一般认为是垂柳②。说到柳，首先联想到的是清明时节。只是在 4 月上旬清明时期诗中描写的柳，根据场所和当年的冷暖不同，一般多指或已是枝叶繁茂的青柳或绿柳，或是刚开花后漫天飞舞的柳絮，以及笼罩在弥漫烟霭中的刚长出新叶的柳树，即所谓的“烟柳”。与之相对，该诗描绘的是 3 月上旬的江南的柳，是处在刚发芽到开始

① 见刘晓静《宋词中的“莺花”即“樱花”辩》(《皖西学院学报》2016 年第 6 期)。

② 根据《植物汉字语源辞典》，尤其是《植物的日文名、中文名和传统文化》第七章“中国的杨柳”中的详细探讨，把诗中的柳看作垂柳较为妥当。

长出新叶阶段的柳树。[①]

第七、八句，燕子归来作为《礼记・月令》以来的传统观念，就是春分时节到了。寒食节大约是春分节气的最后一两天，即清明节前夕，公历 4 月 4 日左右。女孩子荡秋千也是那个时代寒食节、清明节的活动之一。[②] 所以，作者非常惊讶地描绘出这样的画面：春分左右要归来的燕子还未到来，春分结束时的寒食节和清明节都还很遥远，尽管如此，女孩们已经准备好了秋千，这是多么性急的人呀。作者并没有因此而怀疑或嘲笑这么性急的人，采取这种口吻，其实是同焦急等待春天到来的人产生了同感。

或许这一天是非常晴朗、暖和的一天，寒冷的立春已结束，正月也已过去，进入了旧历二月，按公历说已是 3 月上中旬到下旬开始的时间了，让人觉得真正的春天就要到来了。作者在如此春和日丽的天气里，肯定是心情平静地眺望着策马扬鞭、英姿焕发的美少年，忍不住想着是谁家的姑娘们在争抢着试荡秋千呢。居节是当时著名的画家，如今只有山水画、与茶有关的书画流传下来，或许他把这首诗中描述的早春风俗也绘制成

---

① 见林磊等《江苏省常州地区垂柳物候特征及其与气象要素关系的探讨》(《河南农业》2016 年第 11 期)，“各芽开放期在 2 月中旬”，“展叶始期在 2 月末，展叶盛期一般在 3 月初”，“开花始，盛期基本上在 3 月中下旬”。该数据显示的柳树的生长进度，感觉与该诗描述的情况相比，时间稍稍提早了。该论文记录的单单是 2013 年的观测结果。

② 荡秋千是古代从中国北方民族传来的，原本是寒食节的活动。到唐代传播开来，至宋代时，在与寒食节相连的清明节也荡秋千。其后不久，随着寒食节的废除，荡秋千就成了清明节专有的活动了。

了作品。

第二节　仲春诗

惊蛰 3a

所谓惊蛰，是指气温上升，初雷轰鸣，惊醒了蛰伏于土中的虫类，它们纷纷打开洞口，来到地面上。

太阳位于黄经 345 度。地球在围绕太阳旋转的公转轨道上，位于距离春分 345 度、冬至 75 度的地方，每天向前推进 1 度，约三个半月移动 105 度到夏至。

公历日期是 3 月 5、6 日前后。另外，也指从此时至 3 月 19、20 日的半个月期间。在至明代为止的旧历(平气法)中，惊蛰日可以是正月十六日至二月十五日之间的某一天。闰月时，可以是闰正月十四日、十五日、十六日中的某一天。

节月为二月节。

惊蛰后，雪作未已，阻之湖庄 *

〔宋〕曹彦约

甲折多应满药栏，跨骡心已拂轻鞍。
正疑阴固仍飞雪，岂有春中却冱寒。
启蛰候虫犹自闭，向阳梅子自能酸。

* 该诗文本出自《全宋诗》第 51 册 2731 卷。传记等参阅了胡倩《南宋诗人曹彦约行年考》[《南昌航空大学学报(社会科学版)》2014 年第 1 期]。

误成严冷非天意，说与人心作好看。

拙译：

惊蛰过后，不曾想雪并未停止，阻挡了我前去湖畔庄园

围栏内的芍药花田里种子应已破甲，满是新芽了吧。心里想着跨上骡马前往湖畔庄园，早已抖掉了灰尘的马鞍也变轻了。阴气已固，却下起雪来。这让人怀疑怎会在春季最当中的时候出现冰寒天气的呢？惊蛰时爬出洞穴的虫子，又自己关闭了洞穴口。朝阳的梅子，自然能成熟、变酸。或许是上天的某种失误造成了此次严寒天气，但这并非上天的本意。我想对上天说，早日呈现仲春的美好风光吧，这是世人的心愿。

作者曹彦约（1157—1228），都昌（江西省九江市都昌县）人，称得上是南宋名臣之一。都昌位于南北狭长的鄱阳湖正中央，西邻鄱阳湖。鄱阳湖是中国最大的淡水湖，站在北侧向西可一睹庐山的秀丽山峰，向北与长江相连。虽然我们不太清楚诗中“湖庄”的具体情况，但是它却频频出现在作者的诗集中。“雪边庐岳云千岭，雨后湖庄水一腰”（《家本谯人得奉祠亳州喜赋述怀》）等。湖庄或许指的是一座位于鄱阳湖畔，向北可眺望庐山，且有广阔农田的别墅、庄园。作者讲述道，自己唯一的乐趣是一有空就来此湖庄，拾掇花木。诗的创作年代不详。

诗题中写到惊蛰过后，由于下雪未能去湖畔的庄园。刚好另有一首或许是此时创作的五言诗，题目为《惊蛰后雪访徐孟坚不遇坐待甚久》。据说是作者由于不能去湖畔的庄园，就去拜访友人徐孟坚，对方却不在，于是等待了好久。这首诗中有“甲拆迟先达，芳菲约后图”，描述的是因为惊蛰后降了雪，种子的发芽被推迟了，期待的花开也延迟了，这与上面诗中的描述很相似。正如这两首诗所描写的，在骤冷的倒春寒发生时，降雪或下霜的情况哪怕是在江南也并不少见。①

第一句的药栏是隔开芍药花田的篱笆或围栏，广义上也指一般花坛的围栏。意义上都说得通，这里姑且理解为前者。芍药不仅是观赏植物，而且从公元前的《诗经》时代开始就已成为贵重的中药材了。② 芍药虽然称不上“如花似玉”，但在这个庄园里肯定有一片这样的芍药田。芍药的繁殖方法有分株、播种、扦插、压

---

① 想先从气温方面确认是否具备降雪的条件。由于目前没有“天气后报”都昌的数据，试看纬度大致相同，同样濒临较大湖泊的九江、南昌、岳阳三地近 50 年的“极端最低气温”。果然，三地在惊蛰期间都有冰点以下的天气记录。尽可能随机摘录不同年份的数据如下：

九江市（鄱阳湖）：−1℃（1956 年 3 月 12 日）、−1℃（1967 年 3 月 6 日）；

南昌市（鄱阳湖）：−2℃（1957 年 3 月 13 日）、−1℃（2005 年 3 月 12 日）；

岳阳市（洞庭湖）：−2℃（1954 年 3 月 7 日）、−1℃（1966 年 3 月 8 日）。

另外，根据《中国气候图（简编）》，3 月中的“极端最低气温”，九江是−2.8℃（1920—1938）、南昌是−0.4℃（1929—1938、1946—1953）、岳阳是−2.5℃（1930—1938）。由此可认为，即使没有积雪，也有可能出现雨夹雪或降雪。关于由气温探讨降雪的可能性，参阅本书 P327“大寒 1b”屈大均《大寒》二首诗注 2。

② 著名的例子是《诗经・郑风・溱洧》中的“维士与女，伊其相谑，赠之以勺药。”勺药即芍药。根据汉代郑玄的解说，该诗是男女行夫妻之事，临别之际男以芍药赠女，以结恩爱之情，将芍药作为爱情的信物。用作药材的是芍药的根部，见于中国最古老的医学著作《神农本草经》，此后常被提及，直至今日仍用作对女性很有疗效的药物而使用。

条等，其中播种的方法是8月采收种子，9月播种，来年春天发芽①。所以，惊蛰后的这个时期，正是去年播下的芍药种子要长出新芽的时候。作者一想到此，就坐卧不安。或许是这个冬天也没有骑骡子，马鞍上布满灰尘，打扫干净后，万事俱备，高兴得连马鞍都觉得是轻的。作者兴奋得犹如孩子，然而突降大雪未能成行，又是多么失望呀。

过了立春和雨水的初春第一个月，到了惊蛰已是仲春月。为何还会有如此寒冷的倒春寒呢？真是难以理解。在这场倒春寒中，冬眠的虫类好不容易度过冬天，要从洞穴中爬出来，又慌里慌张地关闭了洞口。即使这样，春天的脚步仍在行进。立春时开始绽放的梅花在向阳的枝头结出小小的果实，不久就会变酸成熟起来。

到了惊蛰又遭降雪，如此捉弄人并非上天的本意。人们殷切希望春意烂漫。作者希望将此心愿传达给上天，并说服上天展现出春天阳光明媚的景色。作者与左右气候的上天之间，绝不是对立的、悲观的关系。曹彦约历官四代帝王，据说经常从体恤民情的立场施政。作者由最初不能去花田的失落，到最后希望驱逐寒冷的倒春寒，呈现鲜花盛开的春天，这种心情变化与诗句紧密结合，这里也很好地体现出作者的爱民思想。该诗中到处可见杜甫的影响。

---

① 参阅陈俊愉、程绪珂主编《中国花经》(上海文化出版社，1990年)中芍药繁殖的条目(第195—200页)。另外，参考潘炳文、彭凤英《芍药种子育苗法》(《中草药》1996年第6期)；陶新宇等《芍药种子萌发特性的研究》[《赤峰学院学报(自然科学版)》2005年第6期]等。

参考　关于“启蛰与惊蛰”

1. 作为节气专业术语的启蛰与惊蛰

曹彦约在诗题写有惊蛰，而在诗中第五句却写作了启蛰。到底是惊蛰还是启蛰，首先要确认一下历书中是如何使用这两种说法的。两者作为历学的专业术语出现在历书上，并非普通名词。换言之，两者是作为太阳历二十四节气中同一个节气名称使用的。

惊蛰最早出现在历书中是在西汉的太初历和后来改订版的三统历中，置于立春之后，为正月中气。即立春→惊蛰→雨水→春分。太初历/三统历施行于西汉公元前104年至东汉公元84年。此后的四分历也沿用了惊蛰的名称，只是顺序有变，成了二月的节气，即立春→雨水→惊蛰→春分。后来，中国的历书到最后的阴阳历——清朝时宪历（1645—1911）为止，除了“一个时期”之外，通过文献可以确认，均沿用了该名称。而这“一个时期”指的是由隋代至初唐的130多年（597—728），在此期间先后施行大业历（597—618）、戊寅历（619—664）、麟德历（665—728）。这三种历书使用了启蛰的说法，顺序是立春→雨水→启蛰→春分。

日本是根据使用哪部中国历书而相应地使用惊蛰或启蛰。只是贞享历（1685）以后，开始施行基于日本实际情况的历法，使用了启蛰的名称，而且到采用了太阳历的今日依然在沿用。用年表的形式总结如下：

顺序均是按照：立春→雨水→惊（启）蛰→春分。

604—691 年，元嘉历(惊蛰)。

692—696 年，元嘉历(惊蛰)和仪凤历(启蛰)并用。(仪凤历是中国麟德历的日文名称)

697—763 年，专一使用仪凤历/麟德历(启蛰)。

764—857 年，大衍历(惊蛰)。

858—861 年，大衍历(惊蛰)与五纪历(启蛰)并用。

862—1684 年，宣明历(惊蛰)。

1685—1872 年，贞享历、宝历历、宽政历、天保历，均为惊蛰。

1873 年至今，启蛰。

只是历书以外的一般文章中，任何时代既有采用启蛰的，也有使用惊蛰的，其间的情形，中日两国相同。

2. 作为物候的启蛰

在中国文献中最早出现的不是惊蛰而是启蛰。最古老的怕是《夏小正》中所说的"正月启蛰"吧。《夏小正》是夏王朝(前 2070—前 1600)时期的一种农事历法，反映了夏王朝社会的实际季节、生物生长、人类生产活动等的年周变化情况。因此，人们认为该部历法中使用的词语也传达了夏王朝时代的语言措辞信息状况。

《夏小正》中所谓的启蛰指冬眠的虫儿现出身影的时节，是由物来表示的一个时候，即它只不过是一个"物候"(自然历)而已，就是如同《夏小正》启蛰后有"雁北乡""鱼陟负冰"等的物候，即是自然历的众多指标之一，原本并不是后世历学上的专业术语的启蛰。但是作为一个词语而言，可以说后世二十四节气启蛰的根源在此。

接下来，较为古老的是《周礼・冬官考工记》中制鼓匠人“韗人”这条记录，其中写道，“凡冒鼓，必以启蛰之日”，意为蒙鼓皮必须在启蛰之“日”进行。此“日”并非特定的某一天，而是更广义的某个时候。《冬官考工记》中也未见在特定的日子里制作什么的记录。由此也可以说，如《夏小正》、《春秋左传》等文献中所述的，启蛰还只是一定程度上具有时间跨度的物候现象而已。即使从常识角度而言，只能在特定的日子蒙鼓皮也是不现实的。《冬官考工记》的成书年代有诸多说法，这里取最普及的说法——战国时代（前475—前221）初期。只是，据说其中既包括了部分周代的文章，也含有秦汉时代的部分内容。

另外，《春秋左传・桓公五年》的传记，认为《冬官考工记》是上述时期前后形成的。一年举行四次祭祀活动：①郊（春季祭天）；②雩（夏季祈雨活动）；③尝（秋季新尝祭）；④烝（冬季祭祀）。关于这四次祭祀活动的时期，写道：“凡祀，启蛰而郊。龙见而雩。始杀而尝。闭蛰而烝”。四次祭祀日期的基准分别是：①启蛰时；②黄昏于东方天空初见龙星时；③花儿凋谢、叶子开始凋落，秋季萧条时期到来时；④虫儿封闭洞穴准备冬眠时。从这些说法来看，《春秋左传》的四次祭祀活动时期也可以理解为四个物候的基准。《春秋左传》的启蛰和《夏小正》《冬官考工记》等中的情况相同，均非历学上特定的日期。虽然此书的成书时间也有很多争论，但是最有力的说法认为是战国时代中期。根据以上文献，可以说到战国时代为止，启蛰作为物候之一的说法一直存在。

3. 惊蛰说的诞生

到了秦代，《吕氏春秋·十二纪》“孟春之月”中有“东风解冻，蛰虫始振”，“仲春之月”中有“雷乃发声。始电。蛰虫咸动。开户始出”。另外，在被认为是以此为蓝本的《礼记·月令》中，“仲春之月”的“开户”部分就成了“启户”。《吕氏春秋》和《礼记·月令》都把春季开始、蛰虫开始活动，分为立春和仲春两个阶段。冰雪消融、蛰虫始振是立春阶段。到了仲春时，雷电发生，蛰虫咸动，开启洞穴，开始出来。此处，与雷电相关联的是蛰虫开启洞穴，并未使用“惊”这个词。可见这些既非启蛰亦非惊蛰，而是与两者都接近的说法。

然后，公元前139年，在《吕氏春秋》的基础上形成的《淮南子·时则训》“孟春之月”中有“东风解冻，蛰虫始振苏”，“仲春之月”中有“是月也，日夜分，雷始发声，蛰虫咸动苏”。如果关注“振”“雷声”“蛰虫动”等词语的话，可见从《吕氏春秋》《礼记》到《淮南子》是一脉相承的。

另外，《淮南子·天文训》中提出将一年分割为二十四份的二十四节气的观点，用到了今天被认为是惊蛰词根的“雷惊蛰”这一词组。《天文训》中的一年二十四份分割法与现在的二十四节气大致相同，只不过其中三个节气的称呼稍有差异，分别是：“雷惊蛰”“清明风至”“白露降”。太初历对《淮南子》的说法进行整理，统一为两个汉字的名词形式。把《淮南子》中的“雷惊蛰”“清明风至”“白露降”相应调整为“惊蛰”“清明”“白露”，这种做法极为自然。只是，太初历变换了雨水和惊蛰、清明和谷雨的顺序，即立春→惊蛰→雨水→春分→谷雨→清明→立夏……不管怎样，太初历是首次把惊蛰这一独立的两字熟语用作节气名称的。

另一方面，“惊蛰”不作为历学用语而是作为普通名词，即指到了春天，因雷声而惊醒、现身地面的虫类等，这种意义常用在历书以外的诗歌、文章中。这是汉代以后，作为物候的启蛰与先秦以来的使用情况形成对照。

4. 关于《周髀算经》、《时训解》及避讳

此处有个稍微麻烦的，那就是《周髀算经》。据说这部书是花了相当长的时间才逐步完成的，关于其成书年代也有多种观点，至今仍是百家争鸣的状况。① 现行的文本中据说保留了汉代以后发生改变的内容。其卷下记录了根据圭表测量太阳南中时每个节气的日影长度(未必是实际测量值)。例如，启蛰八尺五寸四分小分一②，春分七尺五寸五分等。与今天二十四节气的顺序相同，只是节气名称中使用的是启蛰，而非惊蛰，即立春→雨水→启蛰→春分→清明→谷雨……

如序编所述，二十四节气是经过二至二分四立八节逐渐完备起来的，很难想象在《淮南子》之前有名称和顺序如此齐备的文献存在。《淮南子》对二十四节气成立起到了至关重要的作用，如此思考是理所当然。如果《周髀算经》的成书是在太初历之后的话，

---

① 冯礼贵《周髀算经成书年代考》(《古籍整理研究学刊》1986 年第 4 期)，介绍了国内外关于该书成书年代的历代诸说，认为在西汉、东汉时成书的较多，尤其是认为西汉时成书的更多。他本人认为是公元前 200 年左右时成书的。程贞一、闻人军译注《周髀算经译注》(上海古籍出版社，2010 年)认为成书于春秋末至战国初期期间，并认为二十四节气的成立与《淮南子・天文训》的时代接近。桥本敬造全译《周髀算经》，录入《中国天文学・数学集(科学名著 2)》(朝日出版社，1980 年，第 273—350 页)。

② 小分一即六分之一份。

《周髀算经》中二十四节气把惊蛰改写成启蛰，或有以下三点理由：①沿用太初历中确定的节气名称；②调换了太初历的节气顺序；③如汉代以前的古文献一样组织顺序。假如是在太初历之前的话，可以确定《周髀算经》是基于淮南子的二十四节气成立之前出现的情况而确定的二十四节气，这需要改变通行的说法。这个问题非我力所能及，因此不做判断，只提及上述两种可能性。

有观点认为太初历中使用惊蛰是为了避讳汉景帝的名字，汉景帝刘启于公元前157—前141年在位，名字中有个“启”字(宋王应麟《闲学纪闻》卷5)。这里不采此说。假如这样的话，启蛰作为节气名称使用在太初历之前就应该很常见了。因为已经普遍使用了启蛰的说法，即便说太初历把使用启蛰的地方换成了惊蛰，如前文所述，此种情况是很难想象的。

《逸周书·时训解》中有“惊蛰之日”的记载。只是这里的《时训解》很有可能是汉代以后的假托之作，所以暂不做考虑。[参阅序编第三节的“4.《魏书·律历志》(正光历)”]

春分 3b

所谓春分，就是平分立春至立夏前的春季，太阳由正东方升起，正西方落下，昼夜等长。

太阳位于黄经0度。地球在围绕太阳旋转的公转轨道上，位于距离春分0度、冬至90度的位置，每天向前推进1度，约三个月移动90度到夏至。

公历日期是3月20、21日前后。另外，也指从此时至4月

3、4日的半个月期间。在到明代为止的旧历(平气法)中，春分日可以是二月一日至二月三十日之间的某一天。正月、三月或闰月没有春分日。

节月为二月中。

二月二十七日，社兼春分，端居有怀，简所思者 *

〔唐〕权德舆

清昼开帘坐，风光处处生。
看花诗思发，对酒客愁轻。
社日双飞燕，春分百啭莺。
所思终不见，还是一含情。

拙译：

二月二十七日春社日，恰逢春分日，我端坐于居所，
将心中所感吟咏成诗句，寄给我所思念之人

这是一个清新的上午，我打开门帘，静静端坐于此。微风拂过，春光熠熠生辉。当我看到花时，心中产生了诗情，面对美酒，似乎减轻了客居他乡的忧愁。在春社日这天，燕子双双归来。黄鹂鸟也在春分的日子里，百啭千鸣，婉转歌唱。虽然无法看到我所思念的人，但这首诗包含了我的一片深情。

* 该诗文本出自《古今岁时杂咏》卷10。作者传记性的背景从蒋寅《大历诗人研究》下编《权德舆年谱略稿》(中华书局，1995年)、严国荣《权德舆研究》(中国社会科学出版社，2006年)而来。且有人认为作者出生于唐上元二年(761)，此处未采纳。如依此说，这首诗就是作者19岁时创作的。河内昭圆《关于权德舆的赠妇诗》(《大谷学报》1983年63卷2号)中写道"称该诗人'爱妻诗人'或'爱情诗人'比较好"。

作者权德舆(759—818)是中唐时期政治和文学领域的重要代表人物。他4岁能作诗，15岁时已著文章数百篇，36岁时起草诏勑，历任朝中大臣、宰相、地方官，世人评价其为政宽大、温厚。诗歌创作方面，最有名的是他单身赴任时，接连写给妻子的一组诗。

首先，解释一下诗题中的“社”。“社”是土地神，是古代社会见于世界各地的地母神，与上有天神、下有土地神，即所谓的“皇天后土”中的“后土”相同。社祭最盛行的唐宋时期，在春季和秋季举行社祭，春天祈愿丰收，秋天感谢收获，分别称为春社和秋社①。考虑到社祭日以立春为起点，因此认为它属于一种太阳历。也因为社祭是事关农业的祭祀，当然应根据太阳历决定日期。按太阴历的话，每年季节大致要提前11天，所以太阴历不能作为农业的指针。中国的阴阳历，根据年份有时甚至会产生一个月的季节偏差，所以也不适用于农业。社祭虽说属于太阳历，但因为加入了十干的变数，所以每年会产生1到10天以内的误差。

决定社祭日期，首先要确定冬至日，由此也可以确定立春日。由立春日数到第五个戊日就是社祭日(立春日偶为戊日的话，该戊日不数)。例如，拿该诗创作时的大历十四年(779)来说，立春是正月十一日壬子，由此数到第五个戊日，就是二月二十七日

---

① 关于春社，参阅《中国古代的年中行事·春册》，第384—399页。

戊戌。[1] 如下页表：

---

① 在此再举一例，《古今岁时杂咏》中记录有唐代诗人元稹的一首题为《华岳寺》的诗。根据周相录《元稹年谱新编》(上海古籍出版社，2004 年)，可知这首诗是元稹 26 岁时所作。题注中写道："贞元二十年(804)正月二十五日，自洛之京。二月三日春社，至华岳寺，憩窦师院。曾未逾月，又复徂东，再谒窦师，因题四韵而已。"由此验证以下春社日期。贞元二十年十二月立春，计算春社时，应从去年十二月立春日算起，见下表：

干	支	节气	干	支	节气
癸	亥	立春十二月十六日	丁	亥	
甲	子		戊	子	
乙	丑		己	丑	
丙	寅		庚	寅	
丁	卯		辛	卯	
戊	辰		壬	辰	
己	巳		癸	巳	
庚	午		甲	午	惊蛰正月十八日
辛	未		乙	未	
壬	申		丙	申	
癸	酉		丁	酉	
甲	戌		戊	戌	
乙	亥		己	亥	
丙	子		庚	子	
丁	丑		辛	丑	
戊	寅		壬	寅	
己	卯	雨水正月三日	癸	卯	
庚	辰		甲	辰	
辛	巳		乙	巳	
壬	午		丙	午	
癸	未		丁	未	
甲	申		戊	申	春社二月三日
乙	酉		己	酉	春分二月四日
丙	戌				

如上，春社是这一年的二月三日，第二天就是春分，两天应该是连休吧。

干	支	节气	干	支	节气
辛	亥		乙	亥	
壬	子	立春正月十一日	丙	子	
癸	丑		丁	丑	
甲	寅		戊	寅	
乙	卯		己	卯	
丙	辰		庚	辰	
丁	巳		辛	巳	
戊	午		壬	午	
己	未		癸	未	惊蛰二月十二日
庚	申		甲	申	
辛	酉		乙	酉	
壬	戌		丙	戌	
癸	亥		丁	亥	
甲	子		戊	子	
乙	丑		己	丑	
丙	寅		庚	寅	
丁	卯		辛	卯	
戊	辰	雨水正月二十七日	壬	辰	
己	巳		癸	巳	
庚	午		甲	午	
辛	未		乙	未	
壬	申		丙	申	
癸	酉		丁	酉	
甲	戌		戊	戌	春分二月二十七日

这一天，作者之所以哪里也未去，闲居家中，是因为春社日在唐代是假日。但是，因为春分日也放假一天，如诗中所写，春社日与春分日重合的情况假期会是什么情况，就不得而知了。

由第一联可知这是非常晴朗的一天。“风光”指的是风吹草木摇，阳光反射，当然不限于春季。但是从该例来看，在描写春天的诗歌中使用得必定多一些。

说起太阳的各项数值，从立春开始，白昼时间、南中时的太阳高度、日出日落间的夹角等均增幅显著，由春分至清明一个劲儿地增加，过了立夏增幅开始减小。换言之，从春分到清明，太阳的各项数值增加的幅度最大。另外，春天风很多，强风相应也多①。可以说，人们从春分开始明显感受到的就是风和光，“风光”是最符合这个季节的语言。再过一个月就到了初夏暖风熏的五月，那是另一番风光。

第五句，燕子的出现也符合春分时期的节气特征。春分时，燕子从南方归来，大雁向北方归去。七十二候中春分的初候是“玄鸟至”，《礼记·月令》“仲春之月”中也提到了这一点。春分时是举行春社的时候，所以春分时归来的燕子也称“社燕”。但

① 关于春分节气的风，《二十四节气志·春分》中写道：“春天的风，未必很和悦，未必是恩惠。春天的风，也常常是西伯利亚出品，可致冷、可致沙尘、可致倒春寒。春天的风，可能是剪刀也可能是尖刀。”另外，《中华气象谚语大观》中有“春分天变又多风”，“春分有风，秋分有雨”等。非二十四节气中的，而是四季中的春，其风在《中国气候》第六章第三节的表 6.2“中国四季的年平均风速”中，也是最强的。

是，这里为何是一对双飞燕呢？①

春分、春社时期也是动植物开始生长、繁殖的时期，此时植物发芽、动物产卵或产子，以及开始为之做准备工作。古代人们最大的愿望是食物丰收和子孙满堂，两者紧密相连。因此，当农耕开始之际，为预祝丰收活动或祈愿中，模仿男女交合的仪式在世界各地以各种各样的形式呈现。或者在春社日，有时也允许像歌垣②一样的男女自由结合。春分、春社时归来的燕子很快就结成了对，开始在显眼的地方筑巢、产卵、哺育雏鸟。每年定期回巢育雏的燕子很容易成为生产、再生产的象征。

从前，奠定殷王朝基础的契，他的母亲名为简狄。她和其他女性一起入浴时，看到一只燕子产下一卵，只有她吞下了这颗卵，所以也只有她生下了契。这是《史记·殷本纪》中的传

---

① 在民间，人们认为这个时期的鸟都是雌雄结对的，有“春分鸟无单”的说法。参考中国气象局气象宣传与科普中心编著《（2017）气象历》（气象出版社，2016年）的“春分气象农谚”。只是知识分子创作的诗歌有别于这种大众化的情感，往往是作者诗歌创作时的心情决定了诗的韵味。所以，作者根据此时的心情，描绘出一只找不到伴侣的孤燕为诗人所“发现”的画面。换言之，在孤独的作者看来，燕子也是孤独的，作者将这样的燕子写入了诗中。例如，宋代的徐铉有首题为《春分日》的诗，李振中《徐铉集校注》（中华书局，2016年）认为该诗的创作年代未详，不过根据诗中的“仲春初四日，春色正中分”，查一下二月四日是春分日的话，可知这种情况发生在937年或948年，这首诗应是作者21岁或32岁时所作。如这首诗中所描绘的是“燕飞犹个个”的燕子，还未结成对。如诗的尾联中所写“思妇高楼晚，歌声不可闻”，年轻的女子非常孤独，在寻找一位可以成为伴侣的男子。进入作者视野的虽已是春分时节，但依然孤单的燕子和思念男子的女子，说明恐怕作者的心境与这只单飞燕、年轻的思妇一样吧。

② 日本古代的一种风俗。在农村，春秋两季男女聚集在一起举行对歌、歌舞、饮食等娱乐活动，还伴有性解放的行乐活动。后来在贵族阶层中逐渐演变成艺术活动。——译者注

说，通过这样与燕子融为一体，是否反映了人们借助燕子的力量妊娠生产的愿望？

第六句，之所以有莺的鸣叫，是因为七十二候惊蛰的次候中有“仓庚鸣”，古时《礼记·月令》的“仲春之月”中也有“仓庚鸣”。七十二候的选定，与其说是选择了某物候活动最繁盛的时期，不如说是选择了该物候开始出现的时期。从物候中有不少“始……”的表达中可以很明确地理解这一点。唐代宣明历所载的七十二候中，竟有十七个物候使用了“始”字。从该时期开始，该物候“始……”本来就是七十二候的主旨。

这首诗的创作年代不详，但可以从节气中析理出端绪。在权德舆的一生中，有三年的春分是二月二十七日。除去上文提到的大历十四年，还有贞元十四年(798)、元和十二年(817)。进而，春分和春社重合的话，因为第三次的元和十二年二月二十七日是丁巳日，所以应当排除，那么剩下还有两次，分别是作者21岁和40岁时。接下来要结合诗的内容和作者的传记去辨析。

作者21岁时，基本是在丹阳(江苏省南京市)游学、求职中，第二年获得了职位。从第四句中的“客愁”可知这首诗创作于这一时期的可能性很大。作者40岁时，已官至驾部员外郎，居住在都城长安，或许在忙于官场应酬吧。从诗的季节性内容来看的话，既符合南京也符合长安。但是，诗的后半部分描写了雌雄结伴飞翔的双飞燕，讲述了因见不到等待的人而相思更甚等情感，与21岁的青年创作的诗非常相符。尽管没有确凿的证据，暂且可认定这首诗是大历十四年作者21岁时创作的。

春 半*

〔宋〕朱淑真

拭目凭阑久，柔风拂面吹。
莺花争妩媚，诗酒斗清奇。
已近清明节，初过上巳时。
莫萦寻俗事，随意乐春熙。

拙译：

我擦拭了一下眼睛，久久地倚靠在栏杆边，柔风吹来轻抚着我的面颊。黄鹂鸟的婉转鸣声与花的娇美容姿竞相妩媚，到底是醉心于诗还是沉醉于酒，哪个更为清奇？如今已刚过三月三日的上巳节，临近清明节，不要再自寻烦恼，为那些俗事所萦绊。随心所欲，尽情享受如此美妙的春光吧。

作者朱淑真，宋代著名女诗人，生卒年不详，有认为她是北宋人、南宋人、北宋至南宋之间的人等，众说纷纭。① 婚后生活不幸，作品中屡屡出现难以排遣的相思、忧愁、怨恨等。

诗题“春半”并非春分的意思。按照字面意思讲是春季中，既包括春分也包括清明。虽然朱淑贞另有两首以“春半”为题的词，但在本人读来，这里选取的诗更为有趣。

第一句“拭目凭阑久”，描写了作者一动不动地凝望着春天景色。第二句温柔的春风轻抚着面颊，像是在纾缓紧张的心情。该

---

* 该诗文本出自《全宋诗》第28册1583卷。

① 姜秀艳《近10年来朱淑真研究评述》(《长春大学学报》2003年第6期)。

诗出彩的部分是颈联的对句。第三句表面上写莺与花竞相比美，实际上是作者在心里自问到底是哪个更美，难以决断吧。第四句也是一样的构造，字面上写的是诗和酒哪个更胜一筹，彼此竞争，其实是作者无法判断哪个更好。这一联诗句的有趣之处是莺、花、诗、酒都是作者喜欢的，不能用一句话打发了之。作者在这四个选项前迷茫于孰优孰劣，这是迎接春天到来的开心的迷茫，是作者将此形象化、拟人化的表现。

颔联的“清明”和“上巳”，记录了作者是何时创作这首诗的。从太阳历和阴阳历两方面列出各自的条件，找到同时满足“清明”和“上巳”两个条件的部分，该诗的创作日期就会出现在读者面前。在诗歌中呈现这种理智的工作，可以说这种做法比较符合宋代文学的特征。

最后一句“随意乐春熙”，这句任何人都可以说出口的诗句，没什么可讲的。但是，前一句是说“自己寻俗事，结果却为此所困，那就只能靠毅力斩断这个枷锁”。主动做出与欣赏春天的美景相反的行为，即所谓的寻俗事，反而会困顿于中，受其左右。作者劝告自己不要做这样的事情。其他的诗人也经常使用拒绝俗事的说法，但是作者认为，自寻烦恼是人的本性，结果只会是劳心费神，还是不要深陷其中为好。这样说来我们的确往往自作多情、多管闲事，恐怕作者也有多次受到这种诱惑的经历吧。所以，面对心中的这种诱惑，作者将自己的心理活动化作诗，无疑是想从中抽离出来。读到这句诗，我们可以客观地审视作者的心理活动，体会到她曾是个自立的女性。这种观察力是其他诗人无法效仿的。另外，能够立于这种境地，需达到与之相应的年龄才可以吧。如后文所述，这可以作为确定该诗创作时期的一个线索。

那么，从第五、六句中作者给出的“清明”“上巳”的条件，排查一下该诗的创作时期。第六句“初过上巳时”，因为“初”是方才、刚刚的意思，所以是刚过三月三日上巳日，且可以认为是三月四日吧。如果是三月五日的话，已经有拖延之感了。

另外，第五句“已近清明节”，从这句话可知，从春分入节日到清明，已经过半了。至于是在哪个时间点上，先从一个节气十五天的角度来分析。

①	2	3	4	5	6	7	⑧	❾	❿	⓫	12	13	14	15	⑯
春分								三月四日	三月四日	三月四日					清明

如上表，⑧这个时间点是春分开始的第八天，从⑧开始数的话，到清明还有八天。但是“已”这个副词，有已经完全进入某种状况、大势已定的语感，所以可以认为是已经过了中间点，处于或许过了一个节气的三分之二的位置。这样的话，或许可以认为是从春分开始数到第九天到清明还有七天的❾的时间点，或者是从春分开始数到第十天到清明还有六天的❿的时间点，甚至是⓫的时间点。如果从春分开始进一步数到十二天的位置的话，就不是“已近”了，而是“临近、马上、眼前”的意思了，所以最好排除这种情况。

其次，置入没日。如下表，一个节气十六天时，按照同样的方法，⑨成了中间点。⑨的位置是从春分开始数到的第九天，置入没日后从⑨开始数，到清明还有八天。因此，❿⓫⓬就是“已近清明节”时间点的备选项。⓬是从春分开始数的第十二天，到清明时，算上这一天还有五天的时间。

①	2	3	4	5	6	7	8	⑨	❿	⓫	⓬	13	14	15	⑯	⑰
春分								三月四日	三月四日	三月四日	三月四日					清明

因此，把以上两种情况合并，三月四日是❾❿⓫⓬这四个时间点之一的话，就同时满足了“初过上巳时”和“已近清明节”的条件了。

然后，在作者的生涯中找一下春分、清明、三月四日按照上述位置关系发生的年份。问题是我们不是很清楚作者的生卒年。这里根据魏秀琪的观点①，暂定作者的生卒年是1079或1080年至1131或1134年，再除去作者十来岁的时段，找一下符合条件的年份。实际上只要核实一下除去作者20岁之前的时间段，即1099年至1133年，三月四日刚好位于清明前的四天至八天之间的情况就可以了。

结果如下表：

公历	旧历春分	二月大小月	三月四日	旧历清明	春分期间	年龄
1102年	二月二十六日	二月三十日		三月二十日	16天	23或24岁
1110年	二月二十四日	二月二十九日		三月十一日	16天	31或32岁
1118年	二月十三日	二月三十日		三月九日	16天	39或40岁
1121年	二月二十六日	二月三十日		三月十一日	15天	42或43岁
1129年	二月二十四日	二月二十九日		三月十日	15天	50或51岁

① 魏秀琪《朱淑真生平研究综述》(《浙江教育学院学报》2002年第1期)。

具有可能性的竟有五种情况，不得不说这样做几乎没有意义。但是，第七句“莫萦寻俗事”，如果我们最大限度地考虑作者表现出能够客观对待自己的重要性的时间的话，这五种可能就绝非等同了。按照时间顺序，可以说年龄越大，可能性也越大。而且是否可以认为二三十岁时，这种可能性就非常小呢？但是，这是把作者的生卒年定位在北宋末至南宋初这一阶段。在其他阶段也采用同样办法的话，是否可以得出其他几种可能性呢？以上例子是运用节气的方法做的一次模拟试验。

第三节　季春诗

清明 4a

所谓清明，意为天气暖和、万物复苏、草木变绿，冬季枯索的景象消失，阳光明媚、空气清新。

太阳位于黄经 15 度。地球在围绕太阳旋转的公转轨道上，位于距离春分 15 度、冬至 105 度的地方，每天向前推进 1 度，约两个半月移动 75 度到夏至。

公历日期是 4 月 4、5 日前后。另外，也指从此时至 4 月 19、20 日的半个月时间。在至明代为止的旧历（平气法）中，清明日可以是二月十六日至三月十五日之间的某一天。闰月时，可以是闰二月十四日、十五日、十六日中的某一天。

节月为三月节。

长安清明言怀*

〔唐〕顾非熊

明时帝里遇清明，还逐游人出禁城。
九陌芳菲莺自啭，万家车马雨初晴。
客中下第逢今日，愁里看花厌此生。
春色来年谁是主，不堪憔悴更无成。

拙译：

在政治清明的当下，于天子脚下迎来了清明节，我也再次随着都城里出来游山玩水的人走出了京城。都城九条大道的路旁，春草芳菲，黄鹂鸟自在地婉转鸣叫。此时，雨已停，天欲晴，千家万户的车马涌出京城。今年科举我又落榜了，在归途中却赶上如此美好的天气，忧愁之中看到了如此美丽的鲜花，更加让人厌恶屡屡落榜的人生。来年又会是谁能高中榜首，成为独占此等春光的主人公呢？我已不堪憔悴，怕来年又是以失败告终吧。

作者顾非熊(797—854)，南朝顾野王之末裔，中唐著名诗人顾况之子，润州丹徒(江苏省镇江市)人。作为连续30年的科举落榜者，他声名远扬。他的诗集中留有诸多关于落榜的诗，也有来自朋友的安慰的诗。

唐代科举的殿试是在首都长安举行的，安史之乱后，在陪都

* 该诗文本出自《古今岁时杂咏》卷14。诗人的籍贯、生卒年等引自马荣娟《顾非熊及其诗歌研究》(河北大学，中国古代文学硕士论文，2012年)。

洛阳也举行了十余年，到作者生活的时代，就只在长安举行了。考试日期和放榜日期常年不固定。中村裕一在《中国古代的年中行事》一书中，列举了十余条记载着科举考试日期、放榜日期的资料。看一下日期，如果除去让人觉得例外的正月的日子，那就如中村氏所言，“基本上是二月份实施，但有时也会在三月份实施”①。而如果把这些看来不规律的旧历日期，用太阳历的二十四节气重新梳理的话，就会出现一个惯例性的东西。那就是，按照通例不管多早，也不会在惊蛰前举行考试，但是会在春分节气结束前实施。于是，张榜公示早的情况有时在惊蛰节气期间，但是多在春分至清明期间，再晚也不会推迟到谷雨公布。所以，如这首诗所写，春分期间张榜公示，作者落榜了，清明节随之而来，这种情况一般来说是很有可能的。

第四句描绘了春分至清明期间，冬春交替，气候还不稳定的景象。该时期也包括春分在内，风雨会周期性地袭来，甚至有时会降雪、下霜，雨量也会增多，总而言之，天气比什么都善变。前天夜间还是恶劣天气，到了早晨已是适合出游的好天气，这种情况时有发生。所谓的“雨初晴”，在这首诗中或许也有点出人意料的意思吧。

---

① 清代的徐松在《登科记考·凡例》中写道：“其应举者，乡贡进士例于十月二十五日集户部……正月乃就礼部试。试三场……每一场已，即榜去留。通于二月放榜，四月送吏部。”（徐松《登科记考》上册，孟二冬补正，北京燕山出版社，2003年）即正月考试，二月放榜。吴宗国《唐代科举制度研究》（辽宁大学出版社，1997年）中说放榜一般在二月，也有早到正月，晚到三月的。但不论在哪一个月，都没有固定的日期（第61页），而明经、进士的考试一般在正月（第51页）。只是对正月、二月之说，二人的说法都缺乏准确性。中村裕一举出的十余条更为明了清晰（《中国古代的年中行事·春册》“贡举考试的实施时间”，第408—414页）。

第二、四句，描绘了都城中人驾着马车到郊外赏花的场景。唐代时，不生火而吃冷凉食物的三天寒食节，加上与之相连的清明节，共有四天假期，后来延长至七天。[①] 不仅官僚阶层，下等阶层也可以休假三天。[②] 所以说“万家车马”那是夸张的修辞手法，但是在当时据说有百万人口的都城长安，这种实况应该得到了充分展示。清明原本不过是二十四节气之一，唐代将其升格为节日。进而，在三月三日上巳节一天假期后相继到来的清明节休假期间，进行原本属于寒食节的扫墓活动，或是进行上巳节的踏青即到郊外赏花游玩的活动，于是上巳节、寒食节、清明节三个节日的活动混在一起举行了。[③]

如果寒食节、清明节七天连休，再加上上巳节，就可以达到八天时间的连休。以作者生活的时代来说的话，大和四年（830）

---

① 详见《中国古代的年中行事·春册》“寒食节、清明节的休假”（第558—563页）。其中有几份显示七天假期的资料，这里先举出三例。一是圆仁的《入唐求法巡礼行记》卷四，“会昌五年”中写道：“寒食。从前已来，准式赐七日假。”（深谷宪一译，中公文库，中央公论社，1990年）。二是宋代的《册府元龟》卷六十“帝王部·立制度一”中写道，（大历）“十三年，诏自今已后，寒食通清明，休假五日”；而在（贞元）“六年”中有“三月丙午（九日）加寒食假宁七日”，将原本五天的假期，增至七天（周勋初等校订，凤凰出版社，2006年）。另外，宋代王楙在《野客丛书》卷十六“大节七日假”中写道：“国家官私以冬至、元正、寒食三大节为七日假，谓前三后四之说，仆考之，其来尚矣。”（王云五主编《丛书集成初编》第305册，商务印书馆，1939年）

② 《中国古代的年中行事·春册》“官户、官奴婢的寒食节休假”（第561—562页）。

③ 关于唐代上巳节休假一日和踏青寒食节扫墓分别参考《中国古代的年中行事·春册》“上巳节休假”（第643页），“上巳节的活动·1. 踏青”（第646—647页），“寒食节扫墓与寺观参拜”“寒食节扫墓的纸钱”（第590—603页）。

另外，张丑平在其博士论文中指出，到了宋代，上巳节就没有唐代那么盛行了。宋代以后，上巳节的内容被清明节所取代。张丑平《上巳、寒食、清明节日民俗与文学研究》（南京师范大学，文学院中国古代文学博士论文，2006年）。

和会昌五年(841)，清明是三月七日到来。这种情况，考虑把清明前后三天视为休假的办法，清明节是三月四日至十日，加上清明前一天三月三日的上巳节，就是连休八天。如下所示①：

① 清明前后三日之说。宋代王溥《唐会要》卷八十二《休假》中有："二十四年二月十一日敕。寒食清明。四日为假。至大历十三年二月十五日敕。自今已后。寒食通清明休假五日。至贞元六年三月九日敕。寒食清明。宜准元日节。前后各给三日。"(《历代会要丛书》，上海古籍出版社，1991年)此种情况下的"前后"应为清明前后。张勃在其博士论文中对此观点进行了详细论证，详见《唐代节日研究》第二章"新兴节日研究"和第三章"清明作为独立节日的兴起"(山东大学，中国古代史博士论文，2007年)。他认为清明在作为节日的演变过程中，假期天数也增加了。我也赞成他这一观点。寒食节的三天假期中，第一天、第二天、第三天一直都有单独的、固定不变的名称。因此，假期延长到七天时，只得认为是增加了清明节的假期，即"历来的寒食节三天假期+增加的清明节四天假期"。由这一结果来看，换言之就是"以清明为中心，前后休假三天"。这种情况下的连休模式是休假+寒食+休假+清明+休假+休假+休假。

另外，南宋陈元靓《岁时广记》(十万卷楼丛书本)卷十五《寒食上》"百四日"援引《岁时杂记》写道："《岁时杂记》引'假宁格'：清明前二日为寒食节。前后各三日，凡假七日。"其中的"前后"既可以解读为"寒食节中间日的前后各三日"，又可以理解为"清明前后各三日"。前者情况下的连休模式是休假+休假+休假+寒食+休假+清明+休假。但是，基于上述主旨，这份材料也按照后者的情况，即清明前后各三日来理解。

此外，还有一种情况就是上巳节接连在寒食和清明之后。此种情况下，二月是小月(a)还是大月(b)，日期相差一天。作者在其生活的时代并未遇上此种情况。

(a)

二月二十五日	二月二十六日	二月二十七日	二月二十八日	二月二十九日	三月一日	三月二日	三月三日
休假	寒食	休假	清明	休假	休假	休假	上巳

(b)

二月二十六日	二月二十七日	二月二十八日	二月二十九日	二月三十日	三月一日	三月二日	三月三日
休假	寒食	休假	清明	休假	休假	休假	上巳

三月三日	四日	五日	六日	七日	八日	九日	十日
上巳	休假	休假	休假	清明	休假	休假	休假

哪怕上巳节不是和寒食节、清明节连在一起，而是重合了，或是间隔几天，该时期的祝祭气氛仍会非常高涨吧。由此可见，清明节前后是春祭气氛非常浓厚的时期。在这样生气勃勃的时节，作者又落榜了。周围越是喧嚣热闹，越是凸显自己的悲惨境地，作者此刻处于绝望边缘，甚至丧失了活到明年参加考试的自信。恋爱诗中，歌咏失恋的悲哀比歌唱恋爱成功的喜悦更让人感动。同样，虽有因歌咏中举而成为名诗的，但是表达因落榜而叹息的诗句能引起更多人的共鸣。

意外的是，在多次落榜期间，作者的名气反而上升了。据说作者的名字没有出现在皇榜上，皇帝对此非常惊讶，于是着令追加其及第，重新放榜。但是，顾非熊因参加科举考试已经耗去人生的大半光阴，即使中举也无法工作几年了，最终辞去了来之不易的官职，选择了隐逸。或许是他无法忍耐枯燥乏味的杂务及征缴税收的工作。没有通过人生最初的关卡，且多次受挫，依然坚持参加科举考试，反而让他青史留名，这不得不说是一种讽刺。连续的受挫才是作者人生的真实状况，其中反映了他的生活、感情、文学。

参考　唐宋时期清明和寒食节的时间关系

在此仅就唐宋时期进行论述。寒食（此处取三天寒食节的正当中的那一天之意，即寒食节次日）实际上有两种情况，一是在清明前夕(即春分节气的最后一天)到来，二是在清明前两天到来。前者的话，三天寒食节的最后一天就与清明节重合。但是，不管如何，清明前后各三天的连休模式不发生变化。下面通过可以确定寒食节是何年何月何日的资料，看一下具体的日期。除了大家所熟知的圆仁《入唐求法巡礼行记》①中的三例外，我另外加了宋代的两例。

首先给出结论的话，那就是三天寒食节的次日不会和清明重合，即寒食节次日必定在春分节气内②，春分节气的最后一天或倒数第二天为寒食节的中日。换言之，寒食节次日可能是清明的前两天，或前一天。同义反复，寒食节的最后一天，既有与清明重合的年份，也有不重合的年份。③

其次，关于寒食在冬至后何时到来的天数问题。古文献中有各种说法，如"冬至后，一百四日"，"去冬节，一百五日"，"去

---

① 深谷宪一译，中公文库，中央公论社，1990年。

② 明代张萱在1608年刊《疑耀》卷五"寒食"中阐述道："今寒食，准节气是仲春之末。清明是三月之初。"(王云五主编《丛书集成初编》第341册，商务印书馆，1939年)张萱这里所说的仲春、三月等，是太阳历的节月，而非阴阳历的节月。即仲春之末是"二月中"的春分末日，三月之初是"三月节"的清明入节。他认为在实际的阴阳历中，寒食节也会在三月份到来。但是，清明和寒食(寒食节的中日)绝对不会重合。因为万一重合的话，就会导致春分节气的最后一天和清明节的初日重合，这是不可能的。

③ 南宋吴自牧的《梦粱录》卷二"清明节"中写道："寒食第三日，即清明节。"(《文渊阁四库全书》，第590册)另外，张丑平说"在唐宋时期寒食节的第三天也是清明节，二节紧紧相连"，"唐代清明节和寒食节是连在一起的，寒食最后一日即清明"等。《上巳、寒食、清明节日民俗与文学研究》第一章第二节"寒食节的演变"(南京师范大学，中国古代文学博士学位论文，2006年)。但是，文中列举的五个例子中只有(1)符合寒食节的最后一天(第三天)是清明的观点。(2)至(5)四例中，寒食节的最后一天都不与清明重合。所以，这两位的观点都不太充分，只能解释部分情况。

冬至，一百六日”，“冬至后，一百六日”等。实际上如下所示，也有冬至后一百零七天的情况。

而且，该数字的数法，从语言层面上讲，这一天数可能包括冬至，也可能不包括。可含寒食日，也可不含。取寒食节的首日，还是次日？将这些两两组合的话，可以得出多种可能性。而且由此也会导致数值的变化。这里展示的是包含冬至日的数法，以此计算从冬至日到寒食次日的天数。或许这种数法最具稳妥性。

(1)关于《入唐求法巡礼行记》“开成四年二月”的“十四、十五、十六，次三日是寒食节”

天数	日期	节气	假期	备注
第1天	十一月二十七日	冬至		
第104天	二月十二日			
第105天	二月十三日		休假	
第106天	二月十四日	寒食节休假	休假	
第107天	二月十五日	寒食节次日	休假	107天=(16天×2)+(15天×5)
第108天	二月十六日	寒食节休假	清明休假	
第109天	二月十七日		休假	
第110天	二月十八日		休假	
第111天	二月十九日		休假	

开成四年(839)的清明是二月十六日，从冬至到寒食节次日是107天。在这一年的冬至和雨水节气期间置入了没日，所以有两个16天的气节，五个15天的节气，于是(16×2)+(15×5)=107。如下图所示：

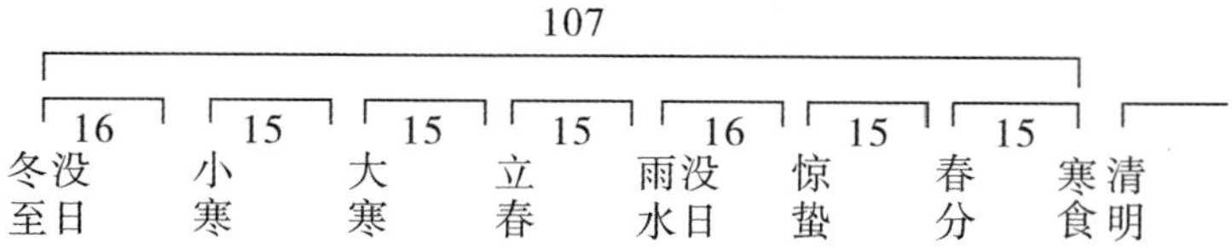

像这样使用节月的思考方法，就很容易理解为何有冬至后第105天、106天的说法了。在圆仁的日记中写有“十四、十五、十六日”是寒食日，所以二月十五日就是寒食节的次日。寒食节的次日是清明的前一天，清明就与寒食节的最后一天重合了。

(2)关于《入唐求法巡礼行记》“开成五年二月”的“廿三日，寒食节，三日断火”

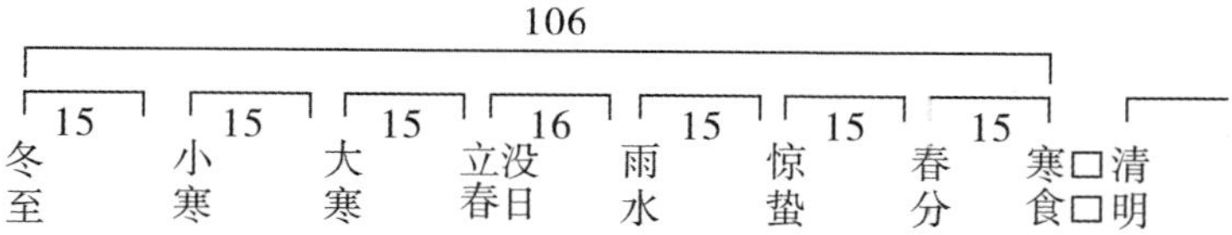

天数	日期	节气	假期	备注
第001天	十一月九日	冬至		
第101天	二月二十日			
第102天	二月二十一日			
第103天	二月二十二日			
第104天	二月二十三日	寒食节中日	休假	106天=(16天×1节气)+(15天×6节气)
第105天	二月二十四日	寒食节休假	休假	
第106天	二月二十五日	寒食节休假	休假	
第107天	二月二十六日		清明休假	
第108天	二月二十七日		休假	
第109天	二月二十八日		休假	
第110天	二月二十九日		休假	

开成五年(840)的清明是二月二十六日，冬至到寒食节的次日只有105天。这一年的没日在立春节气内，寒食节没有和清明重合。把圆仁日记中的“廿三日”视为寒食节的初日，最合理的解释是“从二十三日开始为寒食节，从这一天开始断火三天”。如果这样的话，接下来的两天为寒食节休假，寒食节的次日就是二月二十四日，即清明的前两天。

(3)关于《入唐求法巡礼行记》“会昌二年二月”的“十七日，寒食节。前后一日，都三日假，家家拜墓。十九日，清明节”

天数	日期	节气	假期	备注
第1天	十一月一日	冬至		
第103天	二月十四日			
第104天	二月十五日			
第105天	二月十六日	寒食节休假	休假	
第106天	二月十七日	寒食节次日	休假	
第107天	二月十八日	寒食节休假	休假	107天=(16天×2)+(15天×5)
第108天	二月十九日	清明	休假	
第109天	二月二十日		休假	
第110天	二月二十一日		休假	
第111天	二月二十二日		休假	

会昌二年(842)的清明是二月十九日，从冬至到寒食节的次日是106天。这一年的没日出现在小寒和春分节气(节气的图示省去，下同)。这种情况下，清明和寒食节不重合，清明节的前

两天为寒食节的次日。寒食节大家都去扫墓。由于寒食节没有传入日本，所以对于圆仁而言也是较为鲜见的，或许因此才留下了详细情况的记录。

(4)关于宋代韩琦(1008—1075)的“庚戌二月十六日，寒食，会雅集堂”(《全宋诗》第6册卷331，第4076页)

天数	日期	节气	假期	备注
第1天	十一月一日	冬至		
第103天	二月十四日			
第104天	二月十五日	寒食节休假	休假	
第105天	二月十六日	寒食节次日	休假	
第106天	二月十七日	寒食节休假	休假	106天=(16天×1)+(15天×6)
第107天	二月十八日	清明	休假	
第108天	二月十九日		休假	
第109天	二月二十日		休假	
第110天	二月二十一日		休假	

此庚戌年(1070)的清明是二月十八日，从冬至到寒食节的次日是105天。这一年的没日出现在大寒节气。这首诗的首联“百五嘉辰此命筵，中分春色极芳研”，是说寒食节的次日是从冬至算起的第105天。诗题中的“二月十六日，寒食”，指的是寒食的次日，这也很好地契合了寒食节三天休假和清明节前后三天休假的说法。

(5)关于宋末元初陆文圭(1252—1336)的“庚午三月初九日，寒食，有感”诗(《全宋诗》第71册卷3711，第44583页)

天数	日期	节气	假期	备注
第 1 天	十一月二十三日	冬至		
第 104 天	三月七日			
第 105 天	三月八日	寒食节休假	休假	
第 106 天	三月九日	寒食节次日	休假	
第 107 天	三月十日	寒食节休假	休假	107 天 =(16 天×2)+(15 天×5)
第 108 天	三月十一日	清明	休假	
第 109 天	三月十二日		休假	
第 110 天	三月十三日		休假	
第 111 天	三月十四日		休假	

此庚午年(1330)的清明是三月十一日，从冬至到寒食节的次日是 106 天。这一年的没日出现在冬至和雨水节气。诗题中所说的“三月初九寒食”，一般认为指的是寒食节的次日，这样的话，寒食节在清明节的前两天到来，韩琦和陆文圭的情况比较相似。

清　明*

〔南宋〕虞俦

江南三月暮春天，上巳清明五日前。

红杏园林初过雨，绿杨庭院欲生烟。

---

* 该诗文本出自《全宋诗》第 46 册卷 2462。传记等参考了钟振振《虞俦小传补记》[《南京师范大学学报(社会科学版)》2009 年第 1 期]、韩立平《南宋三诗人生年考》(《文学遗产》2009 年第 5 期)、姚婷婷《虞俦及其诗歌研究》(安徽大学，中国古代文学，硕士论文，2016 年)第一章第二节“生平仕履”等。

无花无酒伤今日，宜麦宜蚕胜去年。
却怪山中时候早，树林深处有鸣蝉。

拙译：

旧历三月暮春时节的江南，天清气朗，阳光辉耀。三月三日上巳节已在今年清明的五天前早早到来了。果园里的红杏花刚刚经历了降雨，庭院里碧绿的杨柳周围像是要升起薄薄的烟雾。虽然我伤感地度过了今天这么一个无花无酒的连休节日，但是今年的气候远比去年更适宜种植小麦，也适宜养蚕。山里应该比平地寒冷，但是在树林深处已听到了蝉鸣声，我对此感到奇怪，难道是夏天提前到来了吗？

作者虞俦，南宋宁国(安徽省宁国市)人，官至兵部侍郎。最新研究成果认为：虞俦生于南宋绍兴七年(1137)或绍兴十年(1140)前后，卒于嘉泰三年(1203)前后。尊崇唐代诗人白居易，甚至将自己的作品集命名为《尊白唐集》，其诗歌以平明、流畅、自然见长。这首诗确有这样的风格。

作者在首联中写道，三月三日上巳节在清明节的前五天到来。也就是说，这一年的清明节是三月八日。由此可以判断这一年的上巳节是提前还是延迟了。下面从今天定气法的观点，结合大致的数据分析一下。

清明时，太阳黄经是 15 度，转换成地球公转轨道的话，是地球绕公转轨道旋转 15 度的时间点。这个时间点是旧历三月八日，所以三月三日的太阳黄经，是大约 5 度(五日分)之前的黄经 10 度。也就是说，春分开始约 10 天后就到上巳节了。地球绕太阳旋转，旋转一年 360 度用时 365 天，所以可以理解为一天大概旋转 1 度。

上巳节最晚的情况是，二月十六日为清明节的年份，就作者生活的时代而言，如绍兴二十四年(1154)等，到三月三日最多有 17 天(二月为大月)，此时的太阳黄经是 15 度+17 度，即 32 度。也就是说，从春分起过一个多月，才到上巳节。

相反，上巳节最早到来的情况是三月十五日为清明节的年份，如绍兴十三年(1143)等。三月三日是清明前的第十二天，太阳黄经是 15 度-12 度=3 度。也就是说，春分后仅三天就到上巳节了。

如此，以太阳历的春分点为基准运行阴阳历，在相对最早和最晚的情况进行分析的话，可以很好地理解古人在历法中所说提早或推迟的季节感。三月八日清明到来的这一年，春分日 10 天后就到了上巳节，所以从季节上讲，就是提前了。作者对此或许有些惊讶吧。①

另外，可以由此剖析该诗的创作时期。作者一生中有三次三

---

① 用 *Stella Navigator* 11 验证一下上述情况。地点设定为南宋首都杭州(北纬 30 度，东经 120 度)，太阳南中时的黄经如下所示：

绍兴十三年(1143)三月十五日清明时，该年三月三日为上巳节，黄经 5 度，新历 3 月 27 日。

绍兴二十四年(1154)二月十六日清明时，该年三月三日为上巳节，黄经 33 度，新历 4 月 24 日。

绍熙五年(1194)三月八日清明时，该年三月三日为上巳节，黄经 12 度，新历 4 月 2 日。

南宋的节气日期是根据平气法设定的，而黄经是用定气法表示的，所以会有一两度(一两天)的偏差。而且，把旧历三月三日转换成新历的话，最早是 3 月 27 日，最晚是 4 月 24 日，这首诗中是 4 月 2 日。当然，这种方法比较简洁。但是，为了更直观地或量化地理解旧历中的这个节日在节气的推移中是提前了还是推迟了，还是参考一下以春分点为起点的太阳历时间比较好。

月八日为清明的年份，即绍兴七年(1137)、淳熙二年(1175)和绍熙五年(1194)。最早的绍兴七年可以排除，因为即使按出生最早的说法来推算，作者那时至多才4岁。余下两次分别是淳熙二年，作者39—41岁左右；绍熙五年，作者52—55岁左右。

清明节三月八日时，此前的三月七日或三月六日就是寒食节(的次日)。不管哪种情况，如前所述，清明前后三天休假，所以这一年的寒食节、清明节的休假应该是三月五日至十一日。这样的话，假期前两天的三月三日是休假一天的上巳节，虽然不会连休八天，但是会有八天时间的间隔连休。如下：

三月三日	上巳节	休假
三月四日		平日
三月五日		休假
三月六日		休假
三月七日		休假
三月八日	清明节	休假
三月九日		休假
三月十日		休假
三月十一日		休假

然而，作者在百花怒放的清明节大型连休期间，度过了悲伤的一天，而且无花无酒，这是不是有点奇怪呢？查看作者的传记，在他40来岁时，也没有关于此种情况的详细记载。

作者50至55岁时的情况如何呢？实际上，绍熙五年三月的一年半之前，即绍熙三年(1192)九月，他最爱的母亲去世了。时任两浙东路提点刑狱公事的虞俦立即辞职，回家服丧，大约三年服丧期满，绍熙五年官复原职。换言之，绍熙五年三月的清明节休假期间，作者刚好在服丧。原本就很孝顺的虞俦，回顾当时，在题为《余居太夫人忧三年泪枯老眼既除丧颇理故书似》的诗中写下“三年涕泪剧悬河”。或许在这期间他写下了“无花无酒伤今日”的诗句。

第七句所说的“山中”指的是远离繁华的都市回到乡下的老家吧。虽说是清明时节，初夏的蝉却已开始鸣叫，所以这里的确是季节提前了。① 但是，开始让作者觉得时间快进的，怕是服丧即将期满吧。母亲去世以来，作者一直沉浸在悲伤之中，感觉世界如同完全停止了一般。即便心情如此，季节的变化仍未停歇，毫不顾及“我”的感受。

作者的悲伤完全被象征盛春的语言掩埋在心里，在这首诗中，如江南、三月、暮春、清明、红杏、过雨、绿杨、生烟、麦、蚕、蝉等外部环境，都辉耀着清明时节的明媚春光。与作者的心情相反，外面的世界是如此清新明亮。相信不久，作者走出悲伤时，一定会填平他与美好季节的自然之间的沟壑吧。

谷雨 4b

谷雨时节，雨量增多，滋润着山野的青叶及麦子等谷物，大

---

① 一般而言，与平原相比，山中的气温要低一些，因为海拔高度越高，气温越低。但是，这里相反，据说比平原气温高。关于这一点，或许可以考虑气象学中所说的气温的“逆转层”出现的可能性。

地春光灿烂。

太阳位于黄经 30 度。地球在围绕太阳旋转的公转轨道上，位于距离春分 30 度、冬至 120 度的地方，每天向前推进 1 度，约两个月移动 60 度到夏至。

公历日期是 4 月 20 日前后。另外，也指从此时至 5 月 4、5 日的半个月期间。在至明代为止的旧历(平气法)中，谷雨日可以是三月一日至三月三十日之间的某一天。二月、四月及闰月时不会有谷雨日到来。

节月为三月中。

步至九峰寺 *

〔明〕沈守正

谷雨相催物物新，散行时让汲泉人。
共听牧子吹芦管，一任松花打角巾。
有竹有藤将废寺，好风好日半闲身。
安能移榻溪流上，怪石高梧作比邻。

拙译：

谷雨节气，在降雨的催促下，万物都发生了新的变化。我散步前去九峰寺，路逢前来汲水之人，不时为他们让行。我们一起侧耳倾听牧童吹奏的芦管声，任凭马尾松的花蕊飘落在头巾上。

---

* 该诗文本出自《雪堂集》卷二(《四库全书毁禁丛刊》第 70 册，北京出版社，1998 年)。

院内有古老的竹子与树藤，还有这即将废弃的寺院。然而，这里却是风和日丽，我能在此有难得半日的安宁。若是能移榻到暖溪之上，与这些奇形怪状的石头、高大的梧桐为邻，该多好啊！

作者沈守正(1572—1623)，明末钱塘(浙江省杭州市)人。30岁时通过了科举乡试，考中举人。但是，在此后的进士科考试中，他是落榜了还是就没有参加考试，未为人知。晚年曾任都察院司务。近年来，通过明万历四十三年(1615)出版的《诗经说通》，他才作为明代的诗经学家开始受到关注。《诗经》此前一直被当作圣人的经典来解读，沈守正从文学艺术的角度对其进行重新解读，使其在明代新的《诗经》解读史中发挥了重大作用。①

这首诗是作者在谷雨时节参访九峰寺②时创作的。他似乎非常喜欢这里，在台州时至少有四首诗描写了这座寺院。由诗题可知，作者是步行至九峰寺的，而在另外几首诗中，也有乘坐轿子前往的。古时，士大夫阶层一般都是骑马或驴，要么乘车、坐轿子出行。谷雨时节按公历讲是 4 月下旬，如诗中所写，是“好风好日”的好天气，作者觉得步行前往绝对非常舒适。

早已过了立春，进入晚春后半期、立夏前夕。山川田野一改

① 详见李淑清《关于沈守正〈诗经说通〉的诗学考量》(《绵阳师范学院学报》，2012年第 7 期)。

② 全国名为九峰寺的寺院不少。沈守正去世百余年后，由清代沈翼机编撰的《(敕修)浙江通志》卷 231(《文渊阁四库全书》第 525 册)中，也提到了位于台州的九峰寺，在讲述与该寺由来有关的诗时，介绍了沈守正的这首诗。从此可知这座九峰寺就是位于台州的寺院。此寺建造于宋代，曾遭焚烧重建。虽然明代修缮过，但如本文所述，到作者的时代已相当衰败了。

寒冬肃杀的景象，大地换上了绿油油的新装。第一句中的“物物新”用来描述谷雨节气再合适不过。第二句写有人来到这样的地方汲取泉水，当然，这不是为了取生活用水。谷雨时节也是开始采茶的时期。在九峰山所在的台州地区，有佛教名山天台山，自古就是著名的产茶地。相传日本平安时代的留学僧最澄在传播天台宗教义的同时，也把茶叶带到了日本。据茶圣陆羽讲，天台山中的泉水最适宜沏茶。对饮茶如此讲究的人，肯定是风雅之士。或者当时经常饮茶的人多在寺院中，所以汲水人有可能是九峰寺的僧人。不管如何，且与作者一起，欣赏牧童吹奏的笛子吧。作者想要展现给我们的就是这样的山中境地。

谷雨也是农事繁忙时期。这时或已开始早稻育苗，有的地方已经开始种田，到了耕牛大显身手的时候。第三句描绘的肯定是这样一幅画面：一位少年骑在水牛宽阔的背上，吹奏着芦笛。这样的构图模式是从何时开始确立的呢？大概从唐代开始出现，到宋代时得到确立，但是没有确凿的证据。

第四句，作者在拜访寺院时，头上戴的是角巾。古代中国，有官职在身的人佩戴的是冠。作者今天不上班，当然没有必要佩戴冠帽。这里作者提到了隐者佩戴的角巾，更蕴含着隐遁的气息，而且在此任由松花或马尾松花瓣飘落在头巾上，没有丝毫避让的想法。遇到前来汲水的人，也不与之争道，而是不时礼让。无为自然的人生态度，也可以说是隐者的处世态度在此得到了很好的体现。

寺院已完全荒废，竹子、树藤生长繁茂。作者在别的诗中也多次描写了这座古老的寺院，以及高大的松树、修长的竹子、古老的藤树等，因此，这些情景不是作者空想出来的，而是如实描绘了寺院中的景象。拥有豪华的伽蓝和众多的参拜者的寺院也很好，只是作者更加喜欢这如同废弃的寺院罢了。原本寺院就与隐遁关系密切，对于无法完全隐逸的士大夫而言，没有庸俗气息的寺院是充满隐遁气氛的空间。在让俗尘缠身的官僚士大夫们获得精神平衡方面，这些寺院发挥了重要作用。

因此，如该诗结句所言，在难得休息的今日，更重要的是相伴的并非事关利害得失的朋友，而是毫无装饰、不与世俗同流、永恒不变的石头，以及凤凰驻足的高洁的梧桐，作者就想与它们为邻吧。

参考　陆游的“谷雨”诗

南宋嘉泰元年(1201)，陆游时年77岁，归隐故里山阴(浙江省绍兴市)，八年后去世。陆游的诗是按照立夏、大暑、白露节气创作的，详细情况暂且不表，不过，钱仲联的《剑南诗稿校注》大致是按照创作时间顺序收录的。由此可知，陆游在这一年的立春到立夏前的春季3个月内创作了60首诗。接下来，从诗题的日期、编排位置，介绍一下被认为创作于谷雨15天内的诗，进而探讨一下其中存在的问题。方头括号【】内的日期为旧历日期，圆括号()内的日期为公历日期。

【三月十一日】谷雨(1201年4月22日)

这一天进入了谷雨节气。

【三月十四日】谷雨初候第四天(1201年4月25日)

该日，陆游创作了一首题为《甲子日晴》的诗。干支为60天一循环，而这一时期出现的甲子日，只有晚春的这一天。此前的甲子日是一月十三日雨水节气，其后的甲子日是五月十五日夏至节气。

甲子日晴 *

泽国春多雨，阅月殊未止。
皇天俄悔祸，畀以晴甲子。
山川相炳焕，桑柘郁千里。
垄麦行可获，吴蚕亦三起。

诗的大意为这里是水泽之地，春季多雨，尤其是今年，从上个月开始就持续降雨。但是，老天爷好像反省了，在甲子日这天放晴。雨一停，阳光下山川辉映，桑树郁郁葱葱，绵延千里。麦子也眼看就能收割了，家乡吴国的蚕刚刚从第三次的蚕眠中苏醒过来。

《剑南诗稿校注》中，在这首诗之前有一首题为《晚春长雨续晴郁》的诗。《甲子日晴》放在其后，很好地契合了雨后放晴的状况。或许陆游最初的诗集就是这样编排的吧。

春晚久雨排闷

积雨暗村墟，幽居杂蛙蚓。
泥潦欲升阶，几席或生菌。
……

诗的大意是由于阴雨连绵，即使是白天，村落里依然显得很昏暗，幽静的住处非常潮湿，杂居着青蛙和蚯蚓。泥水快积到台

---

* 此节摘录的诗和创作年代均出自《剑南诗稿校注》卷四十五。

阶的地方了，几和席等都发霉了。

蛙鸣和蚯蚓爬出地面分别是七十二候中立夏的初候和次候，后来成了“蝼蛄鸣”“蚯蚓出”，先前的《礼记》《吕氏春秋》《淮南子》都将两者安排在了“孟春之月”的初候中。但是作者在这里只是想强调与生活在潮湿地面的动物们杂居的景象，以及陋室的潮湿，不是要表明季节。一般而言，青蛙出现在描述春季的诗歌中的情况多于夏季，所以可以将青蛙视为代表春天的小动物。因此，时节未必是谷雨，清明、春分等更早的节气也可以出现，但诗题中有“春晚”，而谷雨是节月，是季春三月最后的节气。

【三月十六日】谷雨次候[①](1201 年 4 月 27 日)

该日创作了《三月十六日，至柯桥，迎子布东还二首》。该诗的创作日期是谷雨后的第六天，但是该诗中未见与季节有关的表达。

【三月二十日】谷雨次候第五天(1201 年 5 月 1 日)

该日创作了题为《三月二十日，儿辈出谒，孤坐北窗》的两首连诗。但是，该诗描述的不是晚春的景象而是初夏的。

三月二十日，儿辈出谒，孤坐北窗

园林春已空，陂港雨新足。
泥深黄犊健，桑老紫葚熟。
……

诗的大意是园中树木的花朵已经凋谢，春天的景色已消失。

---

① 该年的谷雨节气为 15 天，没有置入没日，因此三候的日期是以 15 天三等分表示的。

水池中、小河里已涨满了水，老黄牛在满是泥泞的田里奋力耕耘，桑叶已老，桑葚也熟了。

桑葚成熟是在初夏，一般是小满到芒种期间。此期间，水田涨满了水，耕牛开始耕地。诗题中的北窗，一般也多出现在初夏以后的诗歌中。如第二首中写道：

岁月不相贷，布谷忽已鸣。
新夏亦自佳，北窗绿阴成。
……

岁月不待，不经意间布谷鸟已开始鸣叫，又一年的夏天到来了，北窗外已是绿树成荫。布谷指的是布谷鸟，它告知人们夏天来了，要种田了。

由以上可见，这两首连诗中描述的季节不是晚春而是初夏。也就是说，把这两首诗编排在嘉泰元年是有问题的。查看一下三月二十日是初夏的年份就一目了然了。这样的年份发生在何时呢？结合陆游的生平看的话，存在几种可能性。① 以距离嘉泰元

① 到三月二十日时，已经进入立夏节气，这样的话，查一下三月二十日前进入立夏的年份就可以了。可能性有以下几种：1203 年三月十八日，79 岁；1195 年三月二十日，71 岁；1192 年三月十七日，68 岁；1184 年三月十八日，60 岁；1176 年三月二十日，52 岁；1173 年三月十七日，49 岁；1165 年三月十八日，41 岁；1162 年三月十六日，38 岁；1154 年三月十七日，30 岁；1146 年三月十九日，22 岁；1135 年三月十七日，11 岁；1127 年三月十八日，3 岁。该连诗的第二首中有句“读书老易倦”，作者声明自己已老。一般在古典诗中，年过四十就说自己已老的现象较为常见。所以，可以排除上述 40 岁之前的情况。另外，在第一首诗的结尾写道：“微风吹醉醒，起和饭牛曲”。可以把“饭牛”理解为喂牛的自适生活，比较符合作者 52 岁以后辞官归养乡里的生活情况。这样的话，就极大地缩小了上述可能的范围。

年最近的年份为例看一下，陆游 79 岁时的嘉泰三年(1203)，三月十八日立夏，三月二十日就是立夏的第三天。换言之，从节气的角度看，《剑南诗稿校注》的诗歌编排尚有不足之处。

【三月二十四日】谷雨末候第四天(1201 年 5 月 5 日)

该日陆游创作了一首题为《立夏前二日作》的诗。这一年的立夏是三月二十六日，所以前两日是二十四日。

立夏前二日作

晨起披衣出草堂，轩窗已自喜微凉。
余春只有二三日，烂醉恨无千百场。
芳草自随征路远，游丝不及客愁长。
残红一片无寻处，分付年华与蜜房。

早晨起床后，披上衣服走出草堂，可喜的是在窗边尚能感受到些许凉意。春天仅剩两三天了，遗憾的是没有在花下烂醉千百场……

另外，陆游在这首诗之前还创作了一首《春尽，记可喜数事》。

春尽，记可喜数事

微雨洗浮埃，苍颜一笑开。
僧招行药圃，儿报得琴材。
病退初尝酒，春残已过灾。
邻家赛神会，自喜亦能来。

【三月二十六日】立夏初候(1201 年 5 月 7 日)

该日春季结束，进入了夏天。

以上探讨了编排于宋嘉泰元年谷雨时期的几首诗歌。作者展现了谷雨节气雨水充足的景象和表达了对春天结束的惋惜之情。

第二章　夏

第一节　孟夏诗

立夏 5a

立夏节气，白昼时长、太阳高度等与 8 月初旬的立秋节气相同，夏天的气息开始洋溢。

太阳位于黄经 45 度。地球在围绕太阳旋转的公转轨道上，位于距离春分 45 度、冬至 135 度的地方，每天向前推进 1 度，约一个半月移动 45 度到夏至。

公历日期是 5 月 5、6 日前后。另外，也指从此时至 5 月 20 日的半个月期间。在至明代为止的旧历(平气法)中，立夏日可以是三月十六日至四月十五日之间的某一天。闰月时，可以是闰三月十四日、十五日、十六日中的某一天。

节月为四月节。

立　夏*

〔南宋〕陆游

赤帜插城扉，东君整驾归。
泥新巢燕闹，花尽蜜蜂稀。
槐柳阴初密，帘栊暑尚微。
日斜汤沐罢，熟练试单衣。

拙译：

昨天春神东君已驾车归去，从今日开始夏神赤帝的旌旗将竖立在城门上。燕子热热闹闹地忙于用新泥筑巢，春去夏来花已尽，蜜蜂的身影也少见了。此时槐树和柳树的树荫刚开始变密，向阳的帘栊间还不十分炎热。夕阳西下时，我沐浴完毕，随意地试穿今年新做的夏季单衣。

陆游(1125—1210)，宋代著名诗人，与苏轼齐名。他 3 岁时，国土的北半部分为金国掠去，他一生都坚决主张收复失地，因此被誉为爱国诗人。不幸的是，他在不足 20 年的仕途生涯中，只是一名地方官罢了，主张也终归徒劳。他人生的最后 20 余年，基本上是在老家农村度过的，留下了很多以田园风光为背景的诗歌。这期间，他也曾担任过国史编纂官、秘书监、宝章阁待制等职务。陆游作为诗人名扬天下，也得到过皇帝的赞赏。

* 该诗文本及创作年代出自《剑南诗稿校注》卷六十六。

这首诗是陆游在宋开禧二年(1206)82岁时作于故乡山阴。这一年的三月二十一日进入了立夏节气，该诗有可能创作于该日。

第一句，红色的旗帜插在城门上，是为了迎接掌管夏季的神，即赤帝。据《礼记》等记载，天子在立夏这一天会率领文武百官到都城南部举行仪式。都城是天子居住的地方，是国家的中心，历代王朝都会举行这种仪式，但实际上天子未必会亲自前往，臣子们也可以代劳。另外，为了使中华大地都迎来夏神，必须举行相同的仪式。在国土的南方区域，必须祭祀冠以“南”字的山川。例如，根据唐代的规定，衡州、越州、广州、益州的地方长官要组织仪式分别祭拜南岳衡山、南镇会稽山、南海、南渎江。[①] 可见，当时在各地都会举行相应的祭祀活动。因此人们认为，在立夏日这一天，在陆游的老家山阴县的城门上也竖起了红色的旗子。

第二句，夏神既然来了，春神就不得不离去。任何时候，春神磨磨蹭蹭或匆忙遁去都会带来很大的麻烦。如果春天已过，夏季当来却未来，会出现气候异常，在严重依赖气候的古代社会这是非常严重的情况。夏来春去，这句修辞很简单，实际上并非那么轻松。为使夏季按时到来，古代的中国人会举行什么样的祈愿活动呢？绕黄道旋转的太阳刚好位于春分点到夏至点的正中央位置时开始进入夏季，人们把这一天定为立夏。该日在国都或国土的南方区域，要举行庄重而盛大的迎接夏神的仪式，并把夏天偶像化，称为赤帝，这就是古人的祈愿方式。同样，把太阳在黄道上由夏至点旋转至秋分点的正中央位置时确定为秋季开始的立

① 关于立夏的仪式、习俗等，详见《中国古代的年中行事·夏册》，第160—185页。

秋，要在国都或国土的西边区域迎接白帝。把太阳位于秋分点至冬至点的正中央位置时确定为立冬，此时北边区域要迎接黑帝。太阳位于冬至点到春分点的正中央位置时确定为立春，东边区域要迎接青帝。从天文学角度而言，这就相当于太阳位于黄经45度、黄经135度、黄经225度、黄经315度的时间点，分别间隔90度。每到这些时间点，人们会把迎接四季作为国家层面的活动并举行象征性的仪式，这已有两千多年的历史了。

古人以高级的天文学知识为基础，通过人的感知来把握天文学和气候学，进而确立了具有对称美、秩序井然、体系化的仪式。应该称之为宗教？迷信？抑或科学？恐怕我们不能用源自西欧的近代合理主义的思维体系来理解，应该称之为中国式的概念和思维方式。

通过太阳移动把握四季的推移，并设置了二至二分四立八个节点，如此理解季节的古代民族并不多。凯尔特的八区分法几乎是唯一一个西洋的代表①。古代凯尔特人确立了冬至、夏至、春

① 有关凯尔特的历法主要参考了Wolf-Dieter. Storl《凯尔特的植物：治疗术·植物的魔法·树的历法》，手冢千史、高桥纪子译，岳阳舍，2012年；木村正俊《凯尔特人的历史与文化》，原书房，2012年；木村正俊、松村贤一《凯尔特文化事典》，东京堂出版社，2017年。有关西欧的祭祀活动主要参考了Aveni. Anthony《解开欧洲的节日之谜》，藤贵子译，创元社，2006年；Philippe. Walter《中世的祭祀：传说·神话·起源》，渡边好司、渡边裕美子译，原书房，2007年；植田重雄《欧洲岁时记》，岩波书店，1983年；福岛正纯、福居和彦《图说欧洲岁时记：德国的年中行事》，八坂书房，2016年；Charles. Kightly《英国岁时历》，涩谷勉译，大修馆书店，1995年；Bidault de l'Isle，G《法国文化志事典：祭祀·历法·气象·谚语》，崛田乡弘、野池惠子译，原书房，1996年；八木谷凉子《基督教岁时记：预先了解的教会文化》，讲谈社，2016年；等等。事先声明，该部分的记述，也包含了本人的见解，这样做或许有点操之过急。

分、秋分，在各自的中间点设置了四个区分点，将这些作为季节的分界点，这与中国将四立作为四季起点的设想几乎相同。凯尔特人用纯粹的太阳历确立了冬至、夏至、春分、秋分，但是在各自的区分点确立过程当中，增添了太阴历的要素，即四个区分点必须是月圆之日。因此，即使太阳在黄道上旋转至立夏点时，如果该日是半圆之月，凯尔特人也认为七八天之后才到夏季的区分点。这样添加了月亮要素后，有时会产生至多一个月的偏差。以使用二十四节气的中国人的严谨性来看，古代凯尔特人的季节界限比较含糊。

据说，古代凯尔特人的国家被罗马帝国消灭，在基督教流行之后，其四个区分点就分别成为儒略历及教会历中的2月1日、5月1日、8月1日和11月1日。在凯尔特人的仪式中，2月1日圣烛节是春季的开始，5月1日吉火节是夏季的开始，8月1日秋收节是秋季的开始，11月1日萨温节是冬季的开始。在教会历逐渐完备的过程中，换言之，在基督教不断渗透的过程中，原本是以太阳移动为基础的季节开始的节日，被转换成了基督教圣人们的纪念日。

2月1日成了圣布里奇特节(英国)，2日成了圣母玛利亚的洁净礼日。8月1日成了圣彼得节和英国的收获节。11月1日是万圣节，或此前一天是万圣节，2日是万灵节。只有5月1日在基督教传来之前，就已经开始隆重举行5月节了。节日因选举5月女王和竖立5月柱而闻名，并没有教会历方面的意义。但是，不久5月女王的形象就变成了圣母玛利亚，5月也就相应地成了玛利亚月。

顺便一提，在古代民族以太阳历为基础的节日中，为了传播教义，教会最著名的一个举措就是将冬至这一天(即太阳开始重新升起的日子)，定为耶稣基督的诞生日。以及把为耶稣施行洗礼的使徒约翰的诞生日视为夏至日，把玛利亚获知自己受孕的日子视为春分日。

在基督教深深植根的西欧社会，日常生活中遵循教会历的中世纪的人们，或许并不知道历法背后所具有的太阳历的意义。当时，与农业密切相关的太阳历是非常粗略的，但是，时祷书之类的文献为农业的开展提供了保证。由此可见，古代凯尔特文化中所具有的天文学知识被宗教文化遮蔽了。

与之相比，中国的情况是怎样的呢？在“四立”之日，人们在与四季对应的四个方位，郑重举行迎接具有象征色彩的四季之神的祭祀活动。“四立”之日的确立本身就具备天文学和历学方面的知识，其中所用到的数据都已非常直观地呈现。虽说象征四季的颜色和方向源自直观，但是也有整合性且极富合理性。至少在有关天文学、历学方面，古代中国人的思想绝对闪耀着科学的智慧之光。

第三、四句，此刻正忙于筑巢的燕子和因花期结束而减少出勤的蜜蜂形成对比。第五、六句，槐树和柳树的嫩叶逐渐浓郁，夏天的脚步已近，但站在靠南的窗边感受夏季的炎热尚需时日。总之，作者用逆向矢量构造的对句描述了春天结束，即将步入夏天的初夏时节的景象。立夏时期，天气有时一下子进入夏天，有时又突然退回春天，如此反复，但夏季最终会取得决定性的优势，占据上风。可以说这种逆向、巧妙的对句结构，非常符合春天与夏天相互交织的季节特征。

最后两句是说，作者在这一天进行了沐浴。追溯“汤沐”字义，沐原本是洗头发的意思，所谓“沐浴”的“浴”才是洗澡，此处汤沐和沐浴是相同的意思。但是，即使“浴”也不像今天的日本一样，把脖子以下的身体浸泡在深深的浴桶里，而是站立在一个又大又浅的盥盆里，洗去身上的污垢。当时，人们早晨也进行沐浴。诗中写道，这一天太阳西下时结束沐浴。那么，沐浴应该是下午很晚才开始的。陆游的老家山阴县，大致位于北纬 30 度，东经 120 度（忽略海拔高度），大约 800 年前的这一天的日落时间，按照当时的标准时（地方平时）是傍晚 6 时 40 分左右。日落后不久，金星闪耀在西方天空，接着在其周围出现了小犬座的阿尔法星、猎户座的阿尔法星、御夫座的阿尔法星、双子座的阿尔法星和伽马星。这样一种构图逐渐显现，在北方天空的高处可以看到北斗七星俯下斗柄，呈现横跨东西之势。①

在唐代之前，沐浴还不是日常行为。官僚阶层每月有 10 天的休假，据说该假日原本就是为了沐浴而设的。到宋代沐浴就相当普遍了，不仅大城市出现了公共浴场，寺院里有浴室，甚至有人会在家里安装浴室。据说北宋的黄庭坚在左迁宜州时，每四五天就要沐浴一次。②

陆游的情况如何呢？他在诗文中虽提到过几处沐浴，但情况不详。宋代官僚立夏日休息一天，此恩惠对于归隐乡里的陆游而言，已无意义，不过应该是随时都可以沐浴。但是，陆游特意把

① 根据 *Stella Navigator* 11。

② 详见刘金柱、许启伟《由黄庭坚〈宜州乙酉家乘〉对宋人沐浴观的考察》，《河北大学学报》（哲学社会科学版）2006 年第 6 期。

立夏日沐浴之事写入诗中，肯定还是因为有特殊的意义。而且，他在沐浴之后换上了用新丝织成的夏季单衣。

小满 5b

万物长于此，小得盈满，作物籽粒将满未满，即将饱满，故称小满。

太阳处在黄经 60 度。地球在围绕太阳旋转的公转轨道上，位于距离春分 60 度、冬至 150 度的地方，每天向前推进 1 度，约一个半月移动 30 度到夏至。

公历日期在 5 月 21 日前后。另外，也指从此时至 6 月 4、5 日的半个月期间。在至明代为止的旧历(平气法)中，小满日可以是四月一日至四月三十日之间的某一天，但不会出现在三月、五月及闰月。

节月是四月中。

自桃川至辰州，绝句四十有二，其三十二*

〔宋〕赵蕃

一春多雨夏当悭，今岁还防似去年。
玉历检来知小满，又愁阴久碍蚕眠。

拙译：

今年整个春天雨水都很丰沛，到夏天时老天爷就会吝啬些

* 该诗文本出自《全宋诗》第 49 册卷 2641。

吧①。然而，到了夏天依然阴雨连绵。今年恐怕又要和去年一样，防洪成了迫在眉睫的事。找来皇历一看方知今天为小满节气，担心长时间的阴雨天气会影响蚕的休眠。

赵蕃(1144—1229)，南宋信州(江西省上饶县)人。36岁时首次做官，任小县城泰和县(江西省吉安市)主簿；39岁调任辰州(湖南省沅陵县)司理参军。因与郡守意见相左，43岁离职，结束仕途生涯。之后在长沙待命三年，终于在45岁时得以回归乡里。尽管后来周必大、真德秀、陆游等人多次向朝廷举荐，朝廷亦多次征召，赵蕃均未应召，隐居乡里终老②。

这首诗可能是在作者结束首次官职任期，赴湖南省辰州任职途中，于桃源县一带的船上创作的。如若这样，具体创作时间就是淳熙九年(1182)的小满，即旧历四月十二日(5月23日)。诗题中的桃川，一般认为是流经因桃花源而闻名的桃源县一带的沅江。

---

① 虽季节有少许偏差，但意思相近的谚语中有“小满雨滔滔，芒种似火烧”(江西省)。见《中华气象谚语大观》“节气类·小满”。

② 参阅胡亚军《江西“二泉”事迹著作年谱》，杭州师范大学，中国古典文献学硕士论文，2014年；施常州《南宋诗人赵蕃生平与创作考论》，《南京师范大学学报》2015年第2期。《全宋诗》及胡亚军的硕士论文等，一般认为赵蕃的生卒年是1143—1229年。但是施常州把赵蕃的出生年份下调一年，为1144年，认为《全宋诗》有误。赵蕃的生日是绍兴十三年十二月五日，换算为新历(格里历)的话是1144年1月18日，所以施常州的观点是半对。有必要注意的是施常州所说的1月11日，实际上是按儒略历计算的。在格里历被采用之前，一般历书的换算表是用儒略历表示的。因此，把此前(即明万历十四年九月十八日，儒略历为1582年10月4日)的儒略历日期，换算成格里历来表示，就不会产生误解。明万历十四年九月十九日以后，因一般历书的换算表是用格里历表示的，直接用无妨。

桃川到辰州的直线距离只有大约150公里，要沿着蜿蜒曲折的沅江逆流而上才能到达。作者在第七首绝句中写道“扁舟十日夫何事”，可见乘小船就花费了十余天。在受风向限制无法扬帆时，只能用篙撑船，或由纤夫牵引前行，如作者在第十七首中写道“今朝滩里挽仍撑”。有时也会遭遇浅滩或急流，加上此时雨水多，河道变宽，纤夫深陷水中，道路也变得模糊了，分不清哪里是路哪里是川，作者在第三十八首绝句中写道“江涨皆云牵路漫”。

途中意外和惊险并存，明明是无风无雨的好天气，却突然遭遇急流，让人心生感叹，世间怕再也没有比河流更危险的了，如第三十九首绝句中写道：

安流倏忽起奔湍，非雨非风势使然。
尽道川流能险恶，不知世有险于川。

在拖家带口旅行途中，倾盆大雨突袭而至，雷声轰鸣，嘈嘈杂杂甚至持续了一整天，让人无法静下来教孩子们读书。在第十九首绝句中，作者描绘了此次暴雨的情景：

飞流溅沫瀑争砻，电击雷惊江落洪。
尽日喧喧不能息，诵书妨我课儿童。

在坐船旅行的十余日中，一直有断断续续的强降雨，身处此境地的赵蕃连续创作了42首七言绝句连诗。

现在还只是小满节气，尚未进入梅雨时节。虽然因地域、年份不同，入梅时间差别很大，但是梅雨时节一般是从芒种的后半期左右开始的。[①] 作者这次旅行刚好赶上小满节气。根据旧历，通过观察月亮的形状和升落时间，大致可以推断出今天是几日。至于是哪个节气，即在太阳历中，太阳处于什么位置就不清楚了，需要在历书上进行点校和历注。于是，就有了第四句中“玉历检来知小满”的说法。一般而言，朝廷利用其管辖的天文台观测数据推算出冬至，在此基础上确立二十四节气，再考虑月亮圆缺因素，进而附加二十四节气、七十二候的吉凶等要素，制订出来年的历书。宋代，朝廷将历书交由印历所印刷后，在全国范围内颁布实施。我们有理由相信，赵蕃这样的低级官员手中也有这种历书的印刷品。

诗的结句中提到，阴雨天气如果长时间持续，人们会担心蚕眠。的确，雨水持续，湿度上升，会给养蚕带来不利影响。所谓蚕眠，并非指蚕在睡眠，而是指蚕在为蜕皮做准备，停止进食桑叶的静止状态。中国自古以来就将蚕这种看似进入睡眠状态的休眠称为蚕眠。

4 月初的清明节前后，桑树开始发芽，随着春天进程的推进，桑叶日渐繁茂。蚕从卵中孵化出来后就开始进食。一般情况下蚕要进行四次休眠。蚕是无法维持一定体温的变温动物，受外界气温和湿度的影响很大，在生长周期中，温度与湿度极为重要。蚕在茧中变成蛹时，虽然也是不食不动，接近睡眠状态，但是不能称为蚕眠。

---

① 详见《中国气候》第五章第三节“梅雨”。

该诗中所说的蚕眠到底是指第几次，不得而知。日本江户时代的贞享历(1685年起)把“蚕起食桑”定为小满初候，这意味着蚕由卵孵化为蚁蚕，首次开始进食桑叶。日本如今的养蚕情况是，蚁蚕从孵化开始到6月上旬，即芒种前后，结束第四次蚕眠，开始作茧。由此可以设想该诗中提到的养蚕与日本的情况相同。①

作者在此次旅行中创作的42首绝句中，多处呈现了小满时当地特有的物候现象与季节感，列举如下：

第四十一首描写了大麦变黄的景象。大麦变黄相当于小满末候“麦秋至”。在宋代之前的中国古代历书中，小满末候一直是“小暑至”。这一物候引用了《吕氏春秋》《礼记》《淮南子》中的古老的说法，元代授时历(1281年起)以后，才改为“麦秋至”，日本的历书中也采此说法。② 如下：

> 大麦虽黄草与长，趁春只用野生桑。
> 为生可叹微如是，应坐人稀地力荒。

的确，虽然大麦已变黄，但是麦田荒凉，杂草疯长，与麦齐高。虽说正是蚕开始进食的时期，人们却只能采摘野生桑叶了。桑田完全没有得到管理的状况，让作者叹息民生的力量竟微弱到此种境地，因为人口减少，土地的生产能力减弱了，农田完全荒废了。

---

① 详见财团法人大日本蚕丝会、蚕业技术研究所(鹤井、饭田、常乐、常山)编《养蚕》(《蚕业技术研究》，2010年)。

② 唐代宣明历的七十二候，仅传到了日本和朝鲜半岛，却没有在中国流传下来，其中就有“麦秋至”的说法。日本的历书，由宣明历衍化成贞享历之后，依然采用“麦秋至”的说法。

作者通过该诗描绘了虽然船只航行在被誉为乌托邦的桃源乡附近，但是这里完全是与乌托邦相反的、贫困的农村光景。

第二十五首作者吟咏了梅子与石榴。

摘得青梅江岸边，儿童竞食也堪怜。
山青指问红何样，说是石榴花欲然。

诗的前半部分说这里梅子尚青，孩子们却争先抢食，归根结底还是在描述这里的土地贫瘠。第三十首绝句中写道"细雨冥冥梅欲黄"，是说梅子已变黄，开始成熟了。日本贞享历芒种末候采用的说法是"梅始黄"，与此相当。根据七十二候来看，当地要比日本提前一个节气。诗的后半部分，作者描述了石榴花红火地盛开着。石榴花刚好在小满至夏至次候左右的时间内开花。

作者在第二十四首绝句中描述了当地的食材。

鱼今绝市菜无有，欲问居人啖马兰。

因天气恶劣，江水暴涨，新鲜的鱼没有上市，阴雨连绵，蔬菜亦不充足，作者便问当地人是否吃马兰。马兰属于菊科，嫩叶可食，上海周边如今也将其作为蔬菜贩卖。马兰让人联想到小满初候的"苦菜秀"，同为菊科的野芥子也是自古以来被食用。"苦菜秀"之所以被确认为该时期的物候，是因为它是常见、可食用的普通蔬菜。马兰也属于这类植物，作者关心该时期马兰的种植问题。此外，第三十七首绝句中写到了飞舞的萤火虫，"坐对苍然暮色侵，忽惊萤烛度枝沉。”

在中国的大暑初候中有“腐草化为萤”的说法，但当地彼时正处于小满节气，距离大暑节气还有一个半月。七十二候中出现的萤火虫是黄河中游的陆生物种，与此处所述的长江中游的水生萤火虫种类不同①。萤火虫的活动最早始于小满节气，一直持续到夏至节气落幕，在芒种节气最为活跃②。日本的贞享历，恰好把“腐草化为萤”设置为芒种的次候。

作者此次旅行中看到的湖南省北部的萤火虫活动周期与日本的情况相同。

第二节　仲夏诗

芒种 6a

所谓芒种指有芒之谷类作物中的麦子迎来收获，黍、稷、粟、稗、稻等作物开始播种。

太阳位于黄经 75 度。地球在围绕太阳旋转的公转轨道上，位于距离春分 75 度、冬至 165 度的地方，每天向前推进 1 度，约半个月移动 15 度到夏至。

---

① 详见付新华《萤火虫在中国》(湖南人民出版社，2015 年) 中的记载，江南、华南、四川一带的水生萤火虫物种，多在 4—8 月迎来成虫期。并参考本编第三章第一节的“立秋 8a”张耒诗。

② 参阅百濑成夫《四季·动植物前线》“萤火虫初见前线”，技报堂出版，1998 年；《生物季节观测值(1953—2011)》，(日本) 气象厅编集，一财气象业务支援中心发行，2012 年。

公历日期是6月5、6日前后。另外，也指从此时至6月20、21日的半个月期间。在至明代为止的旧历(平气法)中，芒种日可以是四月十六日至五月十五日之间的某一天。闰月时，可以是闰四月十四日、十五日、十六日中的某一天。

节月为五月节。

芒种后，积雨骤冷，三绝*

〔南宋〕范成大

其一

一庵湿蛰似龟藏，深夏暄寒未可常。
昨日蒙絺今挟纩，莫嗔门外有炎凉。

其二

梅黄时节怯衣单，五月江吴麦秀寒。
香篆吐云生暖热，从教窗外雨漫漫。

其三

梅霖倾泻九河翻，百渎交流海面宽。
良苦吴农田下湿，年年披絮插秧寒。

拙译：

其一。草庵内，被雨淋湿的蛰虫如同缩头乌龟般躲在洞穴中。虽然已是仲夏，天气时寒时暖，尚未稳定下来。昨天明明已穿上了葛服，今天又是一身棉装。这个时间就不要责怪屋外的炎

* 该诗文本出自《范石湖集》卷26，上海古籍出版社，1981年。

热与冷凉交替并存了。

其二。虽说已到了梅子成熟的时节，我反而更怕衣服单薄。旧历五月的江南吴地，麦子秀发，临近收获，却迎来了寒冷天气。屋内点燃的香火，吐出篆文般的袅袅云烟，让人感觉温暖，任凭窗外连绵的阴雨慢慢洒落。

其三。梅子黄时的淫雨变成了倾盆大雨，九条大河波涛翻滚，百渎交流，如大海一般，汪洋一片。吴地百姓全身被雨淋湿，站在水田中，甚是辛苦啊。其实，他们每年都是披着棉衣，忍着寒冷，冒雨插秧的。

作者范成大(1126—1193)，文学家，南宋四大家之一。官至宰相，可谓官运亨通。他政绩显著，深得皇帝信赖。51 岁那年的秋天，范成大终于获得朝廷的允准辞官归田，并获赐只有俸禄名目的虚职。此后的 10 年间，他在江南故里石湖修建别墅，种植花木，以供欣赏，与家人朋友其乐融融。据说这种隐逸生活得到士大夫们的称赞甚至羡慕。范成大的诗歌描述了农村生活的方方面面，同时表达了对农民生活的同情。一般认为这三首绝句是作者归隐后的第三年夏天，即淳熙十三年(1186)61 岁时创作的①。

---

① 详见于北山《范成大年谱》(上海古籍出版社，1987 年)。范成大晚年完成了按照年代顺序编辑自己全集的工作(《石湖大全集》136 卷)，但是流传至今的《石湖诗集》34 卷，据说经后人整理过，有些地方与编年相矛盾或编排比较混乱。此绝句三首，收在《石湖诗集》第 26 卷，同时收入的有范成大为人所熟知的代表作《四时田园杂兴六十首》。他在序文中写到创作于淳熙丙午年，即淳熙十三年(1186)，时年 61 岁。因此，两组作品是在极为接近的时期内创作完成，而且在《四时田园杂兴六十首》的第 26 首中，不仅借用了该绝句三首中的完整诗句，还有非常相似的诗句。从以上两点可以认为此绝句三首与《四时田园杂兴六十首》几乎是同时，或在其稍前创作完成的。

倘若如此，该年的芒种是旧历五月十一日(6 月 7 日)。

石湖属于太湖支脉，位于江苏太湖的东侧。太湖周边广阔的低洼地带，原本是无法灌溉，不适宜开展农业的，但是随着不断开荒，尤其是北宋以后，有权势者修筑了坚固的堤防，向四周逐渐开垦出耕地来，称之为围田(圩田、湖田)。由于耕地面积激增，水稻和小麦的种植开始普及。或许范成大是在具备了这一经济基础的背景下，围田修筑了庄园。但是，范成大非常热爱故乡的风土，把所观察到的农业生产的实际情况和对农民生活疾苦的同情融入诗歌中，他并非单纯的在外地主或贪婪的庄园主。

诗题中有芒种、积雨，第三首中有梅霖，可知这组诗所描述的是进入芒种节气后梅雨期间的景象。中国的梅雨，具体而言，只是出现在长江中下游及江南、江淮地区的地域性的气候现象。据《中国气候总论》统计，1885 年至 1979 年的 95 年间，平均入梅时间是 6 月 15 日。根据宋英杰《二十四节气志》记载，入梅时间较早的是江南地区(钱塘江流域)，6 月 8 日。而太湖周边的长江中下游地区，则大致在夏至前入梅。① 虽然每年的入梅时间差别很大，但粗略看来，可将芒种节气视为梅雨时节。

首先，此绝句三首其一的第二句中的"暄寒"、第三句的"蒙絺"与"挟纩"、第四句的"炎凉"，都是关于冷与暖的代表词汇，作者借此描述了该时期寒暑交替的情况。芒种时期，南中时的太阳高度、白昼的时长、日出方位角与日落方位角的夹角等，几乎

① 详见《中国气候总论》第三章第三节的"二、梅雨的气候特征"，第 177 页；《二十四节气志》"芒种"，第 91 页。

与7月7日前后的小暑节气相当，人们可以观察到太阳已接近盛夏的情况。所以，芒种时期35℃左右的高温天气时有出现。就在人们觉得天气会一直炎热下去的时候，突然，从北方袭来的寒冷气流，使得气温又下降了。如此冷暖温差剧烈变化导致的不稳定的气候现象，正是梅雨时节的显著特征。在江苏省及吴地一带有"黄梅天十八变"(《清嘉录》)①，"黄梅天测测变"(《中华气象谚语大观》)的谚语。可以说，作者的第一首绝句充分展现了芒种节气、梅雨时节寒暑剧烈变化的气候特征。作为士大夫的作者，此时正身居家中，创作诗歌表达自己对屋外气候变化的担忧。

第二首绝句中，"梅黄"(第一句)、"麦秀寒"(第二句)都是芒种节气典型的物候现象。该首绝句，作者不仅列举了这些物候现象，也描述了梅雨时节特有的天气状况：虽然盛夏即将来临，却出现了寒冷的低温天气。这一现象在日本称为"梅雨冷""梅雨寒"等。中国也有非常押韵的谚语，如，"黄梅寒，井底干"②等。与范成大交往密切、隐居江南山阴的陆游，在该时期，也创作了有关芒种时期出现梅雨冷气候现象的诗歌：

老怯五更寒，重衾拥残梦。

① 详见清代顾禄《清嘉录》卷5"五月"(黄梅天)(王迈校点，"江苏地方文献"丛书，江苏古籍出版社，1999年，第117页)，及日文版《清嘉录——苏州年中行事记》(中村乔译注，平凡社，1998年)第143页。

② 此处根据清代翟灏的《通俗编》卷3"时序"[《通俗编(附直语补证)》，商务印书馆，1958年，第62页]。这则谚语广为流传，被以《清嘉录》卷5"五月"为代表的篇章广为援引。

陆游这首诗虽然没有明说是芒种诗，而且迄今为止也未在任何地方发现称之为芒种诗的，但是，作者在诗题中写道："五月十日晓寒甚，闻布谷鸣有感"，倘若知道这首诗创作于嘉泰三年的话，查一下该年二十四节气的日期，就可以知道五月十日处于何节气。这一年的夏至是五月十三日，诗题中所说的五月十日，是此前的第三天，即在芒种的末候，陆游创作了这首诗。这一天，换算成公历是6月19日。为了便于读者理解这首诗，陆游特意介绍了吴地的谚语：

未吃端午粽，布袄未可送。

端午节是旧历五月五日，在二十四节气的芒种前后，即小满节气至夏至节气期间。这则谚语是说，端午节未过，就不知何时会出现低温天气，所以将棉服放在身边备用。陆游特意为自己的诗作注，可能是考虑到在其他地方无法理解这种现象。

范成大把梅雨冷写作"麦秀寒"（第二句），这种表达方式在南宋诗中才开始出现，未见于宋代以前的诗歌中。如此美的语言深深吸引着我，然而意外的是，南宋以后这种说法并未得到广泛应用。归根到底，这不过是发生在种植冬小麦的长江中下游地区、梅雨时节的一种现象而已，对于辽阔的中华大地而言，不具有普遍性。

总之，梅雨时节天气变冷是由于北方高气压势力增强，而如果长时间阴雨连绵，阳光无法普照大地，气温更难回升，与第四句作者用"雨漫漫"描述在无休止的降雨过程中人们感受到的寒意相当。

第三首同第一首绝句相同，作者身在安全的家里。那作者会不会是因为下雨，没有外出呢？或者在家中焚起香炉，暖烟袅袅升起，以置身事外的心静观窗外连绵的降雨。作者就这样注视着这种自己无能为力、不可抵抗的自然现象。

然而在第三首绝句中，作者话锋一转描述了梅雨呈现出暴雨的形态，也是此三首绝句的高潮部分。第一句中的“倾泻”是描述把盆(钵)翻转过来，将水一下子倒出的情形。至今，人们仍用“倾盆大雨”一词来描述暴雨。诗中写道，数条河流泛滥，汇集成一片汪洋大海，可见是相当大的暴雨。降水量多大是暴雨呢？按照日本气象厅的规定，每小时降雨量超过 30 毫米，不到 50 毫米者为大雨；50 毫米至 80 毫米的为大暴雨；80 毫米以上的为特大暴雨。而在中国，认为每小时降雨量为 25 毫米至 49.9 毫米者为大雨；50 毫米至 99.9 毫米者为暴雨；100 毫米至 249.9 毫米者为大暴雨；250 毫米以上的为特大暴雨。① 中国大雨的降水基准比日本制定得更为详细，可见大雨的规模之大。

范成大描写的肯定是相当猛烈的降雨，但这是不是该年有记录的大雨呢？或许作者只是用诗歌描述了家乡几乎每年都会有的大雨罢了。虽然梅雨时节的大雨多发生在梅雨的后半期及夏至以后，但这首诗是芒种节气时创作的，就是说此次降雨是在梅雨的前半期发生的。

此绝句三首的最后对大雨天气的描写，多少有些让人担心稍

---

① 日本的说法，根据日本“气象厅”主页“知识 · 解说”“天气预报中的用语”之“雨的强度与等级”。中国的说法根据中华人民共和国国家标准《短期天气预报》(GB/T21984-2017)“降雨量等级划分表”。

晚时候还会出现这样的天气状况。

诗的最后两句描绘了农民即使在雨中浑身湿透，也不得不忙着插秧的情景，而且每年不被雨淋就能完成插秧的情况并不多见，表达了作者对农民辛苦劳作的同情。插秧是中国古典诗歌中最为常用的种田的说法，除此之外，还有栽秧、下秧等说法。描写插秧的诗并不少，但据本人调查，历代描写冒雨插秧的诗不过百十余例。与范成大有交往的杨万里，也有一首《插秧歌》①，诗中写道：

笠是兜鍪蓑是甲，雨从头上湿到胛。

虽说雨水是插秧时不可或缺的，但为何很少有描写雨中插秧的诗歌呢？这恐怕是由于创作诗歌的士大夫阶层（大大小小的地主阶层）下雨时不会外出，恰如范成大在此绝句三首的前两首中所描述的那样。从常识而言，他们尽管知道雨中也可以插秧，但实际上并没有真切地看到过这种场面，冒雨插秧也就不会成为诗歌创作的题材。倘若对题材没有深刻的认识，就很难将其融入诗歌中。即便是罗列知识创作出诗歌，也只是轻描淡写罢了。这是宋代诗人对诗的理解。从这个意义上讲，对农村生活的实际状态给予深切关怀的杨万里和范成大就显得尤为特殊。这种关怀尽管不会危及作者的生存基础，但多少会给精神带来不安定因素。绝

① 本诗出自钱钟书《宋诗选注》[（日本）宋代诗文研究会译注，平凡社，2004 年]。为杨万里淳熙六年（1179）在衢州（浙江省）所作。顺便一提，该年的芒种是四月二十三日。

大多数士大夫，会本能地回避这些想法，即使是有良知的诗人如陆游等，也没有在诗歌中描述这样的现实。

进一步具体分析，杨万里与范成大对于雨中插秧的描写也有细微差异。杨万里只是单纯描写了农民从头到肩胛骨被雨淋湿的情景，并未写到这种感觉是寒还是暖；范成大则描述了田中插秧的农民是辛苦的、寒冷的，文笔深入到了农民凄惨生活的内部。二人的区别在于杨万里是从第三者、客观的视角描写雨中插秧的情景，范成大则进一步带有个人情感描写农民的辛苦和寒冷。

到了宋代，取材于农业、农民的诗歌突然多了起来，其中很多绝不只是从儒教的重农思想出发，对农政、农村、农民给予关怀，其中那些同情农民处境、歌咏农民辛苦的诗歌更引人注目，这些诗中很少只是歌咏围绕农事的欢天喜地的祭祀活动和农民丰收喜悦的轻率之作。即便在这些诗当中，范成大的咏农诗依然与众不同。

芒种三绝并非仅描写芒种时的梅雨天气，而是详细刻画了梅雨时节冷暖的剧烈变化、强冷空气的突然入侵、突降暴雨引发洪水等，作者由此见证了梅雨时节农耕的辛劳，表达了对农民凄苦生活的深刻同情。

夏至 6b

夏至时白昼时长、太阳高度、太阳热量都达到了极大值，开始进入真正意义上的夏天。

太阳位于黄经 90 度。地球在围绕太阳旋转的公转轨道上，位于距离春分 90 度、冬至 180 度的地方，每天向前推进 1 度，约六个月移动 180 度到达对称点冬至。

公历日期是6月21、22日前后。另外，也指从此时至7月6日的半个月期间。在至明代为止的旧历(平气法)中，夏至日可以是五月一日至五月三十日之间的某一天。夏至日不会在四月、六月及闰月时到来。

节月为五月中。

和梦得夏至忆苏州呈卢宾客*

〔唐〕白居易

忆在苏州日，常语夏至筵。
粽香筒竹嫩，炙脆子鹅鲜。
水国多台榭，吴风尚管弦。
每家皆有酒，无处不过船。
交印君相次，褰帷我在前。
此乡俱老矣，东望共依然。

（自注：予与刘、卢二人，前后相次典苏州，今同分司，老于洛下。）

洛下麦秋月，江南梅雨天。
齐云楼上事，已上十三年。

拙译：

一想起苏州在任的时光，脑海里常浮现出的是夏至日的宴

* 该诗文本及创作年代根据《白居易集笺校》第六册《外集卷上 · 诗文补遗一》(朱金城笺校，上海古籍出版社，1988年)。

席，鲜嫩的竹筒粽子香味四溢，刚出锅的嫩鹅肉鲜美香脆。在水乡有很多带有高台的亭榭，吴地一带的习俗喜爱管弦乐。每家都有引以为豪的美酒，而且都是临水而居，没有船到不了的地方。我交付知府的官印时，你接任而来。你掀起车帷登车赴任时，我还在苏州任上。如今我们三个都在洛阳，都老了哟。

（自注：我与刘禹锡、卢周仁，前后相继出任苏州知府。如今年事已高，同在陪都洛阳为分司东都。）

洛水下游的洛阳快到麦秋五月了，天空升起了下弦月。长江下游的江南或许是梅雨天气吧。在我命名的齐云楼上发生的令人怀念的事，如今已过去 13 年之久了。

白居易（772—846），是继陶渊明、李白、杜甫等之后的中国代表性诗人。该诗是唐开成三年（838）作者 67 岁时创作的，当天是夏至日。作者已离开唐朝的政治中心长安，退居陪都——东都洛阳，修筑了宏大的府邸，担任太子少傅、分司东都等闲职，常与同在洛阳担任太子宾客、分司东都的友人刘禹锡诗歌唱和往来。

这一年的夏至是五月二十三日，刘禹锡将追忆苏州的诗《夏至忆苏州》赠予白居易，遗憾的是这首诗未流传下来。白居易也创作了一首诗以回赠刘禹锡，同时将该诗献给同在洛阳、官至太子宾客的卢周仁，即《和梦得夏至忆苏州呈卢宾客》。

之所以如此，是因为三人都有任职苏州的经历，各自的任期，白居易是宝历元年（825）五月五日（即该年的夏至前夕）至次年的五月初，刘禹锡是太和五年（831）十月至太和八年（834）七月，卢周仁紧随刘禹锡之后，太和八年至太和九年(835)八月。[①]三人都有在苏州过夏至的经历。具体而言，白居易是宝历元年和二年，刘禹锡是太和六年、七年、八年，卢周仁是太和九年。可以说，苏州的夏至是三人共同的话题。

白居易在洛阳迎来夏至时，想起了13年前苏州的夏至。换言之，作者如今处在黄河中游，想起了13年前在长江下游过夏至节气的情景。因此，在十三和十四句中，虽然同为夏至，但由于洛阳处于黄河中游，苏州处于长江下游，自然景观当然不同，洛阳已是麦秋，而苏州还处在梅雨期。

话虽如此，苏州也并非没有麦秋的风景。白居易到任苏州的第二年，创作了一首《答刘禹锡白太守行》，诗中写道：

去年到郡时，麦穗黄离离。

由此可知，苏州也种植麦子。其实，唐代中后期，在长江中下游地区，小麦和水稻都有种植，但未必是同一耕地上的一年两熟[②]。所谓“去年到郡时”是指作者作为地方官，到吴郡即苏州任职的宝历元年五月五日。这一年的五月五日，换算成公历是5月30日，处于小满节气的后半期。苏州麦子成熟即将迎来收割，正如诗中所描绘的，遍地金黄的麦穗，颗粒饱满。三月底，作者从洛阳出发，赴苏州上任，经过36天抵达苏州。他出发时麦子还

---

① 详见郁贤皓《唐刺史考全编》第三册，安徽大学出版社，2000年；卞孝萱、卞敏《刘禹锡评传》，南京大学出版社，1996年。

② 详见曾雄生《析宋代“稻麦二熟”说》，《历史研究》2005年第1期。

是嫩绿的，随着作者的南下，麦子也出穗了，待作者渡过长江时，麦子已接近成熟。可以说，白居易南下，有麦子的成长相伴，作者为此感动不已。诗中记录了他到任苏州时正赶上麦秋时期，作者对此记忆非常深刻。

苏州与洛阳的南北差距相当于日本萨摩兰岛的枕崎与大阪，麦秋时期当然不同。一般而言，长江中下游地区是在芒种结束至夏至开始前进入梅雨期，因此，最好在此之前完成小麦的收割工作。在苏州近郊的农村，夏至入节前后，可以看到有的地方麦收几乎结束，有的地方牛还在耕田或在插秧，要么已插秧结束，这几个阶段同时进行的场景。

黄河中游是不会出现梅雨天气的，所以小麦的收割稍晚于长江中下游地区，一般是从小满结束到芒种期间。到夏至时，小麦收割已经完成，豆、麻、糯、黍等也种植完毕。①

既然如此，作者在第十三句中说洛阳迎来麦秋，又是怎么回事呢？这是否太晚了呢？通过以下记载，我们可以明白，在黄河中游也有夏至迎来小麦收割期的情况，这是北宋时期的事情。开

---

① 清代徐松辑《宋会要辑稿》中记载了五例皇帝在开封“观刈麦”的仪式，除去小满第五天的一例，其余都是在芒种期间举行的。在反映公元前 1 世纪西汉时期黄河流域农业的《氾胜之书》中写道，黍的播种最好在夏至的 20 天前（即小满末候）完成比较好。在反映 10 世纪中叶黄河下游农业状况的《四时纂要》中，该书作者韩鄂认为，应当在五月进行的农事活动有晒麦地、播种小豆、播种雄麻（最好在夏至的十天前，其次是在夏至日，夏至后十天就太晚了）。五月播种芝麻就有点晚（渡部武《〈四时纂要〉译注稿——中国古岁时记研究其二》，安田学院发行，1982 年）。当然，《四时纂要》所说的五月是指如“自芒种即得五月节。……夏至为五月中气”所言，为节月五月，相当于公历 6 月初至 7 月初。人们是无法按照阴阳历开展农业的，所以一般的农书是根据节月（太阳历）编集的，并非按照旧历（阴阳历）。不过，其中有时也会记载阴阳历的活动仪式。

宝六年(973)五月己巳日，宋太祖行幸开封玉津园，视察麦收(《宋史》本纪三)，五月己巳日即五月十六日，这一年的夏至是五月十四日，所以宋太祖视察麦收是在夏至日的第三天；皇祐元年(1049)五月丙午日，宋仁宗行幸开封宝岐殿，观看麦收(《续资治通鉴长编》卷166“仁宗皇祐元年”)。五月丙午日即五月十五日，这一年的夏至是五月十四日，所以仁宗视察麦收是在夏至日的次日。这种视察是当时的一种仪式。

以上是北宋前半期的情况，当时的天气比白居易晚年生活的中晚唐时期稍微暖和些。尽管如此，我们还是可以确认在比洛阳稍靠近黄河下游的开封也有夏至时迎来麦收期的情况[①]。因此，白居易所描述的洛阳夏至时的麦秋，也就没有必要感到可疑了，作者描写的就是当时的实际情况。

现在回到正题，诗中第十三句描写的“洛下麦秋月”，又是什么样的“月”呢？该诗创作于五月二十三日，应是下弦月。我们脑海中或许会浮现出这样一幅画面：午夜时一弯半月慢慢地从地平线升起，不久，太阳也露出地面。此后一个多小时内，这弯淡白色的半月，高悬在南方天空。在此月亮之下，洛阳近郊一望无际的麦田在朝阳的照射下，闪耀着金色的光芒。正午时分，在日光的照射下，月亮犹如被扣上了一个碗，逐渐沉落于西山尽头。白居易或许想到江南正值梅雨时节，于是感叹在当地夏至时无法看

① 唐中后期至五代十国天气稍冷，北宋时稍变暖。详情请参考《中国历朝气候变化》第八章第二节“二、唐中后期(741—907)：气候转冷”，第九章“北宋：暖干的朝代”。另外，《中国历史时期气候变化研究》第八章第二节“北宋开封一带冬季温度距平的估算”中写道，北宋开封地区的冬小麦收割期大多在6月中上旬，平均日期是6月13日，即刚好处于芒种节气的正中间。

到月亮。

对于苏州夏至，白居易首先想到的不是别的，正是苏州夏至时的料理。这一天有琳琅满目的美味佳肴，作者特别提到的是苏州风味的粽子以及肥嫩鲜美的烤鹅。“粽”是如今一般的写法，原本写作“糉”。东汉《说文解字》中尚未出现“粽”字，此字估计是魏晋南北朝时才出现的。宋代《广韵》、明代《正字通》中，都把“粽”视为“糉”的俗字，因此，人们认为宋代到明代期间，“粽”只是“糉”的俗字。清代《康熙字典》中才把“糉”写作“粽”。由此可知，直到清代，“糉”才转为“粽”。在现代汉语中，统一写作“粽”字，把“糉”作为异体对待。

闫艳①认为，北方和南方的粽子是在魏晋南北朝时统一的。北方的粽称为角黍，是用黍做成的，南方的糉用糯米做成。两者的制作方法颇具地方特色，有用菰、苇、竹叶等包的，有的装入竹筒中，为防止变质黏上灰水，再进行蒸煮。白居易从小吃惯了的粽子应是角黍，对这种装入竹筒的苏州风味的粽子应该感到非常新鲜。

如今，粽子已是五月五日端午节具有代表性的食品。其实，粽子原本是夏至日才食用的。宋代以前，为了避讳夏至而出现了

---

① 关于粽子的内容，得益于闫艳《唐诗食品词语语言与文化之研究》的解说。文献中有几处夏至日吃粽子的记载，比较古老的说法比如在《太平御览》卷851“饮食部”九“糉”中引用晋代周处《风土记》中的说法“于五月五日及夏至啖之，一名糭糉，一名角黍”等（张元济等编《四部丛刊三编》，商务印书馆，1936年）。稍晚的例子有宋代范成大的《夏至二首》其一六言绝句，诗中写道：“李核垂腰祝饐，粽丝系臂扶羸。节物竞随乡俗，老翁闲伴儿嬉。”（《范石湖集》卷23，上海古籍出版社，1981年）。另外，釜谷武志在《端午节与五月五日》（《六朝学术学会报》，2003年）一文中，也讨论了端午节诞生于夏至的可能性。

端午节，粽子也就相应地成了该节日的一道美食。到了明代，人们只在端午节吃粽子。明代李时珍的《本草纲目》中并无夏至食用粽子的记载。可以认为，夏至日吃粽子的习俗逐渐废除了。

白居易在吃粽子的同时也吃了烤鹅。春分、清明时孵化的鹅仔此时已长大，登上了白居易夏至的餐桌①。成书于6世纪前半期、北魏时的《齐民要术》卷九“炙法”第八十中，贾思勰介绍了两种使用子鹅制作烤肉的烹饪方法，即“擣炙法”和“衔炙法”。太田泰弘将前者译为什锦烤肉，后者译为包裹烤肉②。根据太田泰弘的翻译，制作方法是把肥嫩的鹅肉切碎，加上醋、腌菜、葱、生姜、陈皮、花椒等作料，做成肉丸子，用竹签串成串，再分别涂上蛋清和蛋黄，猛火烤制，烤到焦黄流油时就可以食用了。与粽子相比，如此做出的烤鹅是否更美味呢?

唐代，夏至有三天假期③，即夏至日加上前后各一天。此期间，地方政府一般会在府衙里举办夏至宴席，由于地方长官的住所也在府衙内，所以来参加夏至宴席的都是地方官僚，也就没有今天意义上的公私之分。另外，宴席本身也具有公共社交活动的意义，所以这种活动尤为盛行。

---

① 北魏贾思勰《齐民要术》卷六“养鹅鸭”第六十中，记载有“供厨者，子鹅百日以外、子鸭六七十日，佳。过此肉硬。”[缪启愉校释《齐民要术校释(第二版)》，中国农业出版社，1998年]校释中写道：“仔鹅、仔鸭六七十日龄体重可达2—2.5公斤或以上，肉嫩可供食。”

② 详见田中静一、太田泰弘、小岛丽逸《齐民要术——现存最古老的烹饪书》(雄山阁出版，1997年)。太田泰弘翻译了“烤肉”。关于竹串，本书也参考了中村乔《宋代的料理与食品》(朋友书店，2000年)中的“炙料理”的内容。

③ 详情请参阅《中国古代的年中行事·夏册》“唐代的夏至休假”(第632—635页)。

第三节　季夏诗

小暑 7a

把盛夏炎热的一个月一分为二，前半部分即为小暑，尚不及大暑炎热。

太阳位于黄经 105 度。地球在围绕太阳旋转的公转轨道上，位于距离春分 105 度、夏至 15 度的地方，每天向前推进 1 度，约五个半月移动 165 度到冬至。

公历日期是 7 月 7 日前后。另外，也指从此时至 7 月 21、22 日的半个月期间。在至明代为止的旧历（平气法）中，小暑日可以是五月十六日至六月十五日之间的某一天。出现闰月时，小暑日是闰五月十四、十五、十六日中的某一天。

节月为六月节。

十八日小暑大雨*

〔南宋〕韩淲

申祷山川便作霖，耘苗时候想田深。
且欣小暑能如此，更愿新秋得似今。
早稻欲花将就实，晚禾成叶未抽心。
天应不忍焦劳意，直自初栽已望阴。

---

* 该诗文本出自《全宋诗》第 52 册卷 3238。

拙译：

三番五次地向山川诸神祈祷，才迎来降雨，可以想象在耕苗除草时，水田里的积水深度吧。小暑节气尚能如此，令人感到欣慰，更希望新秋，即立秋时也能像现在这样。早稻刚要开花，不久就要结实了。而晚稻叶子刚长成，还不到抽芽的阶段。如果不降雨，人们会劳神焦虑，老天肯定不忍心如此吧。况且百姓在栽苗之初就盼望着这一时期能够降雨。

作者韩淲（1159—1224），南宋诗人①，上饶（江西省上饶市）人，享年66岁。其父韩元吉为著名政治家、文学家。韩淲以荫入仕，任地方下级官员。后来，在南宋都城临安（浙江省杭州市）任临安药局判院，42岁时辞官，回归故里。第二年，韩淲进京参加科举考试失败，从此再未出仕。据说，他甘于乡里的清贫生活，为人清廉狷介，与同乡的赵蕃合称“江西（上饶）二泉”，名闻天下。

诗题虽有“小暑”，但该词语本身可以理解为“略微炎热”之意。明代王世贞（1526—1590）的诗《七夕过李通政伯玉》，描写了作者在七夕这一天拜访了通政史李伯玉，想要借一本书的事情。开头写道：

小暑初残节序嘉，探书因过邺侯家。

① 韩淲传记详见辛更儒、伊永文《韩淲生平及其涧泉诗考略》（《中国典籍与文化》2011年第1期），以及胡亚军《江西“二泉”事迹著作年编》（杭州师范大学，中国古典文献学硕士论文，2014年）。只是，上述文献中都没有提及该诗。

此处的“小暑”并非二十四节气中的小暑。原因是诗题中有七夕，即在旧历的七月七日，不可能出现小暑到来的情况。反过来讲，旧历的七月七日只会是大暑、立秋、处暑节气中的某一天。小暑之后是大暑，大暑为节月、中气、“六月中”，大暑日必定在旧历的六月中到来，因此，小暑节气不可能在七月中到来(王世贞所处的明代节气采用平气法)。

王世贞诗的第一句是说，刚好到了初秋时期，虽然尚能感觉到炎热，但是凉爽的季节即将到来。根据我的调查，像王世贞这样，根据押韵需要使用小暑词汇字面意思的情况比较少，大多数小暑指的还是小暑节气。

那么，为何可以说韩滤诗中的小暑指的就是节气小暑呢？理由如下：首先，诗题中同时写了日期与节气。这种情况下的日期，绝大多数都是节气的初日。这终归只是概率问题，当然存在日期不表示节气日的情况。

其次，第三句中的“小暑”与第四句中的“新秋”相对。律诗讲究第二联与第三联各自形成对句，而且相对的词语一般属于同一范畴。严格说来，“新秋”指二十四节气中的立秋和处暑，以及节月中的七月。① 原本立秋到来时就可以称为新秋了。如此考虑的

① 有把旧历七月称为孟秋、初秋、新秋的。这种情况下，例如旧历七月一日，换作公历的话，处于7月23日前后至8月22日前后之间。以此称呼季节，摆动幅度过大，不大准确。原因是，孟秋原本是《吕氏春秋·十二纪》《礼记·月令》《淮南子·时则训》中，应用于节月(中国独特的太阳历。请参考序编第二节的“8.《淮南子》的《天文训》《时则训》”)体系中的说法，后来也转用到了旧历(阴阳历)中，具备了旧历七月的含义。而且，对初秋、新秋等说法也采用了同样的做法。因此，在这一词语中，同时具备节月和阴阳历中的双重含义。另外，在中日之间也存在微妙的语感上的差异。

话，可以看到诗中第三、四句是自由表达节气范畴的词语形成的对句。一方面是迎来立秋节气的新秋，另一方面是与此相对的小暑。如果这里的小暑只是表达气候冷暖的一般词汇，从对句角度来说是不对称的。而且将小暑理解为略微炎热的意思，在第三句中是不通顺的。因此，将其视为节气中的小暑较为妥当。

最后，诗中描述早稻马上到了出穗、开花时期，晚稻已插秧完毕，现在已成活，马上就要分蘖了。这一现象比较符合小暑节气时水稻的生长特征。南宋时，江西上饶一带虽然没有普及一年两熟的水稻，但至少在这首诗中，作者描述了早稻和晚稻同时种植的现象，可知当地已经出现一年两熟的情况。诗中提到的早稻在立秋之前收割，晚稻在霜降前后收割。①

由以上原因可见，诗题中的“十八日小暑大雨”，就是说十八日是小暑日。进而，是否可以理解为这一天降了充足的雨水呢？接下来就此话题进行探讨。

十八日进入小暑节气的话，自然指的是五月十八日，而非四月十八日或六月十八日。从节月角度讲，小暑为六月节，换言之，小暑日实际上是旧历的五月十六日至六月十五日之间的某一天。如果出现闰月（闰五月）的话，十五日或十六日进入小暑节气，也有十四日进入的情况，只是较为罕见。即使不思考到如此缜密的程度，也可以采用排除法思考。

首先，假定是四月十八日进入小暑节气，四月十七日之前的

---

① 详见曾雄生《宋代的早稻和晚稻》（《中国农业史》2002 年第 1 期）；曾雄生《宋代的双季稻》（《自然科学史研究》第 21 卷第 3 期，2002 年）。

15 天，或置入没日的 16 天为夏至节气，夏至日就是四月二日或三日。但是夏至按照节月讲，为中气(五月中)，必定是在五月中进入夏至节气。因此，四月十八日不可能是小暑的入节日。

接下来，六月十八日进入小暑节气的话，与此前相同，小暑节气期间是此后的 15 天，或加上没日的 16 天。六月是小月时，至七月三日或四日为小暑节气，六月为大月时，七月二日或三日前为小暑节气，这样的话，会在七月三日至五日之间的某一天进入大暑节气。不管哪一种情况，大暑的入节日都在七月。但是，大暑是中气(六月中)，所以，在实际的旧历当中，大暑日必定是六月一日至三十日之间的某一天。由此可见，六月十八日也不可能是小暑日。

顺便说一下闰月的情况。首先，发生闰月时，通常会有闰月的记载，由于这里没有记载，就说明不是闰月的十八日。闰月的记载，偶有阙如，谨慎起见，假定是闰五月十八日进入小暑节气。如前所示，虽然不可能出现这样的情况，便于表达我的思考方法，试做如下模拟推导。

闰五月十八日进入小暑节气的话，根据前文所述的道理，夏至日是此前的 15 天或 16 天，即闰五月二日或三日。然而，所谓闰月，是指没有中气到来的月份，因此，闰五月有中气夏至的到来，非常不可思议。(当然，这些推理成立适用于至明代为止的平气法。在采用定气法的清代时宪历中，也有闰月中气到来的情况，就不能应用此推理。)由以上可知，进入小暑节气的十八日必定是五月十八日。

那么，在韩淲的生涯中，五月十八日进入小暑节气的是哪一年呢？这样的情况有两次，分别为：宁宗庆元六年(1200)，作者42岁；嘉定四年(1211)，作者53岁。

第一种情况，刚好是作者这一年二月辞去在都城(杭州)药店的官职，三月踏上归途，七月回到故里上饶。因此，这一年的小暑节气，他应在旅途中。这首诗中，作者描写了在旅行途中看到的稻田的情景，并不能认为这是人们向山川之神祈雨的作品。

第二种情况，是作者回归故里的第十一年。他甘于乡里的清贫生活。诗中所描绘的水稻作物，或许也包括自己在乡里的稻田。诗的开头部分向山川祈雨，可能是州县长官例行公务举行的祈雨仪式，这里并没有夸张的成分，是非常单纯的个人祈祷，或至少是作为村长的知识分子的个人祈祷。倘若如此，该诗便是作者辞去都城小官，回归乡里十余年后的宁宗嘉定四年(1211)五月十八日创作的，作者时年53岁。

长江中下游地区夏至节气期间，一般正值梅雨时节后半期，到小暑节气时即将出梅①。然而，该诗描述了人们祈雨，以及在小暑日如愿以偿天降大雨的情况，表达了作者的喜悦之情。由此，作者联想到的是梅雨时节应降的雨水是不是没有充分降落呢？但出梅进入小暑节气，对于水稻而言，重要的还是要有充足的降水，同时，充足的日照恐怕更为重要。想到这一年是空梅雨，如果持续到小暑节气仍然不降雨的话，将会酿成大灾，作者对此非常担心。诗中第七句的“焦劳意”就是在说这件事。

---

① 根据《二十四节气志》中的芒种“常年入梅、出梅日期”图表(第91页)，江西省北部的上饶属于江南地区，平年出梅时间是7月8日，刚好进入小暑节气。本书是以宋代与今天没有大的变化为前提进行讨论的。

该诗与其他的农业诗不同的是作者对支配天候的上天的认识，即他认为上天最初已经做好了充分的准备，要在这个时期降雨。人类对于上天有各种各样的态度：畏惧、服从、感谢、怨嗟、怀疑、否定等，而在这首诗中，可以看出作者与上天有着前定和谐①的关系。以什么样的态度和情感对待上天，与这个人的思想、生存方式、实际生活中的幸运与否等密切相关。话虽如此，作者身处贫困之中，却依然度过了满足幸福的人生。

大暑 7b

大暑是夏天炎热的一个月的后半期，天气达到最炎热程度，小暑与大暑节气才是盛夏。

太阳位于黄经 120 度。地球在围绕太阳旋转的公转轨道上，位于距离春分 120 度、夏至 30 度的地方，每天向前推进 1 度，约五个月移动 150 度到冬至。

公历日期是 7 月 22、23 日前后。另外，也指从此时至 8 月 6、7 日的半个月期间。在至明代为止的旧历(平气法)中，大暑日可以是六月一日至六月三十日之间的某一天。大暑日不会出现在五月、七月及闰月中。

---

① 德国 G. W. 莱布尼兹提出的一种哲学概念。莱布尼茨认为，万物由“单子”构成，而单子因其绝对单纯而无部分，没有“窗子”可供出入，因而彼此不能互相影响、互相作用；但宇宙万物却彼此协调，构成一个和谐的总体。他认为上帝在创造世界时就使每一单子具有这样的本性，在此后的全部发展中，每个单子都各自遵循自身的规律发展变化，又自然地与其他一切单子的发展变化保持协调。(参考王小伟《论莱布尼茨的前定和谐理念》，复旦大学，外国哲学硕士论文，2008年)——译者注

节月为六月中。

六月十七日，大暑殆不可过，然去伏尽秋初，皆不过数日，作此自遣 *

〔南宋〕陆游

赫日炎威岂易摧，火云压屋正崔嵬。
嗜眠但喜蕲州簟，畏酒不禁河朔杯。
人望息肩亭午过，天方悔祸素秋来。
细思残暑能多少，夜夜常占斗柄回。

拙译：

炎炎烈日的威力岂能轻易被摧毁？火红的积雨云压在屋顶上，如高山般耸立。我比较嗜睡，唯喜湖北荆州产的凉席。虽然担心饮酒对病情不利，但还是情不自禁地端起河朔之杯，泥醉至感觉不到炎热。人们都停下来休息，盼望正午的酷热早点过去。正当老天后悔给人们带来的酷热之患时，秋天到来了。我每天夜晚仰望夜空，观测北斗七星柄勺的旋转，仔细计算着残暑还能持续多久，期待着凉爽季节的到来。

诗题中的"伏尽"听来是有些耳生的词语，"伏"指夏天最热的时候，"伏尽"意味着夏天最热的时候结束了。伏有三伏，即初伏、中伏、末伏。三伏结束，酷热的时期也就过去了。初伏是夏

---

* 该诗文本出自钱仲联校注《剑南诗稿校注》卷 67。

至后的第三个庚日，中伏是第四个庚日，末伏是立秋后的第一个庚日。①

夏至开始　夏至日为庚日的话，这一天也是夏至后的第一个庚日

↓

第三个庚日——初伏

↓

① 有关伏日的最古老的文献是《初学记》卷四第八“伏日”。文中写道：“《阴阳书》曰：从夏至后第三庚为初伏，第四庚为中伏，立秋后初庚为后伏，谓之三伏。”(徐坚等，中华书局，1962 年)该《阴阳书》(《大唐阴阳书》)虽然在中国已失传，但是在日本流传下来了几种抄本。例如，在(日本)国立天文台所藏的“宣明历二十八宿吉日考入”(内题为《大唐阴阳书》)的“六月・小暑大暑”页，写有“夏至后三庚为初伏，四庚为中伏，立秋后初庚为后伏”[(日本)国立天文台三鹰图书室主页>珍贵资料>和汉书目录>检索]，虽然记述略微简单，但内容相同。

宋代实际的伏日情况，通过查阅“大宋宝祐四年内丙辰岁会天万年具注历”(中国台湾“国家图书馆”世界数字图书馆公开资料)便可知。由此，夏至为五月二十日庚戌，该日计为第一个庚日，第三个庚日六月十一日庚午为初伏(1256 年 7 月 11 日)，中伏为六月二十一日庚辰(1256 年 7 月 21 日)，七月七日丙申立秋，末伏则为七月十一日庚子(1256 年 8 月 10 日)。顺便一提，该历书中的撰日法，与后文提到的渡边敏夫所认为的“起算的中气、节气为庚日时，则将此计为首个庚日”相同(第 91 页)。

另外，明代林绍周在《新刊理气详辩纂要三台便览通书正宗》卷九中写道：“定三伏日。夏至后三庚为初伏，四庚为中伏。立秋后逢庚，方为末伏。若五庚在立秋之前，不为末伏也。”由此可知，末伏(后伏)必定在立秋之后[《续修四库全书》第 1623 册“万历戊戌年(1598)序文”]。

关于日本历书中伏日的不同说法，详见渡边敏夫《日本的隶书》第一编第六章“历注详说”第四节“三伏”(雄山阁，1976 年)，文中写道：“三伏原本起源于中国，后传至本邦。采用了初期具注历的第(三)节的贞享历，以及其后所有版本的历书均统一在第(三)节，第三节才是三伏撰日法本来的章节，当视为正说。”(著者注：渡边敏夫所说的第三节，是与上文提到的阴阳书、三台通书正宗相同的撰日法)

汉代，只有汉中、巴蜀、广汉三个地方独自确定伏日(《艺文类聚》卷五“岁时下”引《风俗通》“户律”)。晋代开始，全国统一使用确定的伏日(《晋书・刑法志》)。

第四个庚日——中伏

↓

立秋　立秋日为庚日的话该日为首个庚日

↓

第一个庚日——末伏(伏尽)

↓

处暑

按照公历，在初伏最早到来的年份中，夏至日为6月21日，且为庚日，这种情况下，初伏为7月11日，中伏为7月21日；在初伏最晚到来的年份中，夏至日为6月22日，且为辛日，这种情况下，初伏为7月21日，中伏为7月31日。同样的道理，在末伏最早到来的年份中，立秋日为8月7日，且为庚日，这种情况下，立秋当日末伏；最晚到来的年份立秋日为8月8日，且为辛日，这种情况下末伏为8月17日。即三伏大致是从七月中旬开始，到日本的盂兰盆节(旧历七月十五日)结束。

按照旧历是无法像公历一样，用固定日期指三伏。初伏最早到来的是夏至日为庚日时的此后第21天，中伏为此后第31天；初伏最晚到来的是夏至日为辛日时的此后第30天，中伏是此后第40天。

末伏的情况有如下几种：

	乙		丙	
①	丙	夏至	丁	
②	丁		戊	
③	戊		己	
④	己		**庚**	❶
⑤	**庚**	❶	辛	
⑥	辛		壬	
⑦	壬		癸	
⑧	癸		甲	
⑨	甲		乙	
⑩	乙		丙	
⑪	丙		丁	
⑫	丁		戊	
⑬	戊		己	
⑭	己		**庚**	❷
⑮	**庚**	❷	辛	
⑯	辛	小暑	壬	
⑰	壬		癸	
⑱	癸		甲	
⑲	甲		乙	
⑳	乙		丙	
㉑	丙		丁	
㉒	丁		戊	
㉓	戊		己	

续表

㉔	己		**庚**	❸
㉕	**庚**	❸	辛	
㉖	辛		壬	
㉗	壬		癸	
㉘	癸		甲	
㉙	甲		乙	
㉚	乙	大暑	丙	
㉛	丙		丁	
㉜	丁		戊	
㉝	戊		己	
㉞	己		**庚**	❹
㉟	**庚**	❹	辛	
㊱	辛		壬	
㊲	壬		癸	
㊳	癸		甲	
㊴	甲		乙	
㊵	乙		丙	
㊶	丙		丁	
㊷	丁		戊	
㊸	戊		己	
㊹	己		**庚**	
㊺	**庚**	立秋	辛	
㊻	辛		壬	

续表

㊼	壬		癸	
㊽	癸		甲	
㊾	甲		乙	
㊿	乙		丙	
51	丙		丁	
52	丁		戊	
53	戊		己	
54	己		**庚**	
55	**庚**		辛	
	辛		壬	

末伏最早到来的是夏至日为丙日(上表左侧)，而且是在夏至、小暑、大暑节气内没有置入没日的情况下，立秋为庚日，为末伏，即夏至后的第45天。末伏最晚到来的是在夏至、小暑、大暑节气内没有置入没日的年份，夏至日为丁日(上表右侧)，此时立秋为辛日，此后第一个庚日为末伏，也就是立秋后的第10天(夏至后的第54天)；在夏至、小暑、大暑节气内置入没日的年份(三个节气不可能出现两次没日)，夏至日为丙日，此情况下立秋日为辛日(上表左侧，因置入一天没日，立秋日下移一天)，此后的第一个庚日为末伏，即立秋后的第10天(夏至日后的第55天)。

按照旧历平气法的节气来讲，一般情况下初伏在小暑节气到来，但也有在大暑节气到来的情况，频率为十年一次。中伏通常在大暑节气到来，末伏必定在立秋节气到来。因此，人们认为一般情况下，初伏、中伏、末伏分别处在小暑、大暑、立秋节气，大致无过。

虽然三伏日期的确立过程中存在着天干机缘的偶然因素，但是由于相差最多不过 10 天，而且是以夏至和立秋为起点开始计算的，所以可以认为这是太阳历的变异。伏并非指某个固定的期间，而是特定的日期。“伏尽日”指末伏这一天。过了这一天，从初伏到末伏，持续一个月的酷暑就要结束了。

另外，有必要弄清楚诗题中“秋初”的含义。由于过了立秋就可以称为秋初了，因此，这里的秋初可以认为是立秋，即诗题中的“秋初”和“伏尽”分别指立秋日和末伏日。

由诗题“六月十七日……然去伏尽秋初，皆不过数日”可知伏尽、秋初这两天非常接近，而且两者距六月十七日皆不过数日。但是“数日”指几天，存在上下浮动，不可一概而论，姑且认为是 2 至 6 天。至少不会是 1 天，至多也不会超过一旬(10 天)。下面以此为前提进行探讨。

首先，诗题貌似可以理解为六月十七日进入大暑节气，酷热难熬。节气与月日、天干写在一起时，多数情况下是在讲述某月某日进入某节气。但是此处情况稍有不同，假如六月十七日进入大暑节气，那么 15 天或 16 天之后立秋。这样的话与诗题中的“伏尽秋初，皆不过数日”的意义不符，因为把 15、16 天之后称为数日后有点勉强。由此可知，诗题并非在说六月十七日为大暑日。这里的“大暑”并非节气名称，而是非常炎热的意思。尽管如此，我们依然可以认为这首诗是在大暑节气内创作的，关于这一点稍后论述。

其次，钱仲联《剑南诗稿校注》中认为这首诗是南宋开禧二年(1206)作者82岁时创作的。这一年的大暑是六月八日，立秋是六月二十四日甲戌日，立秋之后的第一个庚日是七月一日庚辰日，因此，七月一日为末伏日，即所谓的伏尽。

【开禧二年(1206)作者82岁时】

六月八日　　大暑

↓

六月十七日

↓

六月二十四日甲戌　　立秋=初秋

↓

七月一日庚辰　　末伏=伏尽

倘若如此，诗题中说六月十七日到秋初仅有7天，到伏尽仅有13天，与诗题中的“伏尽秋初，皆不过数日”意义相违。也就是说钱仲联《剑南诗稿校注》中把这首诗视为开禧二年的作品是不妥当的。

在此，关于诗题的解释方法，想先去掉一种可能性，那就是六月十七日在立秋之后到来，即理解为“六月十七日，炎热……立秋过去，不过数日”的可能性。

六月十六日　立秋

↓

六月十七日

这种解释是不成立的。原因是在旧历中立秋不会早于六月十五日到来，必定是六月十六日之后到来。如果六月十六日为立秋，诗题中的六月十七日即为立秋的第二天，则与“去立秋不过数日”不符，因为很难把第二天称为相距数日。

那么，在同时满足诗题中的“六月十七日，大暑殆不可过”和“伏尽秋初，皆不过数日”两个条件的年份中，在设想有数日间隔的前提下，存在若干情况。将此全部罗列出来太过烦琐，这里暂举符合以上条件的两三种可能情况。另外，从诗的内容看，要排除诗人年轻时的可能。

最符合条件的是绍熙三年（1192）作者 68 岁时。这一年，立秋与末伏为同一天；但是立秋与末伏间隔一天也并非不可能，如淳熙十一年（1184）作者 60 岁时，以及嘉泰三年（1203）作者 79 岁时。如下所示：

【绍熙三年作者 68 岁】

六月五日　　大暑

六月十七日　大暑末候期间

↓数日

六月二十日　秋初（立秋）＝伏尽（末伏）

【淳熙十一年作者 60 岁，嘉泰三年作者 79 岁】

六月六日　　大暑

六月十七日　大暑末候期间

↓数日

六月二十一日　初秋(立秋)

六月二十三日　伏尽(末伏)

以上这些年份的夏天，作者都是在故乡山阴度过的，节令都与诗题所说“从六月十七日至立秋、伏尽皆不过数日”的情况相符。在这些年份中，六月十七日都在大暑节气内，而且处于末候期间。

不过这首诗也未必是在以上列出的三年内创作的。从立秋前数日来看，有可能是过了大暑后半期创作的，按照公历来说就是8月初。8月初在日本是最炎热的时期，而在黄河中游，虽说炎热程度已有所下降，但是仍延续着7月末的酷热。人们着眼于一年内地球接收太阳光的有规律的消长变化，以观测和计算得出热量值最小的那天为冬至，以该日为基点，把一年二十四等分(直到明代为止。清代以后是将360度二十四等分)，如此形成了二十四节气。但是，太阳光热的消长与实际的季节、气温变化多少有所延迟①，这是因为地球是个巨大的岩石体，冷热变化需要时间。在中国大陆，这种冷热变化要使实际的气温变化推迟一个月

① 仓岛厚在《大学教材 日本的气候》(古今书院，2002年)第一章“日本的气候特征”中写道：“在易冷易热的大陆，气温的年变化、日变化幅度较大，气温变化与太阳的运行较为同步。而在海洋上，由于海水的冷热变化需要时间，因此气温变化与太阳运行之间的偏差较大。大陆上的大部分地方，最热的月份在夏至后的7月，不过也有地方6月份最热。但是在受到海洋因素影响的地域，最热的月份是7月或8月。日本几乎所有的地方8月最热。”(第8页)在第二章“季节的区分”中也写道：“看一下东京的气候表，一年中8月4日至8日，日平均气温最高。另外，在全国80个地方出现迄今为止最高的气温极值的日期(有观测记录以来至1963年为止的数据)……仍是在8月上旬会出现全日本的酷热极值。”(第39—40页)

左右(大约两个节气)。在日本的话，要推迟一个半月左右(大约三个节气)。中国与日本的半个月之差(约一个节气)基本上取决于陆地与海洋的差异，以及它们的比热差。众所周知，与水相比，石头更容易变热或变冷。日本四面环海，与中国大陆相比，所接收的太阳热量造成的变化缓慢。中国每个季节是来也匆匆，去也匆匆，而日本则是姗姗来迟，且有些恋恋不舍。(参阅序编第五节的“2. 地球接收的太阳热量值与气温的时间滞差”)

在七十二候中，“大雨时行”是大暑的末候，诗中的第二句“火云压屋正崔嵬”，多少与此物候有关。火云指积雨云，该句描述积雨云如山一般耸立着，被夕阳染成了红色，低低地压在房屋之上。当此种积雨云倾泻下强烈的雷雨时，也许会给陆游生活的地方带来一时的凉爽吧！

人们此时或许可以依赖湖北产的竹席来纳凉，倘若连竹席也没有的话，那就唯有酩酊大醉了。面对大自然的威力，人只能静静伏下身子，任其耀武扬威。或者只有等到老天因为自己的过火行为后悔时而手下留情吧。

最后一联，人们一边估算着大暑的炎热到立秋节气还会持续多久，一边观察着北斗七星的移动。这里要提醒的是诗中“残暑”一词的意义。残暑多指立秋之后的炎热，尤其是在日本，该词的意义仅指“立秋之后，残夏的炎热”。但是，在中国古典文学中，“残暑”也广义地指残夏的炎热，未必同日本一样，拘泥于立秋节气之后。这是因为该诗创作于立秋之前，明显不是日本意义上的立秋之后的残暑。另外，陆游根据当年历书，当然知道今年何月何日立秋，如今大暑节气后半期已过，他大致可以估算出过了立秋，到处暑节气的前后，残暑还会持续多久。

根据公元前2世纪的《淮南子·天文训》，大暑期间日落后，天色开始变暗时（这一时段称作“昏”，到日落后的30至45分钟），北斗七星（大熊座ζ星和η星）的斗柄所指的方位角是南西南（未），一个月后的处暑节气时，指向西南西（申）。可以看到斗柄比一个月前稍微倾斜，处于稍低的位置。到秋分节气时，更向西倾斜（酉），与地平线平行。当然，这是在比陆游早一千三四百年、纬度也比陆游的故乡高两三度的地方所看到的情况，不过，与陆游当时看到的恒星移动情况并无大的差异。如果把观察的时间点确定为开始看得到日落后的恒星的时刻，斗柄的指示方位角（即斗建）会随着季节的推移发生变化。（参阅恒星的周年运动，即参阅序编第二节的“8.《淮南子》的《天文训》《时则训》”）或许陆游据此观察到残暑几天后就会过去了吧。在此炎热的时节，作者总算可以得到一些安慰……夏夜降临不久，过了午夜，尚可看到十七日夜晚几乎还是满月的月亮高悬在天空的正南方。此时，北斗七星几乎横躺在地平线上，其中的一部分已逐渐从人们的视野中消失。①

① 对于陆游当时看到的夜空，经“*Stella Navigator* 11”和“*Stella Theater Pro*”进行了验证。

第三章　秋

第一节　孟秋诗

立秋 8a

立秋节气处在夏至与秋分的正中间，从此步入秋季。人们开始感受到秋天的气息。

太阳位于黄经 135 度。地球在围绕太阳旋转的公转轨道上，位于距离春分 135 度、夏至 45 度的地方，每天向前推进 1 度，约四个半月移动 135 度到冬至。

公历日期是 8 月 7 日前后。另外，也指从此时至 8 月 22 日的半个月期间。在至明代为止的旧历（平气法）中，立秋日可以是六月十六日至七月十五日之间的某一天。闰月时，可以是闰六月十四日、十五日、十六日中的某一天。

节月为七月节。

二十二日立秋夜行泊林皇港二首　其一*

〔宋〕张耒

淅淅晚风起，孤舟秋思生。
篷窗一萤过，岸草乱蛩鸣。
老大怜为客，风波难计程。
人家夜深语，应念客犹征。

拙译：

傍晚时分，江风徐来，发出瑟瑟的声响，一叶孤舟泊在江上。我坐在其中，深感秋思寂寥。一只萤火虫从简陋的篷船窗边飞过，我听到岸边草丛中此起彼伏的蟋蟀声。可怜自己一把年纪了还奔波在外。在艰辛的旅途风波中，前程难以预料。故乡的家人们在深夜交谈时，应该还会牵挂征途中的我吧。

作者张耒(1054—1114)，楚州淮阴(江苏省淮安市)人，苏轼门人。20岁时考中进士。在作者61年的生涯中，六月二十三日立秋的有两个年份：28岁时的元丰四年(1081)和47岁时的元符三年(1100)。由该诗中“老大怜为客”及下页注释②中引用的“其二”诗中有“头余骑省斑”，很难认为这是二十几岁时创作的诗，所以可以断定这首诗是作者47岁时创作的。一般而言，中国的诗人到40来岁时就开始谈及自己的衰老、生出白发等。

* 该诗文本出自《古今岁时杂咏》卷24。

张耒的仕途在40岁之前还比较顺利，他官至起居舍人，在皇帝身边供职。因卷入新旧党派的斗争，从41岁开始他的人生转入低谷，屡屡左迁为地方小官。不过他47岁那年正月，哲宗驾崩，徽宗即位，大赦天下，作者也因此多少获得一些恩泽。此前一年，作者在复州(湖北省仙桃市)任监酒税，管理造酒、卖酒等事务。该年(47岁这年)春天升任黄州通判(湖北省黄冈市)，七月升任兖州知州(山东省济宁市兖州区)。因此该诗应是在作者卸任黄州通判之职，赶赴兖州上任途中创作的。

由黄州到兖州是一段漫长的旅程，必须先沿东南方向，然后向东北方向，再向西北方向，穿过中国的东半部分。据张耒传记和年谱记载①，作者首先从黄州沿东南方向下长江，三天后即六月十八日到达鄱阳湖北侧的九江；六月二十一日由九江庐山出发，两天后创作了该诗。由该诗第二首中的诗句②我们可以想象，作者离开楚国去往吴国，是向东北方向沿长江而行的。

有些文本把诗题写为“二十二日立秋，夜行泊林皇港，二首”，以“中国古典文学基本丛书”中的《张耒集》为代表。诗题中虽有日期二十二日，却无月份。不过，由于旧历五月二十二日及七月二十二日不可能立秋，自然就是六月二十二日了。然而在张耒61年的生涯中，六月二十二日立秋的仅有他17岁那年。作者彼时过于年轻，因此不能认为该诗是这一年创作的。倘若如此，

---

① 张耒传记根据李逸安、孙通海、傅信点校《张耒集》(中华书局，1990年)，以及《宋才子传笺证(北宋后期卷)》彭国忠《张耒传》。

② 其二诗如下：“吴楚封疆接，东南泽国宽。江流秋日净，山霁暮云闲。囊有离骚赋，头余骑省斑。前秋聊把酒，一笑且开颜。”作者离开故乡远赴江南任职，有感于昔日两位诗人(屈原、潘岳)的处境，借酒浇愁。

《张耒集》中的诗题或许有误①。

诗的开头写道“淅淅晚风起”。六月二十三日立秋日，作者身处停泊的孤舟上，此处“晚风起”纯粹是偶然现象吗？虽然不能否定偶然起风的可能性，但是实际上存在着如此书写的必然性，哪怕当时没有起风。这是因为在七十二候中立秋的初候为“凉风至”，以及《礼记・月令》等中有“孟秋之月……凉风至”的说法。在当时知识分子的认知中，立秋到来时，自然会有凉风至的候应。奈良、平安时代的日本歌人学习中国传来的二十四节气知识，同样也是通过风感知立秋气息的，例如藤原敏行在立秋日吟咏的那首脍炙人口的《立秋》：

风物是夏季，却闻飒飒秋风起，骤然有秋意。

那么，此处为何又突然出现秋思呢？诗中用到了几个“道

① 这首诗存在多处文字差异，探讨这些差异可认识到《古今岁时杂咏》的正确性。《张耒集》把诗题中的“林篁”写作“林皇”。“林篁”并非地名，从古至今指丛生的树木、竹林等。在《张耒集》中只看到三处“林皇”，是极为鲜见的词汇，而且都是出现在作者赴兖州知事任途中创作的诗中。“林皇”指长江航行途中，树木、竹林丛生，适合船只停靠，以避风避难的地方。如诗题“离蕲阳，守风林皇，方虑风壮（荘），晚未知所止，俄顷风息一食顷。宿富池，作诗示同行”（《张耒集》卷22），以及诗“自庐山回过富池，隔江遥祷甘公祠，求便风至黄，沥酒而风转……”中写道：“林皇夜泊若平地，疑有鬼物驱蛟龙。”（《张耒集》卷13）因此，从字义角度和历来使用情况来看，“林篁”才是正确的，《张耒集》中的“林皇”是错误的。

另外，《张耒集》将《古今岁时杂咏》中的其一“岸草乱蛩鸣”写作“苇草一蛩鸣”，将其二“一笑且开颜”写作“一笑且开筵”。这是后人修改的，以便于阅读，但《张耒集》文本让人感到有些单调。关于《古今岁时杂咏》的特点的论述参考了横山弘《〈岁时杂咏〉初探》（《山边道：国文学研究志》第20卷，1976年）。

具”：旅行的境遇、傍晚、拂过肌肤的微风、孤舟，可以说这是一套能够充分唤起秋思的舞台装置。作者之所以会产生这种秋思，主要是今天是立秋日吧。在长江中游一带立秋时还非常炎热，天气与大暑节气相比几乎没有变化。这里的秋思即作者内心有感于秋天，进而涌起了寂寥之情，来自对立秋这一节气名称的条件反射。

秋天原本是收获的季节，成熟的季节，自古以来，无论哪个国家到了秋天都会举行仪式庆祝收获。秋天是人们满怀感恩之情、欢天喜地的时节。但这种民俗性的情感，并未在一万两千多年前人类由自然采集、狩猎向以栽培为主的生活方式转变过程中固定下来。在旧石器时代，我们的祖先到了秋天，太阳活力明显开始减弱时，脑海首先浮现的或许是一种不安和恐惧：如何面对即将到来的严寒和食物匮乏等问题？人类离开非洲北上，朝欧亚大陆迁徙时，必须接受寒冬的考验。很多人因饥饿与严寒失去了父母与孩子，一万年前这种古老的记忆在我们的肉体中埋下了条件反射的因子，随着秋天的到来，肯定会唤起我们不安与悲伤的情感。

《张耒集》中将“秋思”写成了“愁思”，两者虽然都是诗歌中常用的词汇，但是哪个词更适合这首以立秋为题的诗呢？甲骨文中尚未出现“愁”字，该字最初出现在篆书中，是较新的汉字。汉代的《说文解字》中，将“愁”解释为“忧”，而“忧”又解释为“愁”，两者不过是相互解释罢了。“愁”字虽然是由秋和心构成的，但是如《说文解字》所示，实际上失去了秋天的季节要素。倘若如此，这里用“秋思”比较适合。

明明已是立秋时节，为何在该诗第三句中会出现萤火虫呢？在《礼记·月令》等文献中，季夏（晚夏）月有“腐草化为萤”的说法。到了七十二候中，该物候在日本江户时代的贞享历中被放置在芒种的次候，而在中国则属于大暑的初候。也就是说萤火虫的出现，日本是6月中旬，中国黄河中游是7月下旬。之所以会有一个多月的时间差，是因为日本的萤火虫是以世界上极为稀少的水生物种为主，而中国的是以陆生萤火虫为主。因物种有差异，萤火虫的产卵期、活动时间都有不同。①

中国的陆生萤火虫大暑节气开始羽化成虫，能生存两周的话，就已经到立秋节气了。中国的陆生萤火虫更多是被作为秋天的风物所吟咏，歌唱秋天萤火虫的诗不胜枚举，甚至还有描绘微寒的萤火虫、冰冷的萤火虫的。也就是说日本的萤火虫属于夏季，中国则属于秋季，两国的季节感有很大的差异。

进一步讨论中日间的差异的话，日本的萤火虫是作为幻想的、神秘的、美的事物供人鉴赏的，中国的萤火虫一般而言多少有些凄凉、悲伤、落魄之感。那么，简陋的篷船上飞来的这只秋

---

① 日本代表性的萤火虫有源氏萤和平家萤，其幼虫都是水生的。据说从萤火虫的种类来看，这是例外的存在，因为大部分萤火虫幼虫都是陆生的。（大场信义：《不可思议的萤火虫》，精兴社，2009年，第177—190页）根据百濑成夫《四季动植物前线》（技报堂出版，1998年）记载，萤火虫“九州等地是从五月中旬开始出现，本州大部分进入六月份就可以看到了。……东北、北海道七月中旬开始发光”（第145页）。另外，据大后美保《日本的季节（动物编）》（实业之日本社，1958年），“九州、中国地区晚春时可以看到萤火虫，北海道则要等到夏天才能看到，可以说地方不同，对于萤火虫的季节感也有很大不同”。“早的地方七月中旬就看不到萤火虫的身影了，而更多的地方是到八月份”（第133页）。另外，中国的萤火虫情况，据付新华《萤火虫在中国》（湖南人民出版社，2015年）所述，羽化成虫的时期因种类不同而不同，而从初夏到八九月成虫的也不少。

天的萤火虫，是否可以说是被驱逐出京城、强忍旅途孤独、辗转于地方的作者的隐喻呢？

倘若如此，在第四句中与萤火虫相对出现的蟋蟀，可以说是张耒牵挂着家人的隐喻。在七十二候中，蟋蟀被用作物候的是小暑次候的“蟋蟀居壁”，以及《礼记·月令》中的“季夏之月……蟋蟀居壁”等。蟋蟀夏初孵化，经过反复蜕皮，立秋前后变成成虫。雄性蟋蟀在8月至10月的三个月间一直鸣叫求偶，立冬时雌性蟋蟀于土中产卵，不久雌雄成虫死亡。唐代孔颖达（574—648）在《礼记·月令》的注释中，关于蟋蟀的半生，写下如下文字：

> 蟋蟀居壁者，此物生在于土中，至季夏羽翼稍成，未能远飞，但居其壁，至七月，则能远飞在野。

《月令》中使用的是节月，其中“季夏”大致相当于小暑至大暑节气的公历7月，“七月”大致相当于立秋至处暑的公历8月。所以小暑的“蟋蟀居壁”是指蟋蟀处于由土中的卵孵化成虫，爬出地面，反复几次蜕皮的阶段。此期间就是“季夏”，即7月。到了“七月”，即公历8月，蟋蟀转移到原野的草丛里，开始鸣叫。在旅途中迎来立秋节气的张耒，听到岸边草丛中传出的就是这种蟋蟀的叫声。

蟋蟀是由于居住在房屋附近才被人们认识的，春秋时代如今陕西地方的民歌《七月》（《诗经》）中唱道：

> 七月在野，八月在宇，九月在户，十月蟋蟀入我床下。

或许也有人会想起狄更斯的《炉边的蟋蟀》，不论东方还是西方，人们都被进入生活空间的蟋蟀的美妙叫声所吸引。作者觉得自己犹如一只孤独的萤火虫，此时听到岸边蟋蟀错乱的叫声，不由得想起了家中温暖的团圆光景，也想到了家人在牵挂着旅途中的自己。

即便由小城市竟陵的监酒税升迁为大城市兖州的地方长官，也未见张耒有多么喜悦。一想到接下来的漫长旅行，即至长江下游，再转而北上，越过淮河，到黄河下游的山东半岛脚下，作者首先想到的是旅途的辛苦。此次升迁不过是暂时的恩赦，因为作者感受到了不知何时自己会再次被旧党放逐的政治气氛。果不其然，他在兖州仅待了三个月，第二年便被召回京城，夏天任颍州知州，冬季任汝州知州，频繁辗转。49 岁时，作者主管亳州明堂宫，该年秋再贬房州别驾，苦难的生活仍在持续。

处暑 8b

所谓处暑是炎热达到极值，虽然这种状态很快就会结束，但酷热的残暑仍存。

太阳位于黄经 150 度。地球在围绕太阳旋转的公转轨道上，位于距离春分 150 度、夏至 60 度的地方，每天向前推进 1 度，约四个月移动 120 度到冬至。

公历日期是 8 月 23 日前后。另外，也指从此时至 9 月 6、7 日的半个月期间。在至明代为止的旧历(平气法)中，处暑日可以是七月一日至七月三十日之间的某一天，但是不会出现在六月、八月或闰月。

节月为七月中。

处暑后风雨*

〔元〕仇远

疾风驱急雨，残暑扫除空。
因识炎凉态，都来顷刻中。
纸窗嫌有隙，纨扇笑无功。
儿读秋声赋，令人忆醉翁。

拙译：

霎时间满天乌云密布，在疾风的驱使下突降大雨，残暑一扫而光。由此我顷刻感受到从夏季炎热到秋天凉爽的变化。天气突然转凉，纸窗间的缝隙让人讨厌，甚至夏天爱不释手的扇子也被嘲弄为无用之物。听到儿童在诵读《秋声赋》，不由得想起了号称“醉翁”的欧阳修。

作者仇远(1247—1327)，宋末元初人。忽必烈攻陷南宋都城临安(浙江省杭州市)时，作者30岁，三年后南宋灭亡，作者成了亡国之民。他拒绝在元朝为官，但是迫于生活，55岁时出任溧阳(江苏省常州市)州学的教授。据说仇远对此非常懊悔，希望能早日归隐乡里。终于，67岁时，杭州路知事任期结束，他辞官归田，在元朝为官不足10年。此后直至81岁去世前，他一直生活

---

* 该诗文本出自《金渊集》卷3(广雅书局刻·武英殿聚珍版丛书本)。

在故乡杭州钱塘。①

诗的开头作者写道，进入处暑节气后，迎来了猛烈的风雨天气，残暑一扫而光。处暑是公历 8 月下旬。一般认为该诗的创作地点是江南，此时袭来的疾风急雨，可能是在长江下游登陆的台风，或者是积雨云引起的暴风骤雨。从猛烈风雨导致急剧降温的情况来看，更有可能是台风。但我们没有从诗中读到灾害发生的情况，因此诗中所描绘的恐怕只是由夏天积雨云引发的骤雨、强风、气温下降等一般气候现象。

换言之，这是任何人都可能会经历的夏天的气象。作者却由此得出夏天转换到秋天的气象法则，按照他的说法是“都来顷刻中”。当然，秋天的到来并非如仇远所说的短时间内发生的事情，而是来自西伯利亚、蒙古的冷高气压与南海暖湿高气压较量，前者逐渐占据优势形成的结果。“一场秋雨一场寒”是我们熟知的谚语，也称为“一场秋风一场寒”，经过一场场秋雨，一场场秋风，才逐步迈进真正的秋天。倘若如此，在这首诗中，作者不过是把积雨云所导致的一种气象情况一般化了而已。很有可能此次暴风雨过后，次日天气又回到了处暑时期的炎热状态。

之所以这么认为，是因为处暑的一个显著特征是暑热并没有完全消退。“处”是停止的意思，“处暑”是炎热停止上升，即没有

---

① 仇远传记出自王伟伟《仇远诗歌研究》“附录一 仇远年谱简编”（华东师范大学，中国古代文学硕士论文，2010 年），以及王莉《仇远文学思想研究》第一章第一节“仇远的生平简述”（陕西师范大学，文艺学硕士论文，2015 年）。仇远卒年尚无定论，这里暂从王慧刚认为的 1327 年。详见《元代文学家仇远生卒年考辩》（《作家杂志》2009 年第 7 期）。

比这更加炎热的了。虽然早晚气温有所下降，白天还是相当炎热，甚至有时比以往更加炎热。在明代徐光启的《农政全书》中，可见这样一则谚语："处暑后十八盆汤。"①尤其是仇远所处的长江以南一带，从立秋到处暑期间，经常出现令人难耐的残暑天气，人们称之为"秋老虎"。

由江南一带处暑的一般性气候特征来看，因为这场暴雨一下子进入秋天的情况是非常少见的。然而，这种情况却真实发生了吧。所以仇远才有感而发，创作了这首诗。但作者的着眼点可能并非单纯描述这一气象情况。

由处暑过后的风雨仇远得出了什么结论呢？如诗中所写，表面上是说天气瞬间发生了由炎热到凉爽的变化，但是，"因识"二字并非由个别事实推知同一范畴的另一事实的说法，而是具有通过个别事实发现更具普遍性法则的意义，这符合宋代人试图在现象背后发现理的处世态度。

另外，诗中的"炎凉态"，表面上指寒暑的气候变化，其实该词一般被用作批判如炎凉易变的轻薄世态、厚情与薄情易变之人

---

① 《农政全书校注》卷11"农事占候八月"中有"处暑后十八盆汤"的谚语（石声溪校注，上海古籍出版社，1979年）。《中华气象谚语大观》将此谚语注解为"指处暑虽过但天气还会热十八天"（第366页）。

另外，与此非常相似的农谚有元代陆泳的《吴下田家志》中的"处暑十八盆"（《文渊阁四库全书》第880册所收的120卷本《说郛》卷75上）。《二十四节气农谚大全》将此注释为"指处暑后还要洗十八天澡，才会凉快"（第461页）；《时间之书——余世存说二十四节气》中将此解释为"还要经历大约十八天的流汗日，每天以一盆水洗澡"（余世存，中国友谊出版社，2017年，第170页）。"处暑十八盆"更为人所知，被广为引用。

的心境等，如“世情苦炎凉，一日几变态”①。

“因识炎凉态，都来顷刻中”这句诗，读者既可以从气候的寒暑变化角度来理解，又可以从世间人情的薄厚角度来解释，作者实际想表达的或许是后者。又或许作者是在说朝代更迭（南宋灭亡，元朝建立）时人心也发生了变化，人际关系变得淡薄。这两句诗到底如何解释，只能任凭读者想象。

第五、六句，作者描述进入秋天，团扇成了多余之物，成了笑料。炎热时，从缝隙间吹进的风都让人欢喜，如今窗户上的缝隙让人讨厌，进而道出了人们内心功利的变化。此联中，动词是“嫌”和“笑”，主语是人，比起季节变化本身，更多体现了作者对人内心变化的关注。

“纸窗”指用纸糊的窗户。在中国，不久之前，北京的传统四合院中也还在使用纸窗。从汉代开始就有了纸，但是纸窗出现在诗歌中是从唐代开始的。到了宋代，很多诗歌中都描写了破纸窗、纸窗缝隙等景物，宋代李廌有诗曰“隙壁射床千里月，破窗吟纸一川风”②等，尤其是描述了唐诗中所罕见、具体的生活状态，这一点非常符合宋代以后诗歌的特征。

纨扇是用绢制作的团扇，秋风刮起时就要收拾起来了。这种构想是从汉代开始的，有些许陈旧之感。该物是被男人抛弃的女人、被君主疏远的臣子的象征，因此带有悲哀的情感。但是，此

---

① 宋代李吕的《题君山爱松轩》诗中有：“世情苦炎凉，一日几变态。”（《全宋诗》第38册卷2109）

② 宋代李廌的《宿大贾村僧寮》诗中有：“隙壁射床千里月，破窗吟纸一川风。”（《全宋诗》第20册卷1203）

处换成了人在嘲笑如此无用的团扇，这种说法使得感伤的意味消失了，显得很新颖，甚至带有诙谑的气息。

最后一联，仇远听到有人朗读《秋声赋》，想起了该赋的作者欧阳修。那么，《秋声赋》是什么样的作品呢？

《秋声赋》是宋代欧阳修的代表作，被认为是古今散文赋的典范之作。该赋为四五百字的中篇，描述的是发生在北宋都城开封的事。在某个晴朗的秋夜，欧阳修听到外面刮起了西南风，意识到秋天来了。接着，他描述了秋天是什么样的季节，从自然变化的法则中，得出了自己生活方式的指南。

赋的开头写道："欧阳子方夜读书，闻有声自西南来者。"作者觉得不可思议，命童子前去一看究竟。童子回答道："星月皎洁，明河在天，四无人声，声在树间。"①由此可知，文中所说来自西南方向的东西，是不带来降水或湿气的西南风。

秋天时吹的西南风是怎么回事呢？此词或是理解欧阳修这篇赋的关键。一般而言，中国的西南风是起源于印度洋、西太平洋低纬度的方向，富含湿气的暖风，因此很难认为它是带来秋天的凉风。但是，在古典文献中，如《吕氏春秋》中有"西南曰凄风"，《淮南子》中有"西南曰凉风"等。可知，西南风在古时被称为"凄风"或"凉风"。在《礼记・月令》中，孟秋之月有"凉风至，白露降，寒蝉鸣"。虽然没有指出风吹的方向，但"凉风"指的是秋分

---

① 原文为：欧阳子方夜读书，闻有声自西南来者，悚然而听之，曰："异哉！"……童子曰："星月皎洁，明河在天，四无人声，声在树间。"予曰："噫嘻悲哉！此秋声也，胡为而来哉？"……故其为声也，凄凄切切，呼号愤发。丰草绿缛而争茂，佳木葱茏而可悦；草拂之而色变，木遭之而叶脱。其所以摧败零落者，乃其一气之余烈。（李逸安点校《欧阳修全集》卷15，中华书局，2001年）

之前的初秋时吹的风。《吕氏春秋》《淮南子》中的“西南风”（凄风，凉风）与《礼记·月令》中的“凉风”（初秋时刮的风）意义相同，所以在欧阳修的内心世界形成了“西南风＝秋风”的意象。因此，欧阳修在这篇赋中，把夜间吹来的西南风断定为“噫嘻悲哉！此秋声也”。

接下来欧阳修对秋天进行了描述。尽管草木绿缛，一旦秋天到来，则“草拂之而色变，木遭之而叶脱”。作者所描述的是万物在繁盛之后逐渐枯死、带有肃杀之气的秋天。从节气角度而言，是过了秋分，处于寒露、霜降节气的晚秋时节。这与仇远的处暑诗所描述的残暑被一扫而光，从而进入初秋时节的景象有着显著不同。

《秋声赋》最后写到秋天的虫子在欧阳修的书斋墙壁上鸣叫，更让作者为秋天的到来而叹息：“但闻四壁虫声唧唧，如助予之叹息。”或许，我们在讨论事实情况究竟如何之前，可以想象这篇赋的创作是基于《诗经》中“七月在野，八月在宇，九月在户，十月蟋蟀入我床下”①的描述。倘若如此，欧阳修的《秋声赋》中提到的秋天的西南风、墙壁的鸣虫，与其说是作者在细致地观察自然现象，不如说他是以古典知识为素材创作了这篇赋。

说到西南风，当时的知识分子首先想到的或许是曹植的《七哀诗》：“愿为西南风，长逝入君怀。”②这首诗的主人公是一个被

---

① 《诗经·国风·豳风》的《七月》诗中有“五月斯螽动股，六月莎鸡振羽。七月在野，八月在宇。九月在户，十月蟋蟀入我床下”。其中一部分，在本节“立秋 8a”的诗中提到过。

② 详见魏国曹植（192—232）的《七哀诗》：“愿为西南风，长逝入君怀。君怀良不开，贱妾当何依。”（萧统《文选》卷 23）

丈夫抛弃的妻子，仍试图紧紧抓住丈夫，但真实情况是，作者借这样一位妻子表达了自己被天子疏远的悲哀。

欧阳修的《秋声赋》与其说是为了客观地描述秋天的气息和景观，不如说是想借描写秋天而言他，那就是通过由百花盛开、绿叶繁茂的春季向肃杀的秋冬变化的必然性，得出人生有荣枯盛衰，而盛者必衰的道理。并，以此作为自己处世的指南和慰藉。的确，欧阳修厌倦了频繁左迁和复职的官场生活，激励自己要遵守自然法则而生活下去，因此创作了这篇《秋声赋》。话虽如此，若考虑到曹植《七哀诗》中所说的“西南风”的话，欧阳修在创作这篇赋时，内心深处还存留着对天子厚意的留恋吧。

仇远为何在初秋的处暑节气提到欧阳修的《秋声赋》呢？当然，即便是在初秋感到时节急速入秋时，想起这篇著名的《秋声赋》，这并不奇怪。不过，我想仇远在其中附加了更多内容，因为他与欧阳修有了同样的感觉，那就是自然与人生密切关联，可以从自然中吸取人生态度的教训，人生同自然一样，也在不断变化，进而鼓励自己遵照此理生活下去。

仇远也好，欧阳修也好，在凝视自然时心中所想，终究归于由人与人上演剧情的人世间，这种人性化的倾向可以说是中国古典诗的一个特征。

第二节　仲秋诗

白露 9a

白露节气，虽然白天还很炎热，但是早晚气温下降，晴天时有露水降落，在夜月、朝阳下露水泛白。

太阳位于黄经 165 度。地球在围绕太阳旋转的公转轨道上，位于距离春分 165 度、夏至 75 度的地方，每天向前推进 1 度，约三个半月移动 105 度到冬至。

公历日期是 9 月 7、8 日前后。另外，也指从此时至 9 月 22 日的半个月期间。在至明代为止的旧历(平气法)中，白露日可以是七月十六日至八月十五日之间的某一天。闰月时，可以是闰七月十四日、十五日、十六日中的某一天。

节月为八月节。

嘉泰辛酉八月四日，雨后殊凄冷。新雁已至，夜复风雨不止。是岁八月一日白露*

〔南宋〕陆游

其一

残暑方炎忽痛摧，无情风雨亦奇哉！
但嗟不为贫人计，未动秋砧雁已来。

其二

仲秋四日雁横天，闭户垂帷意已便。
方叹今年时候早，夜深风雨更凄然。

拙译：

其一。正值炎热的残暑，经过此次降雨，暑气彻底消退了。

---

* 该诗文本出自钱仲联校注《剑南诗稿校注》卷 47。

毫不留情的风雨让人深感奇妙啊！我只是感叹老天并不为贫困之人着想，他们秋天的衣服未捣，还没有准备好冬衣，而大雁已经归来了。

其二。仲秋八月四日，大雁在天空排成一行，列队飞翔。我关上门，垂下帷帘，心情也平复下来。只是感叹今年比往年冷得早了一些，夜已深，寒冷的风雨更让人感到心下凄然。

如诗题中所言，八月一日为白露日，其初候第四天的八月四日(1201 年 9 月 9 日)夜晚，陆游创作此诗。作者时年 77 岁，已归隐故乡山阴。如“雨后殊凄冷……夜复风雨不止”所言，当天终日都在下着冰凉的雨，雨后天气变得格外寒冷。据说作者所在的长江下游地区，从处暑、白露到秋分、寒露前后时常阴雨连绵，有时甚至会给农业带来严重灾害①。在该诗中作者并未写到此次降雨带来的灾难，不过从后文所列诗句中，可知这一年八月初的确下了几场雨。

如在诗题和正文中所反复描述的那样，在进入白露节气的第四天的雨后，气温骤然下降，残暑一扫而光，进入了凄冷的秋天。面对这种急剧的气温变化、季节的提前，陆游首先想到的是贫苦的人们，不知他们是否为过冬做了充足的准备。这里体现了陆游作为“人民诗人”的本质特征。话虽如此，作者也提到了他自

① 详见《中国气候总论》第三章“中国主要天气气候特征”第五节“秋季连阴雨”中的“一、长江下游的早秋连阴雨”(第 207 页)、“二、华西秋雨”。对长江下游而言，若非连续至少四天以上的降雨，该书中不统计为连阴雨，这让人觉得，这比日本的连阴雨标准要严格很多。

已关闭门窗，垂下帷帘，做好了准备，甚感放心。或许正是由于总是善待自己，他才得以长寿。

在这种情况下，有人可能会放下自己的事情，为那些贫困之人而四处奔波。如果考虑到这些人，陆游的这首诗也不是不可理解为只是单纯的口惠罢了。的确，对于这种异常气候，陆游并没有采取什么措施。一位既无权又无责的年长的归隐者，他也只能写这样一首诗，感叹老天爷考虑不周，气候变化极端而已。

但是，陆游不能置这种状态而不顾也是事实，因此也不能将此诗简单视作诗人的口惠了事。在这个世界上，有人甚至不会意识到别人会因寒冷天气提前到来而感到困扰。在当时，这样的人倒是很常见。反观陆游，他经常不忘穷困之人，特意将他们写入诗中，这是他心怀天下苍生的证明，这样的士大夫在当时只是少数。

陆游的诗，尤其是后半生的诗，如同日记一般记述了身边的事情和对生活的感怀，而且他的诗集最早是按照年代顺序编排好的。钱仲联的《剑南诗稿校注》对诗集做了进一步的整理。陆游在诗中说，这一年的秋意一下子加深了，我们以《剑南诗稿校注》卷四十六、四十七的排列为基础，看一下作者从立秋到秋分经历了什么样的季节变化过程。本书中将这些诗句摘录下来，未摘录与季节无关的诗句，而且排除了单句。先从结论说起：处暑前半段与往年一样，还有秋老虎，而白露前后的一场秋雨后，气温骤然下降很多，秋意急剧加深，可以看到这是与往年不同的秋天气象。

为便于了解这一年由立秋到秋分的过程，以下先标识出二十四节气、七夕、中秋、秋社的日期，同时标识所摘录的各首诗的创作日期。(1)至(16)为各节气的天数，用天干表示，是为了便于计算秋社日期。(一)至(五)表示第几次“戊”日，汉字表示的日期是旧历，阿拉伯数字是公历。

十干	节气/候	旧历	公历
丁(1)	立秋	六月二十九日	8月6日
(一)戊(2)		六月三十日	
己(3)		七月一日	8月8日
庚(4)		七月二日	8月9日
辛(5)		七月三日	8月10日
壬(6)		七月四日	
癸(7)		七月五日	
甲(8)		七月六日	
乙(9)	七夕	七月七日	8月14日
丙(10)		七月八日	
丁(11)		七月九日	
(二)戊(12)		七月十日	
己(13)		七月十一日	
庚(14)		七月十二日	
辛(15)		七月十三日	
壬(16)		七月十四日	
癸(1)	处暑	七月十五日	8月22日
甲(2)		七月十六日	8月23日
乙(3)		七月十七日	8月24日
丙(4)		七月十八日	8月25日

续表

十干	节气/候	旧历	公历
丁(5)		七月十九日	
(三)戊(6)	次候	七月二十日	
己(7)		七月二十一日	
庚(8)		七月二十二日	
辛(9)		七月二十三日	
壬(10)		七月二十四日	
癸(11)	末候	七月二十五日	
甲(12)		七月二十六日	
乙(13)		七月二十七日	
丙(14)		七月二十八日	
丁(15)		七月二十九日	9月5日
(四)戊(1)	白露	八月一日	9月6日
己(2)		八月二日	9月7日
庚(3)		八月三日	9月8日
辛(4)		八月四日	9月9日
壬(5)		八月五日	
癸(6)	次候	八月六日	
甲(7)		八月七日	
乙(8)		八月八日	
丙(9)		八月九日	
丁(10)		八月十日	9月15日
秋社(五)戊(11)	末候	八月十一日	9月16日
己(12)		八月十二日	

续表

十干	节气/候	旧历	公历
庚(13)		八月十三日	
辛(14)		八月十四日	
壬(15)	中秋	八月十五日	9月20日
癸(1)	秋分	八月十六日	9月21日

【六月二十九日】立秋(1201年8月6日)

这一年的秋天，在中国人的传统观念中，为节月的“立秋”，是从旧历六月二十九日开始的。

【七月一日】立秋初候第三天(1201年8月8日)

立秋后作

……

老夫自笑心如石，三日秋风漫不知。

从立秋开始到今天刚好是三天，所以说是“三日秋风”。作者是说，尽管在此期间刮起了秋风，但自己的内心如石头一般毫无感觉。

【七月二日】立秋初候第四天(1201年8月9日)

《早秋南堂夜兴》这首诗可能是该日创作的。

……

候虫唧唧满空廊，风前落叶纷可扫。

……

夜漏渐长愁少睡，秋衣未制怯新凉。

……

秋虫鸣叫，落叶纷飞，秋天马上就要到来了，自己却还没有做好准备。我认为诗中的落叶是桤木叶，因为陆游在大约两周后创作的《新凉书怀》其二中写道“无日桤林无坠叶”，作者自注为：“桤木自夏至秋，日有落叶，不可胜扫也。”（作者自注中有“七月望”，所以一般认为该诗是作者在七月十五日创作的。）另，作者也有可能同时创作了题为《湖堤》的一首诗，其中写道：“新月纤纤淡欲无”，描写的是旧历初二纤细的蛾眉月，所谓的新月并非旧历朔日（初一）的新月。作为月相而言，它让我们联想到伊斯兰历的新月。［参考序编第四节的“1. 太阴历（阴历）的体系”］

【七月三日】立秋初候第五天（1201 年 8 月 10 日）

作者可能于今日创作了题为《秋夜》的一首诗。其中写道：“长庚未配月，织女已斜河。”每月第三天，月亮的形状细到还不能说是形成了蛾眉月。太阳一落山，傍晚的明星在西南天空闪烁，月亮不久也要落下了。再过一两天，如诗中所言，蛾眉月与金星同时出现在天空。一等星天琴座织女星，在高高的天空中熠熠生辉①。陆游接着写道，“莎径虫吟苦，柴门叶落多”，说的也是桤木的落叶。

【七月七日】立秋次候期间（1201 年 8 月 14 日）

这一年的立秋节气，由于置入了没日，所以为 16 天。至于

---

① 根据 *Stella Navigator* 11 和 *Stellar Theater Pro*，对当地当时的夜空进行了验证。

哪一天为没日，由于当时的历书没有流传下来，如今很难判断。不过，不管何时置入没日，初候、次候、末候的日期也只相差一天罢了。因此这一年的七月七日，必定在立秋的次候期间内。作者在今年没有创作有关七夕的诗，或许是因为天气不好吧。

【七月十五日】处暑（1201 年 8 月 22 日）

该年七月为小月，有 29 天。八月一日为白露节气，所以处暑节气为 15 天。由于该节气期间未置入没日，各候的天数均为 5 天。该日或次日（七月十六日），陆游创作了题为《秋暑夜兴》的诗。其中写道："微雨已收云尽散，众星俱隐月徐行"，是说云已散去，夜空放晴，但很多星星却隐去了身影，月亮在空中缓慢地移动着。由此可见，圆月又大又明，在此月光下，很多较暗的星星都看不到了，当然，即使在月圆之夜也是可以很清晰地看到一等星，而十七日夜晚是雷雨天气，所以该诗应是作者于十五日或十六日创作的。诗题中有"秋暑"二字，可见此时天气还相当酷热。

【七月十七日】处暑，初候第三天（1201 年 8 月 24 日）

该日陆游创作了一首题为《七月十七日晚，行湖塘雷雨大作》的诗。这一时期经常会出现积雨云，引发雷雨。

【七月十八日】处暑，初候第四天（1201 年 8 月 25 日）

该日，陆游创作了一首题为《七月十八夜枕上作》的诗。

……

露草蛩相语，风枝鹊自惊。

一凉吾事足，美睡到窗明。

是说露水已下，蟋蟀鸣叫，在凉爽的夜间睡得很香，一下子睡到了次日清晨。这一天白天虽然还很热，但到了夜晚，天高云淡，微风习习，因此可知在地面或地物的辐射冷却作用下，气温突然降了下来。虽然不是白露节气，却降下了露水。

【七月二十九日】处暑，末候第五天(1201 年 9 月 5 日)

从七月十七日迄今的十余天内，秋意渐浓。陆游在处暑的最后一天，即白露节气的前一天，创作了题为《白露前一日已如深秋有感》的诗。这一年虽然直到处暑的初候，天气还相当炎热，但从白露节气前后开始，感觉一下子到了秋天。诗中写道，“白首灯前听雁声”，是说大雁已从北方飞回来了。本节开头的诗题中也有“八月四日……新雁已至”。

【八月一日】白露(1201 年 9 月 6 日)

或许从该日及此前一天开始，至八月三日前后，陆游创作了《秋望》《秋兴五首》。《秋望》中有：“快哉一雨洗浮尘”“登临顿觉清秋早”，可知雨后气温下降了。《秋兴五首》其三中写道：“秋暑势已穷，风雨纵横至”，描述了强烈的风雨使残暑消失殆尽。与下面八月四日创作的诗的诗意相同。

【八月四日】白露，初候第五天(1201 年 9 月 9 日)

在本节所提到的诗句中，已经描述了白露第四天，因降雨气温急剧下降的情况。

【八月十日】白露，次候第五天(1201 年 9 月 15 日)

四天以后，或该日前，作者创作了一首题为《夜归》的诗。其一中写道：

今年寒到江乡早，未及中秋见雁飞。

此处也描述了提前迎来往年所没有的寒冷。此外，作者多次描写了在八月十五日中秋节来临前大雁已经归来的场景。七十二候中，白露的初候有“鸿雁来”的说法，但这是一千多年前北方中原的物候现象，在陆游当时居住的浙江，这种现象一般出现得更晚，因此作者对今年大雁归来如此的早感到非常惊讶。

【八月十一日】秋社(1201 年 9 月 16 日)

秋社以立秋为基点，为立秋以后的第五个戊日。这一年立秋日为丁未日，次日为戊申日，也就是第一个戊日，第五个戊日就是八月十一日。陆游在这一天创作了一首《秋社》诗，其中写道：“不堪沙雁带寒来”，描述了随着秋意越来越浓，花的种类也发生了变化，如“记取镜湖无限景，蘋花零落蓼花开”。

【八月十五日】中秋节(1201 年 9 月 20 日)

虽然中秋月明，但作者在此前后并没有创作有关月亮的诗。或许作者当晚并未看到月亮。

【八月十六日】秋分(1201 年 9 月 21 日)

陆游没有创作明确描写秋分的诗，不过在《秋夜》诗中有“俯仰秋已半”之句，可能说的是秋分。另外还有“罗月忽满窗”，这与十六日的满月相符。旧历中，经常可以看到十六日的月亮比十五日的月亮更圆更亮的情形。顺便一提，根据 *Stella Navigator* 11，十六日才是天文学意义上的满月，既望(太阳与月亮的黄经相差 180 度)，日落时的月龄是 15. 1。

本节通过筛选陆游诗中描绘季节的诗句，追寻了立秋至秋分的季节推移过程，可知这一年直到处暑初期，天气同往年一样，依然炎热，但是以白露前后的降雨为契机，迅速进入了秋季。陆游真是一位非常善于在诗中描写季节变化的诗人。由以上论述，我认为二十四节气七十二候可以有效地确定季节变化时间轴上的刻度和定点。

秋分 9b

所谓秋分是将立秋至立冬前的秋季一分为二。这一天太阳从正东方升起，正西方落下，昼夜等长。

太阳位于黄经 180 度。地球在围绕太阳旋转的公转轨道上，位于距离春分 180 度、夏至 90 度的地方，每天向前推进 1 度，约三个月移动 90 度到冬至。

公历日期是 9 月 23 日前后。另外，也指从此时至 10 月 7、8 日的半个月期间。在至明代为止的旧历(平气法)中，秋分日可以是八月一日至八月三十日之间的某一天。秋分日不会出现在七月、九月及闰月中。

节月为八月中。

八月十五日，秋分。是日又社 *

〔宋〕刘攽

秋分当月半，望魄复宵中。

难得良辰并，仍将吉戊同。

---

* 该诗文本出自《全宋诗》第 11 册卷 609。

高楼连卜夜，浊酒任治聋。
注想乘槎客，何如击壤翁。

拙译：

看了皇历，今年的秋分恰好赶在八月半，十五的满月又在今宵夜空中熠熠生辉。这两个节日赶在一起，甚是少见，然而更难得的是作为吉日戊日的秋社日也赶在了同一天。听说秋社日的浊酒可以很好地治疗耳聋，于是在高楼上，连夜占卜吉凶，尽欢饮酒。我寄思于以前那些抛下尘世的旅客，据说他们乘着木筏，游过银河前来与牛郎织女相会。然而，这些人与将天下事抛于脑后，却置身于击壤游戏中的老翁相比又如何呢？

作者刘攽（1023—1089），临江新喻（江西省新余市）人，与其兄长同为著名学者，在历史方面造诣颇深。24岁时与兄长同时考取进士，但仕途却不顺畅。他贯彻学术理念，不阿谀奉承，不拘泥于威仪，为人诙谐，据说因此经常引起他人的不满。他与欧阳修、王安石、司马光、苏轼等北宋杰出人物有交往。从40岁至49岁期间，在都城从事史书的编辑与研究、图书整理等工作，曾出任考官。这是刘攽最能发挥才能的一段时光。由于在科考的判定问题上与上司意见相左，以及与王安石唱反调等间接原因，49岁时被贬为泰州通判。后来虽暂时回到京城，但其才华未被王安石重视。53岁至55岁时，由京城迁知曹州，该诗就是此时创作的。从55岁到64岁10年间，作者曾5次出任地方官。终于在64岁时，被召回朝廷，任学术的最高权威秘书少监。这一官职对于被誉为北宋首屈一指的史学泰斗的刘敛而言未免来得太晚。不久，刘攽官拜中书舍人，但很快就去世了，时年 67 岁。①

如诗题中所言，这一年的八月十五日为秋分，也是秋社日。北宋时，八月十五日为中秋节，所以这一天中秋节、秋分日、秋社日三天重合在一起，是非常特殊的日子。

第一、二句写秋分在八月正中间，即八月十五日到来，所以秋分和中秋重合。这一天所幸没有降雨，十五的月亮高高悬挂在夜空。如果将此认定为是满月南中的话，时间刚好是如今所说的午夜 12 时左右。太阳历的秋分与阴阳历的八月十五日重合，属于偶然现象。话虽如此，由于秋分必定在旧历八月到来，所以单纯考虑这一重合概率的话，约为 1/30。由于大小月、闰月、进朔等，作为历月的其他要素会更多地添加进来，所以概率只不过是其中的一个标准罢了。不管怎样，在刘攽 67 年的生涯中，秋分在八月十五日到来的只有三个年份：景祐五年(1038)、嘉祐二年(1057)、熙宁九年(1076)。当然也可以说有三次之多，这只是每二十二三年一次的偶然概率。

第三、四句是说，这一天也与戊日的秋社重合。如前所述，秋社是立秋后的第五个戊日。景祐五年和嘉祐二年的八月十五日，其干支分别是己卯日和己未日，并非戊日。因此，不能称为秋社日，也就不是该诗的创作年份。熙宁九年立秋日为六月二十八日，壬子日，第一个戊日为七月四日，戊午日。由此数到第五

---

① 传记主要依据《宋才子传笺证(北宋前期卷)》中范永峰的《刘攽传》，第 753 页。同时参阅了《资治通鉴丛论》(河南人民出版社，1985 年)所收录的颜中其《刘攽年谱》(第 323—361 页)。

个戊日，的确是八月十五日戊戌日，为秋社日。

天干	地支	节气	旧历日期
壬	子	立秋	六月二十八日
癸	丑		
甲	寅		六月三十日
乙	卯		七月一日
丙	辰		
丁	巳		
戊	午		
己	未		
庚	申		
辛	酉		
壬	戌		
癸	亥		
甲	子		
乙	丑		
丙	寅		
丁	卯	处暑	七月十三日
戊	辰		
己	巳		
庚	午		
辛	未		
壬	申		
癸	酉		

续表

天干	地支	节气	旧历日期
甲	戌		
乙	亥		
丙	子		
丁	丑		
戊	寅		
己	卯		
庚	辰		
辛	巳		
壬	午		
癸	未	白露	七月二十九日
甲	申		八月一日
乙	酉		
丙	戌		
丁	亥		
戊	子		
己	丑		
庚	寅		
辛	卯		
壬	辰		
癸	巳		
甲	午		
乙	未		

续表

天干	地支	节气	旧历日期
丙	申		
丁	酉		
秋社 戊	戌	秋分	八月十五日

由此可以确定，熙宁九年(1076)就是这首诗的创作年份。这样的话，作者当时 54 岁，如前所述，他被王安石所疏远，出任山东省曹州地方官。

从唐宋元明千余年的历史来看，中秋节、秋分日、秋社日三者重合的日子，可谓少之又少，只有那么几次而已。现在可以确认属于该时期的，除了该诗创作时的 1076 年，还有一次是唐代垂拱元年八月十五日(685 年 9 月 21 日)①。

有趣的是，尽管是如此巧合的一天，但是与之有关的诗、散文、活动仪式等，除了该诗别无其他。也就是说，或许是人们对如此巧合的一天并未有太多的关注。刘敞当时参与了“明天历”历法的校订工作，因此可以认为他在历法学上也颇有建树。只有对具备历法知识的人而言，这一天稀有的价值才有意义吧。

① 详见竹迫忍的微博主页 http：//www. kotenmon. com/《古天文室》“和历”“月建检索”，通过“秋分+十五日+干支戊”检索，并通过《中华日历通典》找到立秋后第五个戊日，逐个确认其结果。日本的历月和中国的历月，干支虽然相同，但是二十四节气的日期有偏差，所以即使在日本历法中找不到秋分=十五日=秋社日的说法，或许在中国历法中有可能存在。只是这个数量，从日本历法的频度来看还是非常少的。顺便一提，秋分与秋社重合的日期更多些，而且是有规律地出现。例如，同样看一下《中华日历通典》，与这一年接近的情况，至少可以确认 971 年、973 年、992 年、994 年、1013 年、1015 年、1032 年、1034 年、1053 年、1055 年、1074 年等。

诗的后半部分描述了该日的宴会情况。从唐代开始，秋分日已经有一天的休假了，比较适合举办宴会。另外，把八月十五日的月亮作为特殊的圆月来欣赏，也是从唐代开始逐渐盛行。只是当时还没有“中秋节”这一说法，意味着这还不是一个由民众参与的国家层面的节日。“中秋节”这一说法一般认为是宋代以后开始出现的，而且被作为一个盛大的节日来庆祝。据说，这一天比较殷实的人家会装饰观月台，民间会租借酒楼，吹拉弹唱，通宵达旦。① 秋分前后，日落时分月亮在正东方附近的天空升起，整晚都可以欣赏到圆月。② 该诗的第五、六句说明或许作者也是在适合赏月的高楼上彻夜饮宴吧。

第七句中出现了一位渡过银河到仙境游玩的人物（乘槎客），不可否认，这会让人感到有些许突兀。这或许是因为作者在昨晚的赏月宴会上看到了银河，由此联想到古人乘坐竹筏渡过银河的

---

① 《大唐六典》卷 2 中，“内外官吏则有假宁之节”，其详细注释为：“元正、冬至各给假七日，寒食通清明四日，八月十五日、夏至及腊各三日。”八月十五日休假三天。（广池千九郎训点，内田智雄补订，广池学园事业出版，1973 年）不过，中村裕一认为现行的《大唐六典》说八月十五日休假三天是源自南宋本《大唐六典》，是错误的，正确的说法应该是八月五日为唐玄宗的生日、千秋节。即按照中村的见解，唐代时八月十五日并不休假。参阅《中国古代的年中行事》秋册“《大唐六典》八月十五日节日”（第 329—331 页）。另外，有关八月十五日赏月的由来，详见该书“十五日，赏月”（第 364—377 页）。

北宋孟元老的《东京梦华录》卷八“中秋”中写道：“中秋夜，贵家结饰台榭，民间争占酒楼玩月，丝篁鼎沸。近内庭居民，夜深遥闻笙竽之声，宛若云外。闾里儿童，连宵嬉戏，夜市骈阗，至于通晓”，详细描述了宋代中秋节的热闹景象。[《（日本）国立公文书馆电子藏书·内阁文书》]

② 参见（日本）《（C）国立天文台》历 Wiki“日出日落方位角”。虽说是按照 18.6 年的周期进行变动，但是几乎是在正东、正西附近，偏移幅度基本上控制在正东偏南 10 度、偏北 10 度以内。

传说。这则传说能够让人暂时忘却尘世的烦扰，沉浸在纯净清澈的空想世界中。作者正是被这一典故所吸引吧。

但是，从另一方面讲，今天是秋社日，是向土地神表达感谢的节日，也是农村的收获节。也只有在今天，农民才可以饮酒、吃肉。而且，如第八句所言，农民们不参与政治，只是尽情地游玩，庆祝太平，倒是那些官僚士大夫在处理行政事务工作之外，既为荣升而心力交瘁，又因复杂的官场人际关系而身心疲惫，为不知何时何去何从的仕途感到不安。可见，农民们虽然远离政治，却拥有一种理想的生活方式。作者不禁发问：像官僚们一样暂时畅游在仙境与像天真无知的农民们一样嬉戏，两者到底孰优孰劣？特别是此时，作者被放逐出京城，担任曹州这个小城市的平凡地方官，所以，诗句绝非单纯的文字游戏，而是因为对人生的放弃和绝望而产生的疑问。这是许多不得不行走在充满变数且残酷的仕途上的中国士大夫内心深处普遍存在的疑问。

第三节　季秋诗

寒露 10a

所谓寒露是降落的露水在迫近的寒气中进一步冷却，眼看要冻成霜了。

太阳位于黄经 195 度。地球在围绕太阳旋转的公转轨道上，位于距离春分 195 度、夏至 105 度的地方，每天向前推进 1 度，约两个半月移动 75 度到冬至。

公历日期是 10 月 8、9 日前后。另外，也指从此时至 10 月 22、23 日的半个月期间。在至明代为止的旧历(平气法)中，寒露日可以是八月十六日至九月十五日之间的某一天。闰月时，可以是闰八月十四日、十五日、十六日中的某一天。

节月为九月节。

宿三山别业*

〔明〕姚汝循

秋深寒露候，地僻水云乡。
落日枫千树，残霞雁几行。
桂香清小院，蛩语近匡床。
自卧沧州隐，逾憎世路忙。

拙译：

如今到了寒露节气，在这个偏远的水乡地带，遥望水平线，没有高山阻隔，只见水云相接处。落日余晖染红了千万株枫树，晚霞残留的天空中有几行大雁飞过。桂花香气四溢，小小的庭院显得更加清新。呼朋引伴的蟋蟀，由户外渐渐靠近我的床下。三

* 该诗文本出自《御选明诗》卷 58(《摛藻堂四库全书荟要》第 450 册集部第 103 册)。《列朝诗集》丁集第七(前见"雨水 2b"第二首诗注，《四库毁禁书丛刊》第 96 册)记载的文本中，把第七句的"沧州隐"写成了"沧州稳"。而且，中国通行的是写作"稳"的文本。如果是"稳"的话，可以解读为"自卧沧州，稳"或"自卧，沧州稳"。意义都说得通，而且平仄押韵也没有问题，与下句的"忙"也能很好地相对。不过，此处我认为"隐"比较好。一是因为《御选明诗》收录的该诗文本具有更高的可信度，二是一般诗文中"沧州"后写作"隐"字的例子占压倒性的多数。"隐"既有动词性的"归隐"之义，又有名词性的"隐者"之义，该诗中两者都解释得通。

山庄园位于隐者居住之地、水边之城的沧州，是个远离人间之所。我独卧于此，愈加憎恶人世间的那些忙忙碌碌。

作者姚汝循(1535—1597)，明代后期江宁南京人，22岁时科举及第。然而优秀的人才，未必能够在仕途上出人头地，有的会遭人嫉妒，有的无法与上司很好地相处，有的不愿扭曲自己的本性。作者曾官至大明府(河北省邯郸市)知府，后遭左迁、连坐等，遂辞官回到乡里南京。由于作者没有担任什么重要的官职，有关他的传记也就没有留存下来①。一般认为作者回到南京，生计基本依靠庄园经营。他在妓院林立、风流人士云集的秦淮之地，与爱好风雅的文人一起唱和诗文、欣赏弦乐。他爱好书画古董，晚年创办私塾。在中国，不做官的文人基本上属于隐士。作为一位兴趣广泛的诗人、学者，他与官僚、富商这样的人士有着文化上的交集。到了明代，在南京这样的大城市，即便不做官，凭自己的才艺，也可以依靠文化，生活过得很充实。

诗题中所说的三山，全国各地都有，这里指的是南京的三山②。作者在那里拥有庄园，经营着些许家业。这一点从他仅存

---

① 传记未详，著作几乎全部失传，只留下几首诗。此处依据钱谦益的《列朝诗集小传》丁集上[《明代传记丛刊》学林类9(011)所收，明文书局，1991年]以及参见蔡清德《成化至嘉靖年间金陵地区书画鉴藏家丛考》(《南京艺术学院学报》2008年第2期)“姚汝循”项。

② 宋代郭茂倩的《乐府诗集》卷48“清商曲辞”《三洲歌》其一写道：“送欢板桥湾，相待三山头。遥见千幅帆，知是逐风流”(中华书局，1979年)，其中就有“三山”。这首歌意为一位女子在板桥上送别即将踏上商旅之程的男子。后来，该女子登上南京的三山，翘首期待载着男子的归帆。如今南京的板桥河西侧与长江中游的子母河相对的地方依然保留有“三山村”“三山小学”。

的诗《晚归田庐》《雨后行园》等中可窥见一斑。这首诗大概是作者从南京城的家中出来，在长江沿岸的别墅里短暂停留时创作的。

第一句中的“秋深”，即深秋，晚秋。把 10 月中旬前后的寒露节气称为晚秋，是否有秋天过于提前之感呢？按如今的季节感而言，晚秋至 11 月至 12 月初前后。作者之所以这样说，是因为明代的气候比现代凉爽，并非深秋提早。的确，明清时期整体而言属于世界性的寒冷期，在中国被称为“明清小冰期”。但是据说在姚汝循进入隐逸生活的后半期，即 16 世纪后半期，长江中下游流域反倒处于非常暖和的时期①。

如今的季节划分，作为天文学意义上的季节，春分、夏至、秋分、冬至分别为四季的起点。根据地球相对于太阳的位置来划分季节是最客观的标准，比较适用于西欧的实际季节划分，与中

① 在《中国历史时期气候变化研究》第九章“明清时期的气候冷暖研究”第三节“三、长江下游地区近 500 年以来冬温指数”中，把 1520—1620 年划定在温暖阶段。满志敏教授指导的刘炳涛的博士论文《明代长江中下游地区气候变化研究》(复旦大学，历史地理学博士论文，2011 年)第三章第三节“由冬麦播种期和收获期看明代长江中下游地区气候冷暖变化”，结论为：“嘉靖年间的气候要稍暖于现代气候，这种温暖一直持续到明末。”第四节“从柑橘种植北界看长江中下游地区气候冷暖变化”，结论为：“嘉靖乃至崇祯的明代后期，在整体上一直处于较为温暖的状态，有时候甚至要比现代更为温暖。”另外，根据《中国历朝气候变化》卷末图版Ⅶ·图 4、5“中国东南地区长度超过 500 年的温度变化”，将 16 世纪后半期整体上视为温暖期。不过，在第十一章“明朝：小冰期前半段”第一节“(二)华中、华东地区”中，以更详细的文本论述了 1540—1560 年代为温暖期、1570—1650 年代为寒冷期。关于这种冷暖变化，Brian Fagan 认为从 1300 年前后开始到 1850 年前后为止的小冰河期，在短期内曾呈现出时暖时寒的气候变动的特征(《改变历史的气候大变动》，第 102—104 页，东乡绘里香、桃井绿美子译，河出书房社，2009 年)，“新的气候学研究表明小冰河时代是气候曲折变化的时代，同一状态的保持很少有超过 1/4 世纪以上时间的。”(《古代文明与气候大变动：改变人类命运的两万年史》，东乡绘里香，河出书房社，2011 年，第 380 页)

国和日本的实际情况稍有偏差。

另外从气象学的季节划分来看，中日两国一般都是 3 月至 5 月为春季，6 月至 8 月为夏季，9 月至 11 月为秋季，12 月至 2 月为冬季①。因此，从今天的天文学和气象学季节划分来看，10 月中旬前后的寒露正值仲秋时节。如姚汝循所言，称之为晚秋，未免太早。

天文学意义上的季节	四季	气象学意义上的季节
春分以后	春季	3、4、5 月
夏至以后	夏季	6、7、8 月
秋分以后	秋季	9、10、11 月
冬至以后	冬季	12、1、2 月

---

① 近年在中国，人们根据《气象行业标准“气象季节划分”QX/T152—2012》(中国气象局 2012 年发布)，采用“5 天滑动平均法”以区分季节。所谓的“5 天滑动平均”是指连续要素序列的当天及前 4 天，以 5 个数据为一组求取平均值。包括根据求取 30 年或其以上平均值的“常年值”(即平年值)的“常年气候季节”和只适用于当年的“当年气候季节”。从 30 年平均值的“常年气候季节”的区分指标来看，春季为日平均气温或滑动平均气温大于或等于 10℃，且小于 20℃；夏季日平均气温或滑动平均气温都在 22℃以上；秋季日平均气温或滑动平均气温小于 22℃，且大于或等于 10℃；冬季日平均气温和滑动平均气温都小于 10℃。(只不过以上标准只是适用于四个季节均出现的四季分明的地区，不适用于只有夏季和冬季的地方。)如果只是单纯表示季节区分指标的话，实际的区分过程中，还有一个必要的操作。这一指标也能让我们大致感觉到季节的变化。下表中○为日平均气温或 5 天滑动平均气温，单位为℃。

常年气候气温季节区分指标	春	夏	秋	冬
日平均气温或 5 天滑动平均气温	10≤○<22	22≤○	10≤○<22	○<10

日本的季节划分也有很多种，最一般的方法是采用“日本”气象厅的预报用语“表达季节的用语”中的春：3 月至 5 月；夏：6 月至 8 月；秋：9 月至 11 月；冬：12 月至次年 2 月。[(日本)气象厅主页>知识·解说]

另外，同样的二十四节气，并不是说姚汝循时代的平气法和如今的定气法不同，日期就会因此有很大的变化。假设在姚汝循晚年的15年内，寒露节气为10月6日或7日，与今天的10月7日或8日相比，不过早一两天而已，所以，与现在季节的违和感并非由节气的计算方法不同造成的。

这是由于当时的季节划分是根据传统的二十四节气进行的。二十四节气的节气划分以“四立”为起点，即立春始为春季，立夏始为夏季，立秋始为秋季，立冬始为冬季。进而又将春、夏、秋、冬各自分为孟、仲、季三部分。然后，为各部分对应相应的节气，如秋季中，孟秋有立秋和处暑，仲秋有白露和秋分，季秋有寒露和霜降。寒露被划分到了季秋，即晚秋。再对应上与旧历历月不同的节月。① 如下一览表所示。[不过，有必要注意，在节月体系中系统化的名称也用在现实的历法中，两者(太阳历的节月和阴阳历的节月)有时容易混淆。]

① 将四个季节各自细分为孟、仲、季三部分的做法，如序编第二节所述，早已存在于确立二十四节气的《淮南子·时则训》中。更准确地说，在更早的《吕氏春秋·十二纪》《礼记·月令》中，已经将四季区分为12份。在此，我认为(仅限于我能在文献中得以确认的情况)东汉高诱(2世纪末至3世纪初)对太阳历的四季分成12份，予以分配阴阳历(即旧历)12个月的注解，是可以解除常见的误解的。另一方面，节月中12个月的分配属于太阳历。这一点必须与高诱所注释的阴阳历12个月的分配区分开。另外，《逸周书·周月》是按照“凡四时成岁，有春夏秋冬。各有孟、仲、季，以名十有二月，中气以著时应”，将四季各自分为三份。接着写道：“春三月中气，雨水、春分、谷雨；夏三月中气，小满、夏至、大暑；秋三月中气，处暑、秋分、霜降；冬三月中气，小雪、冬至、大寒。闰无中气。”不过，《逸周书·周月》的创作时期、背景等，还有很多不明确的地方。因此，此处仅提供材料，暂不做讨论。

公历日期	节气	月份	季节
2月4日	立春	正月	孟春　春
2月19日	雨水		
3月4日	惊蛰	二月	仲春
3月21日	春分		
4月5日	清明	三月	季春
4月20日	谷雨		
5月6日	立夏	四月	孟夏　夏
5月21日	小满		
6月6日	芒种	五月	仲夏
6月21日	夏至		
7月7日	小暑	六月	季夏
7月23日	大暑		
8月8日	立秋	七月	孟秋　秋
8月23日	处暑		
9月8日	白露	八月	仲秋
9月23日	秋分		
10月7日	寒露	九月	季秋
10月23日	霜降		
11月7日	立冬	十月	孟冬　冬
11月22日	小雪		
12月7日	大雪	十一月	仲冬
12月22日	冬至		
1月6日	小寒	十二月	季冬
1月20日	大寒		

注：上图中的阿拉伯数字部分是以公历为基准得出的节气日期。

实际上，姚汝循也是遵循这种划分方法，将寒露节气划归到季秋，即晚秋、“秋深”。四立是基于二十四节气的节气划分的起点，若是按照公历而言，最冷的时候是2月4日，因此我们很容易感受到节气的季节划分与实际的季节之间的违和。但是，此处并非四立中的节气，而是普通的寒露节气。根据二十四节气的划分方法，将秋季分为孟秋、仲秋、季秋，即初秋、仲秋、晚秋。这部分的不协调性很容易被我们忽视。

接下来，该诗第三、四、五、六句，作者描述了寒露节气时，在长江沿岸的庄园看到的一些物候现象。

枫是多生于淮河以南的金缕梅科树种，与日本的枫树相似。不过，虽说也是红叶很美的落叶树种，但它与日本的枫树科枫属的枫树不同。它的树叶是从中间分为三部分。以前日本人曾将本国没有的中国枫树误以为是日本枫树，其实这一树种最早是在江户时代传至日本的，如今在公园、街道两旁都能轻易找到。这种枫树或许是从寒露节气开始变红，我们可以想象此时的枫树映在落日余晖中的情景。日本贞享历(1685年起)中记载的七十二候中，霜降次候有“茑树红叶”，时间是寒露节气结束的数日后。

第四句所说的“霞”并非日本短歌、俳句中经常吟咏的春天的“霞”，而是早晚太阳染红的云，这里指的是晚烧云。因为有残霞，所以第三句中夕阳早已落下，只剩下天空中暗红色的云彩。在那里，候鸟大雁排成一字形或V字形向南飞去。中国的七十二候中，寒露的初候有“鸿雁来宾”。

第五句的“桂”并非自古以来日本说所的“桂”，亦不是肉桂，而是木樨科的桂花①。在中国，桂花与菊花同为代表寒露节气的花木，花香浓郁，寒露节气开花时，周围香气弥漫。在香味的作用下，人们会定气凝神，感觉神清气爽。

第六句中的“蛩”指蟋蟀。姚汝循是在庄园的卧室中听到了蟋蟀的叫声。蟋蟀确实在寒露节气时最活跃。如“立秋 8a”中所述，《诗经》中的《七月》中歌唱道：“七月在野，八月在宇。九月在户，十月蟋蟀入我床下。”但是“入我床下”，从姚汝循的这首诗中按照中国的太阳历节月来看是九月，而《诗经》中写的是十月。

这种时间差异并不是因为姚汝循生活的时代与两千多年前的《诗经》时代蟋蟀的鸣叫时间不同，蟋蟀的生活习性从古至今应该没有变化吧。这可能是因为《诗经》中的《七月》背后的历法不是一年十二个月，而是把一年分为十个月的太阳历②。

综上所述，这首诗描述了寒露节气物候的诸多特征，如开始变红的数千株枫树、列队飞行的候鸟大雁、飘香的桂花、爬到床边的蟋蟀等。作者远离城市的喧嚣，来到郊外的庄园，此时，他脑海中浮现的是体现这种季节变化的动植物的样子。接着他产生了这样的疑问：那又怎样呢？在诗中吟咏这些东西有意义吗？为

① 参见《植物的汉字语源辞典》以及《植物的日本名、中文名与传统文化》第一章“桂、枫”和第二章“枫”。

② 《七月》诗中的农事历到底是什么样的历法？这个问题很难回答。因为用基于阴阳历的旧历（即夏历）去套用《七月》诗中所描述的农事历，会产生很多分歧。天文学家、历学家陈久金先生在古代十月太阳历方面有着开拓性的研究。陈久金《论〈夏小正〉是十月太阳历》（《自然科学史研究》1982 年第 4 期）是最早讨论《夏小正》和《七月》诗同为十月太阳历的论文。几乎同时，何新通过文献研究，证明了《夏小正》为太阳历，促进了该研究的发展。参见《夏小正新考》（何新，万卷出版公司，2014 年）。两者相互印证，补充完善。参见序编第二节的“3.《夏小正》”。

什么要在诗中描写这些无关紧要的内容呢？这或许是因为作者在过着隐逸的生活吧。官场复杂的人际关系、喜怒哀乐等这些东西，都随着隐退被抛到长江里去了。倘若如此，作者心之所向的是身边美好的自然风光、季节推移、动植物的生长变化等。古今中外，大凡舍弃官职地位的人都会寄情于此吧。他们交流的对象皆是自然。正因为作者成了隐者，所以才将上述内容写入诗中。这绝非无关紧要之事，对于隐者而言，这反而才是重大的、需要关心的事。

最后一联是说他虽然弃官归隐了，但并不意味着斩断了烦恼。恐怕那样的隐者极为稀少吧。像作者这样，从日常的烦恼中脱身而出，独自在外过夜，想起那些至今仍在官场为功名利禄而忙忙碌碌、种种算计的人，觉得他们非常令人讨厌，可见作者还是在惦记着他们。虽然已经归隐，但是还没有达到事不关己，高高挂起的境地。人就是这样的吧。若是古代日本歌人的话，在这样的夜晚，会唱出“漫漫长夜一个人”这样的诗句吧，感叹心中所想之人不在身边。而在中国古典诗的世界里，一般不会出现这样的情况。

霜降 10b

早晚的温度达到零下时，要变成寒露的水蒸气成为冰粒，即为霜降。

太阳位于黄经 210 度。地球在围绕太阳旋转的公转轨道上，位于距离春分 210 度、夏至 120 度的地方，每天向前推进 1 度，约两个月移动 60 度到冬至。

公历日期是10月23、24日前后。另外，也指从此时至11月6、7日的半个月期间。在至明代为止的旧历(平气法)中，霜降日可以是九月一日至九月三十日之间的某一天。霜降日不会出现在八月、十月或闰月。

节月为九月中。

过夏国新安县(时丁亥九月望也)*

〔元〕耶律楚材

昔年今日度松关，车马崎岖行路难。
瀚海潮喷千浪白，天山风吼万林丹。
气当霜降十分爽，月比中秋一倍寒。
回首三秋如一梦，梦中不觉到新安。

拙译：

往年的今日，我曾度过阴山的松关，当时车马行走在崎岖的山路上，着实非常艰难。戈壁沙漠，犹如瀚海卷起的千层浪潮一般，飞沙走石。天山狂风怒吼，山脚下的几万棵树木都被染成了红色。现在正值霜降节气，空气冷暖适中，十分凉爽。今宵九月的满月比上月的中秋圆月显得寒冷了一倍。回首这三个月仿佛做梦一般，在梦中不知不觉到了新安县。

---

* 该诗文本出自《湛然居士文集》卷三(《四部丛刊初编》，台湾商务印书馆，1967年)。耶律楚材的传记主要依据杉山正明的《耶律楚材及其时代》(白帝社，1996年)，同时参考了饭田利行《耶律楚材：大蒙古禅人宰相》(柏美术出版社，1994年)、刘晓《耶律楚材评传》附录“耶律楚材年谱”(南京大学出版社，2001年)等。

诗题的注释“时丁亥九月望也”，一般认为这句话是作者自己所附。丁亥是以六十为周期的表示日期的天干地支，可指年、月、日。根据语序该诗中指丁亥年①，而非丁亥月或丁亥日。耶律楚材在55岁的生涯中，只经历了一次丁亥年，这就是金正大四年、元太祖(成吉思汗)二十二年，即公历1227年。旧历日期所谓的望为每月十五日(不限于天文学意义上所谓的望)。这一年九月十五日用天干地支表示的话，是丁亥年、庚戌月、辛卯日，换作公历为1227年11月2日。

耶律楚材(1190—1244)，辽国贵族后裔，其父亲在金国官至副宰相。金国的中都(北京)被蒙古大军攻陷时，作者26岁，成

---

① 干支是用十干和十二支的22个汉字，两两组合表示年月日。现在用○表示十干，用□表示十二支，就形成了“○□”的形式。前者○是十干的10个汉字，后者□是十二支的12个汉字。两者的汉字出现的顺序通常是固定的。○中按照“甲乙丙丁戊己庚申壬癸”的固定顺序依次填入，循环往复。□中按照“子丑寅卯辰巳午未申酉戌亥”的顺序依次填入，循环往复。从“甲子”开始，依次是“乙丑”“丙寅”等。○和□的组合形式中，十干和十二支各自按照固定顺序排列，但从结果来看，干支十与十二的最小公倍数为60。所以当第61次组合时，又回到了最初的组合形式。

用干支表示月时，一年12个月，○和□都是12次为一个循环。

正月	二月	三月	四月	五月	六月	七月	八月	九月	十月	十一月	十二月
○□	○□	○□	○□	○□	○□	○□	○□	○□	○□	○□	○□
○寅	○卯	○辰	○巳	○午	○未	○申	○酉	○戌	○亥	○子	○丑

要在有12个月数的○填入十干，所以○的部分就是每一循环错位两干，而在有12个数字的□内填入十二支，就不会产生错位，12个□和十二支形成相同的组合。实际上十二支往复循环，结果就是12个月的月名和十二支分别构成组合，固定下来。所以，提到正月必是寅月，卯月常指二月等。但是○□的干支组合，连续60个月，没有一次是重复的(干与支的最小公倍数)。第61个月时，又回到原初的组合。

闰月时与本月相同。因此，比如三月为“壬辰”，下个月即使为闰三月，同样是“壬辰”。

了中都具有中坚力量的官员，因此留在了中都。三年后，29 岁的他被成吉思汗召见前往蒙古。接下来，他跟随成吉思汗远征中亚，以预言家的身份为成吉思汗服务并得到了信任。从此至 38 岁成吉思汗去世为止，他有近 10 年的时间待在成吉思汗身边，停留在中亚。对耶律楚材而言，与成吉思汗的相遇具有决定性意义，这或许是他人生中最辉煌的一段时光。在中国历史上，学识丰富、才华横溢的人才多如星辰，倘若作者没有遇到成吉思汗，他也不过是一名平凡的士大夫而已，不会受到太多的关注。耶律楚材之所以在中日两国如此出名，是因为在故国灭亡被成吉思汗重用，随着成吉思汗世界帝国的威名远扬，他的名声也广为人知。成吉思汗去世后，耶律楚材受到窝阔台政权的重用而活跃在政治舞台上。倘若没有与成吉思汗的相遇，这些情况是不可能发生的。另外，由于长期行走在西域，耶律楚材的诗歌为中国古典诗增添了新鲜的塞外风味。因此也可以说，正是成吉思汗成就了耶律楚材。1227 年，耶律楚材 38 岁时成吉思汗去世，我们可以想见此时的耶律楚材多么震惊与悲伤。

这首诗是作者在成吉思汗去世两个月后创作的。在远征中亚的过程中，成吉思汗率领蒙古大军入侵花剌子模，攻陷了花剌子模的都城撒马尔罕，到达了印度河。1225 年，成吉思汗曾一度回到故地克鲁伦河。1226 年，成吉思汗第一次进攻西夏。在蒙古军攻陷西夏的西平府(灵武)时，耶律楚材正在收集书籍、中药等。1227 年 10 月，成吉思汗在从云盘山去往清水县途中去世，耶律楚材当时是否在其身边，不得而知。一般认为，成吉思汗去世后，耶律楚材立刻沿原西夏国境内的鄂尔多斯高原北上，翻越阴山山脉，去往克鲁伦河畔的成吉思汗的故地。作者就是在阴山山脉附近的新安创作了这首诗。诗的最后“回首三秋如一梦，梦中不觉到新安”，是说作者由于失去了成吉思汗，惊慌失措，在茫然自失的状态中向北行进。这里的三秋并非三年的意思，可能说的是从成吉思汗去世的初秋到仲秋，再到晚秋的“三秋”，是三个月的意思。他魂牵梦萦的肯定是跟随成吉思汗驰骋于天山与西域的十年岁月，以及在十年期间所发生的诸多事情。

第一句，“昔年今日度松关”，我们不清楚松关的具体位置。古注中有“西域阴山有松关”的说法，诗题中提到西夏国的新安县，故如前所述，此阴山指黄河大弯曲部，鄂尔多斯高原北部如今的东西横跨包头市和呼和浩特市北部山脉的阴山山脉。耶律楚材的诗中数次提到阴山，不过那些阴山很有可能指阿尔泰山脉，当时阿尔泰山脉并非西夏的领土。

第三、四句中所说的天山指如今的天山山脉。“瀚海”有时也指贝加尔湖，但在有关西域的诗中多指戈壁沙漠。具体指代哪里不得而知。

“瀚海潮喷千浪白，天山风吼万林丹。”这种壮观描写在中国内地是看不到的，却是西域所特有的，将耶律楚材塞外诗的特征展现得淋漓尽致。

接下来，我们试想第六句中该时节的气温变化。“月比中秋一倍寒”，中秋是旧历八月十五日。这首诗创作于九月十五日，所以与前一个月相比，恰好寒冷了一倍。该年的八月十五日处于秋分末候，寒露前的第四天，公历是 10 月 3 日。如果按公历说，这是将 11 月 2 日与 10 月 3 日相比的结果。追溯这一年耶律楚材的行踪的话，如前所述，可以认为他是从灵州(灵武市)或六盘山方向北上，向阴山方向前进。从纬度角度而言，相当于作者在开始进入深秋时，由日本的关东地区北上到东北地区，所以气温肯定会变得更冷。但是，在这一个月期间，作者真的会感到气温成倍下降吗？下面试举一例，进行验证。

作者感到气温落差较大的地方是松关、新安县。虽然我们现在不清楚这个地方的具体所在，但是可以认为它是与阴山山脉大致相同的地方。现在以包头市为例，这里最靠近阴山山脉，当时在西夏国境内，该地区近年来平均气温的统计数据比较容易获得。同时将作者一个月前的出发点暂定为银川市。银川市是与灵州(灵武市)部分重合的地方，大致位于包头市与六盘山间的中间位置。从场所的设定而言，这样做较为妥当。另外银川市近几十年的平均气温是公开的，但是灵武市的数据较难获得。

根据包头市与银川市 1951 年至 2008 年的 58 年间的最低和最高的每日平均气温，可以算出此间每年七月、八月、九月十五日的最低和最高的平均气温。① 如下表上半部分所示。粗体字为比

① 有关银川的数据出自"天气后报"1951 年至 2008 年的"银川 9 月(至 11 月)份每日气候数据"，包头的数据也源自同一网站。从美国海洋大气厅气候数据在线搜索平台得到银川 30 年的数据，计算出 9 月 4 日、10 月 3 日、11 月 2 日的日最低气温、日最高气温和日平均气温，可以得到以下的数值，与"天气后报"的结果几乎相同。

银川 1957—1963，1973—1995 年	9 月 4 日	10 月 3 日	11 月 2 日
日最高气温的单纯平均：	24.3℃	19.6℃	13.0℃
日最低气温的单纯平均：	12.8℃	5.5℃	-1.2℃
日平均气温的单纯平均：	18.6℃	12.5℃	5.6℃

银川、灵武的海拔高度都是 1100 米，包头市的海拔是 1050 米，差别不大，所以暂不考虑因海拔高度不同产生的气温差。

较对象。

旧历	元太祖二十二年七月十五日		元太祖二十二年**八月十五日**		元太祖二十二年**九月十五日**	
公历(括号内为儒略历)	9月4日(1227年8月25日)		**10月3日**(1227年9月26日)		**11月2日**(1227年10月26日)	
如今的地名	银川	包头	**银川**	包头	银川	**包头**
平均最高气温	25度	24度	**19度**	18度	13度	**11度**
平均最低气温	13度	11度	**6度**	4度	-1度	**-3度**
如今的地名	灵武	包头	**灵武**	包头	灵武	**包头**
白昼时长	12小时56分钟	13小时1分钟	**11小时44分钟**	11小时42分钟	10小时34分钟	**10小时24分钟**
日落时间	18时26分	18时29分	**17时41分**	17时40分	17时01分	**16时56分**
南中高度	59度8分	56度29分	**48度9分**	45度13分	37度11分	**34度18分**
日出日落方位角的夹角	200度19分	200度50分	**171度42分**	171度26分	143度46分	**142度13分**

诗中所说的八月十五日银川市近60年的平均最高气温为19℃，一个月后的包头市是11℃，降了8℃；银川市平均最低气温为6℃，一个月后包头下降到-3℃，下降了9℃。当然，我们不能将上表气温变化的绝对值直接用作元代初期的数据，但是从长远来看，不管是温暖的时代还是寒冷的时代，在鄂尔多斯高原南部和北部，其平均气温的上升与下降的相对情况与如今类似，因此这些数据是可以采用的。换言之，如上表所示，我们也可以认为近几十年的气温下降的状况800年前就已存在。当气温如此剧烈的下降时，从体感角度讲人会感到倍加寒冷。在这种情况下，今人的感觉与800年前的耶律楚材一样，不会有太大的差异。可以说通过近现代的数据推测他在新安县所感受到的气温变化具有一定的客观性。

其次，白昼时间的长短、日落的早晚，以及太阳高度的高低等因素，也会影响体感温度的高低。因此，下面就该时期太阳的移动进行比较。在感受到从秋季向冬季的气温变化时，我认为对这种变化早晚的感觉，除气温外，也是由白昼变短多少得到的。

毋庸置疑，太阳、地球、月球三者之间的移动关系，800 年前和现在没有什么两样。

耶律楚材停留过的地方并非银川市，而是银川市南约 40 公里处的灵武市。其经纬度，小数点后四舍五入是北纬 38 度，东经 106 度。日落时间分别用灵武市和包头市各自的地方平时来表示①。

比较上表的后半部分，可见作者从灵武出发到包头市，是 10 月 3 日至 11 月 2 日，花了约一个月时间。日落时间由 17 时 41 分到 16 时 56 分，提前了 45 分钟。白昼时长由 11 小时 44 分钟到 10 小时 24 分钟，缩短了 1 小时 20 分钟。这部分时间缩短，是因为夜变长了。另外，南中时的太阳高度从 48 度 9 分到 34 度 18 分，大致下降了 14 度。日出和日落方位角的大小由 171 度 42 分到 142 度 13 分，变窄了约 30 度。笼统地说，耶律楚材是在一个月两个节气的季节推移中向北前进。换言之，从数据来看，半个月一个节气，向前加速推进季节变化。由此我们清楚了，太阳落山

① 数值都设定在 1227 年，采用 *Stella Navigator* 11 进行了验证。南中高度得出其“天体信息(太阳)”的数据，白昼时长和日出日落的方位角的夹角由其“位置推算(太阳)”得出。时间同样采用 *Stella Navigator* 11 的地方平时。地方平时也是基于假定一年中太阳以相同的速度运行的平均太阳时，所以与实际的太阳运行存在时间差。虽然人们认为当地该时间的实际太阳运动比地方平时要快一些，但是银川、灵武、包头三地不存在较大的纬度差，所以可以忽略这种快进的影响。另外海拔高度的影响，根据上条注释中所陈述的理由，暂时忽略。本文表中也记载了儒略历，是因为 *Stella Navigator* 11 在格里历改历之前为儒略历，所以不会产生误解。而且，由 *Stella Navigator* 11(设定为 1227 年)得到的数据，和(日本)《(c)国立天文台》“历法计算”(日期设定为 2018 年)得到的数据进行比较，时间不过相差 1 分钟左右，角度不过相差 1 度左右。(“历法计算”中可以设定以现在为基点的过去 10 年和未来 10 年)

早了，白昼也变短了，太阳在天空中划过的弧度也变小了。耶律楚材之所以在这一个月内感受到相当寒冷，肯定是因为有这样的太阳移动。

虽然只引用了近 30 年的数据，但是根据《中国气候资源地图集》①可知鄂尔多斯高原的年最早初霜日为 9 月 16 日，年最晚初霜日为 10 月 16 日。所以这首诗创作时，如果具备晴朗、微风等天气条件的话，怎么说下霜都不觉得奇怪，甚至会有下雪的可能。因为据《中国气候资源地图集》记载，这一带年平均降雪初日为 11 月 1 日。耶律楚材乘坐马车穿过早冬的鄂尔多斯高原，行走在布满清霜的道路上，或是行驶在小雪中，与成吉思汗一起度过的这 10 年的点点滴滴，如走马灯般萦绕在作者的脑海中。

---

① 初霜日在第 250 页，降雪初日在第 178 页。大致为 1951 年至 1982 年间的数值。

第四章　冬

第一节　孟冬诗

立冬 11a

所谓立冬，是白昼时长和太阳高度等与 2 月初的立春相同，开始洋溢冬天气息的节气。

太阳位于黄经 225 度。地球在围绕太阳旋转的公转轨道上，位于距离春分 225 度、夏至 135 度的地方，每天向前推进 1 度，约一个半月移动 45 度到冬至。

公历日期是 11 月 7、8 日前后。另外，也指从此时至 11 月 21、22 日的半个月期间。在至明代为止的旧历(平气法)中，立冬日可以是九月十六日至十月十五日之间的某一天。闰月时，可以是闰九月十四日、十五日、十六日中的某一天。

节月为十月节。

癸卯九月二十一日作*

〔明〕陶安

立冬前一日，雷电蛰虫惊。
雨气蒸人暖，潮头触岸平。
君王敬天变，宰相访民生。
穫稻筑场圃，千村正望晴。

立冬

乍寒冬气应，此日电雷收。
风力生东北，天兵湖上流。
忆君亲沐雨，愧我已重裘。
只待青天霁，聊宽下土忧。

拙译：

癸卯九月二十一日作

现在已是立冬前一天，电闪雷鸣惊醒了已经开始冬眠的蛰虫。雨水蒸发，让人感觉温暖又湿润。涌来的潮头拍打着岸边，进而与岸齐平。我们的君王敬畏上天引起的天气变化，于是派遣宰相走访民间，探明情况。千家万户的村民们已经修好了场地，准备收割晚稻，正期待着天空放晴。

---

* 该诗文本出自《陶学士先生文集》卷三（弘治十三年项经递修本影印，北京图书馆古籍珍本丛刊）。传记出自《明史》卷一三六《列传二四》“陶安本传”。同时参考了付玉璋的《简评陶安》（《安徽史学》2003 年第 1 期），其生卒年也依据该文献。

立冬

今天立冬，像是应景，天气突然变冷了。昨天的雷电尽收，东北方向生成的风吹向了长江以南。天兵天将降落的雨水涌向上游，并消失在远方。想起君王站在雨中浑身湿透，像是以雨水洗发一般，励精图治，转战南北，建立大明王朝，而我却已穿上厚厚的皮袄，甚是惭愧。如今我所期待的只是天能够放晴，聊以宽慰吾等民众的担忧之情。

作者陶安(1315—1368)，元末当涂(安徽省马鞍山市)人。元末至正四年(1344)乡试及第，出任明道书院教授之职。后来为躲避战乱，退隐乡里。元至正十五年(1355)，朱元璋率军将陶安家乡一带收归自己的势力之下。陶安亲自出迎，获得了朱元璋的信赖，并受到重用。陶安对明朝建国初期诸项制度的制定做出了重大贡献。他做地方官时施行良政，如当他任饶州知府时，为当地百姓减轻负担，谋取福利，振兴因战乱而荒废的农业，受到农民如对待救世主般的爱戴。晚年出任江西行省(包括江西、福建、广东)的参知政事，不久卒于任上。

上引两首诗，在《陶学士先生文集》及《陶学士集》(《文渊阁四库全书》第1225册)中，都是按上述顺序收录的。从内容方面看，二诗是先后创作的。第一首诗诗题中有“癸卯九月二十一日作”，在陶安的生涯中，只经历了一次癸卯年，即至正二十三年(1363)，陶安时年49岁，该年立冬日为九月二十二日。由此可知，该诗是作者立冬前一天创作的，这与该诗首句“立冬前一日”相符。进而可知，第二首题为《立冬》诗是九月二十二日(1363年

11月6日)创作的，此时陶安已从黄州(湖北省黄冈市)知府调任饶州(江西省鄱阳县)知府。陶安曾两次出任饶州知府，这首诗是在他首次任职期间创作的。

第二句“雷电蛰虫惊”，通常这是七十二候中不可能发生的物候现象。在元代实行的“授时历”七十二候中，关于雷的记载如下：开始打雷是春分次候“雷乃发声”和末候“始电”；结束打雷是秋分初候“雷始收声”。关于虫的记载有：蛰虫藏入洞中时是秋分次候“蛰虫坏户”；蛰虫深居洞中不动不食进入冬眠状态时是霜降末候“蛰虫咸俯”；蛰虫开始活动即为惊蛰(启蛰)。(虽然《吕氏春秋》《礼记》《淮南子》的物候大同小异，但是都把蛰虫活动这一候应置于春分节气。)因此在过了霜降后的立冬时，蛰虫应该是藏入洞穴中、身体朝向更温暖的地底下了。

然后，在第三、四句中，作者描述了在立冬前一天的温暖天气里响起了与季节不符的雷声，惊动了已藏入洞穴的虫子。但是这种看似矛盾的创作手法，与其说是陶安独创的，不如说是既定的。之所以这样说，是因为古典作品中有这样的记载，冬天时如果天气暖和的话，虫子会爬出地面，《吕氏春秋·十二纪》《礼记·月令》《淮南子·时则训》的“孟冬月”中有“方冬不寒，蛰虫复出”的说法，该诗就是基于这一现象而言的。

第五句中的君王指的是朱元璋。朱元璋在七年前称吴国公，作者创作该诗的第二年称吴王，五年后建立大明王朝。对于陶安而言，朱元璋已然是天子般的存在，而且是理想的天子。那么，这样的君王为何会敬畏雷电现象呢？这是因为他受到中国儒家天人合一思想的影响。该思想主张天子行仁政，上天会呈现吉兆，施暴政会引起异常天气或灾害等，因此当自然界出现异常天象时，君王就要反思自己在施政过程中是否有不当之处，这样做的就是好的统治者。陶安就是以这样的态度看待朱元璋的。

第六句中所说的宰相是辅佐天子、统领百官、处理朝野各项事务的大臣。当出现这种异常情况时，宰相就要深入民间，了解民间疾苦。陶安在诗中写道，如今在朱元璋这位理想的统治者身边，有位居宰相的大臣也是这样做的。统治者必须深入民间，积极听取民众的声音，这也是传统儒家的观点(《采诗官说》)。实际上，在明朝历史上，陶安被认为不但具有儒家优秀民本主义思想，而且在实际的仕途生活中践行了这一思想。

最后一联，作者希望雨过天晴，所有的村庄都能马上收割水稻。如前所述，此时的陶安任饶州知府，作为该州的地方长官，这是他发自内心的期盼。

此处我稍稍留意的是，为何水稻收割要在立冬节气？一般而言，即使是一年两熟的晚稻，也在霜降期间即公历(新历)11 月初旬的立冬前就已完成收割。之所以要在立冬节气期间进行收割，一般有以下四个原因：其一，因降水原因，未能收割，导致延迟。其二，所种植的水稻品种较为特殊，应在立冬后收割。其三，此处土地属于能在立冬后收割的温暖土地。其四，元朝末年的气候相当暖和。

首先，关于元末的气候。比起明清的寒冷期，元末天气更加寒冷①。而一年两熟的晚稻，根据《中国农业物候图集》的“双季

① 详见《中国历史时期气候变化研究》第八章第三节的“第五，十三世纪末至元末的寒冷气候”，第 243—252 页。以及《中国历朝气候变化》第十章第一节的”第三，由中世纪暖期至小冰期的变化”，第 462—465 页。

晚稻收获期日图”，可见立冬后收割的地域是北纬20度前后的泉州到广州、南宁一带以南，北纬29度的饶州明显不属于这一区域。在该图中，饶州属于10月21日至11月1日收割的区域。① 这是根据近年来的作物种植推测的，最终还要考虑一下元代时是否也是如此。

第二种情况。立冬后收割的水稻品种，如在科学进步的今天还可以，但在当时的饶州还没有。② 倘若如此，用排除法来看就剩下第一种情况了。如诗中所暗示的，因下雨的缘故，直到立冬前还没有完成水稻收割。据说水稻过了成熟期还没有收割的话，谷粒很容易脱落，导致收成减少。江西一带的农谚中有“霜降不割禾，一天少一箩”等类似的说法。③ 由此不难想象，此时作为饶

① 张福春、王德辉、丘宝剑编著，《中国农业物候图集》，科学出版社，1987年。资料的出处，年代是从1980年至1981年，不足的部分由1934—1940年的部分材料来补充(见前言)。同时，黄州属于在10月21日前收割完成的区域。另外，在《中国农业气象学》“中国农业气候区划系统表”中，饶州属于中亚热带的江南丘陵区，而北纬30度的黄州被划到了北亚热带的长江中下游地区。这两点是我认为该诗的创作地点并非陶安任职的黄州，而是他已在饶州，且任知府的主要原因。

② 1958年11月23日发布《江西省农业总指挥部发布命令抓紧时机突击抢收抢种》(《江西政报》1958年第20期)的命令：二季晚稻一律限在立冬前全部收完。可见，江西省直到20世纪50年代，晚稻还必须在立冬前、霜降节气内完成收割。

但是，根据陈波等《江西双季晚稻不同维度产量、生育期及温光资源利用的差异》(《中国农业科学》2017年第8期)一文，从位于饶州西40公里的乐平市(北纬29度、东经117.12度)2013、2014年进行的试验结果来看，杂交粳稻、籼粳杂交稻、常规粳稻这三种品种的成熟期，最早是在11月7日，最晚在11月20日，大致处于立冬的初候和次候。确实，这是近年来品种改良、气候变暖影响的结果，不能以此类推元末明初的情况。不过，陶安在饶州任知府时，或许也有立冬节气期间收割的水稻品种。

③ 详见《二十四节气农谚大全》第541页。原文为“霜降不割禾，一天少一箩”，但也有“立冬不割禾，一天少一箩”的说法。

州知府的陶安是多么担心今年的水稻收割呀。

在立冬节气出现雷雨天气的情况的确少有，但也不至于说是异常气象。这里可以找出几首立冬节气及其后描写雷雨天气的诗，1103年，宋代诗人苏轼《立冬闻雷九月二十九日》诗；1320年，元代诗人范梈的《九月二十八日，济上作昨夜立冬降雨，内河中夜雷》诗；1517年，明代李梦阳《雷电丁丑年十月十三日，是日立冬》诗等。可见，这种天气的出现与时代无关。[①]

雷是在由上升气流所形成的积雨云中发生的。在积雨云中，上升气流和冰晶等的升降产生静电，当静电积累到一定程度时，会开始放电，于是产生了雷。立冬时期的雷沿着寒冷前线出现，因此，首先要有较强的暖气流覆盖该区域，此时气温和湿度都很高，就是诗中所说的“雨气蒸人暖”的状态。冷气流从北方袭来，冷空气下降，暖空气上升，这种大气不稳定状态持续发生时，引起强对流，产生积雨云。积雨云不断堆积，在打雷的同时还会产生降雨和大风。诗中说“潮头触岸平”，是由于强风的作用，湖面涌起了波浪。不久积雨云消退，由北方吹来的寒气团占上风，并覆盖了该区域，使得气温下降，天空放晴。

正好在该诗创作的第二天，即立冬日出现了上述天气。如《立冬》诗所言，“乍寒”“此日电雷收”“风力生东北”“天兵溯上流”。

第五句中的“君亲沐雨”，是说朱元璋于元至正十五年（1355）

① 虽然此三首诗的具体创作年代未详，但是笔者根据本书中多次采用的方法，最终确定下来。

南下渡过长江大势转战各地，进而陆续占领了江南各个城市。第六句“愧我已重裘”，或是作者如实描述了当时的场景。这是因为，如孟冬月中“天子始着裘”所言，在《礼记》《吕氏春秋》《淮南子》中，都记载有立冬、小雪的孟冬时，人们开始穿皮衣。

在诗的最后，作者殷切盼望晴天到来，一扫人们的忧愁，这一点与第一首相同。这一年形势比较严峻，因为马上要立冬，但是晚稻还不能收割。天气闷热、雷声轰鸣、风雨交加，如此下去，今年的水稻收成估计要泡汤了。陶安对此焦虑不安。然而，立冬这一天，真就如合符节般地具有立冬时节应有的天气特征。陶安激动万分，于是创作了这首《立冬》诗。

小雪 11b

所谓小雪，意为雨变成雪，天开始下小雪，但地表温度未达到零下，不会形成积雪。

太阳位于黄经 240 度。地球在围绕太阳旋转的公转轨道上，位于距离春分 240 度、夏至 150 度的地方，每天向前推进 1 度，约一个月移动 30 度到冬至。

公历日期是 11 月 22、23 日前后。另外，也指从此时至 12 月 6 日的半个月期间。在至明代为止的旧历(平气法)中，小雪日可以是十月一日至十月三十日之间的某一天。九月、十一月及闰月时，没有小雪日到来。

节月为十月中。

小　雪*

〔南宋〕释居简

入夜萧萧响，声消恰转更。
仅能酬节序，不足殄蝗螟。
瓦缝何曾满，庭凹亦未平。
窗疏灯欲死，俱误照书明。

拙译：

夜已深，裹挟着雪花的寒风萧萧作响。在我以为此声要消失时，外面却传来了打更的声音。节气是按顺序循环的，小雪节气的意义仅能应付一下这个节气名称罢了，因为这种程度的降雪不足以消灭蝗虫、螟虫等。屋顶的瓦缝何曾被填满过？庭院的低凹处也未能填平。窗缝宽大，灯火快被吹灭了。想要读书，灯火已起不到什么作用了。而窗边的降雪也无法照亮书本。我却误将两者当作读书用的照明灯了。

作者释居简（北磵居简）（1164—1246），南宋临济宗著名僧人，潼川府路通泉（四川省射洪市）人。虽出生于儒教世家，然年少时始喜读佛典，经常出入乡里的寺院，22 岁前后剃度出家。后

* 该诗文本出自《北磵诗集九卷文集十卷》卷八［应安七年（1374）刊，覆宋刊本，五山版，“（日本）国立国会图书馆电子藏书”网络公开资料］。传记详见纪雪娟《宋释居简生平与〈北磵文集〉版本考述》（《宋史研究论丛》第 20 辑，2017 年上半年刊，科学出版社）。居简的法统也传至日本临济宗，“北磵居简墨迹”是东京国立博物馆所藏的国家重要文化遗产。

来离开四川，主要在江西、江苏、浙江一带云游，受很多寺院邀请担任住持，但是时间都比较短。他曾在杭州灵隐寺的北磵居住过，后来被人称为北磵。他与当时文人士大夫等交流颇多。

虽然不清楚该诗的具体创作时间，但该诗收录于《北磵诗集》，且这部诗集是在作者 54 岁(1217)之前刊行的，因此可以断定，诗是作者 54 岁之前创作的。考虑到居简的活动范围，诗应该是在长江中下游一带的某个地方创作的。

或许是从中午开始下雪的。夕阳西下，人们停止了户外活动，周围暗了下来，时不时听到外面传来声响。风裹着雪花飕飕地吹着。刚以为这种声响要停止了，又传来了报时的打更声。到外面一瞧，的确像要积雪了，然而雪并不大。作者不禁笑了出来，这只是老天在应付小雪这一节气罢了。

“小雪”二字可以解释为“天降小雪”“少量的雪”“小雪(节气)”等多种意义。古代汉语没有形态变化，所以怎么理解都可以。此处可以解释为“天降小雪”“少量的雪”，与节气“小雪”是双关语。的确，这种洒脱中带有些许谐谑意味，并非修行者的说话方式倒也显得新颖。

冬季降雪可以冻死害虫等，因此是有益的。但是居简苦笑着说，老天这种吝啬的下法起不到作用。在公元前 1 世纪的《氾胜之书》中有冬季积雪对农业(小麦)生长有益的记载。这部中国现存最古老的农书中如下写道：

> 冬雨雪止，以物辄蔺麦上，
> 掩其雪，勿令从风飞去。

后雪复蔺之；

则立春保泽，冻虫死，来年宜稼。①

接下来第五、六句描写了积雪的状态。引人注目的是，房顶瓦楞处雪未满，院子低洼处雪未平。作者列举了白雪所具有的与高洁趣味无关的浅近例子，富有生活气息。这种视角也是作者个性的体现。

最后一联，作者再次揶揄了老天降雪不足。从窗户缝隙间吹来的风，眼看就要把读书用的灯吹灭了，像是在描述居简的生活状态。然而这并非作者的主要目的。作者嘲弄老天在小雪节气勉强下了一点点小雪，这些微的“窗雪”并非“萤光”，两者都不能代替灯火，照亮书本上的文字。

此时的降雪，从作者的主观而言的确太少了。但是从客观角度而言，又是怎样的呢？从“庭凹亦未平”的说法，可以看出多少还是有点积雪的。提到小雪，每个人脑海当中浮现的积雪程度是不同的。下面用统一的标准，从如今的气象学角度来看一下。中国的《天气预报基本术语》中，“小雪”的定义是“12 小时的降雪量为 0. 1—0. 9 毫米，以及 24 小时的降雪量为 0. 1—2. 4 毫米”。中国的降雪量是指雪融化后，换算成水的量(单位为毫米)。根据日本气象厅的小雪定义，“降雪数小时后，降水量仍达不到 1 毫米的雪”。从把雪作为降水量这一点来看，中日两国的数值非常相似。不过观测的时间中国几乎是日本的两倍。由融化成降水的多

① 出自《氾胜之书：中国最古老的农书》。众所周知，冬季积雪除了有杀虫、保湿的作用之外，还可以保护植物免遭极端低温天气的破坏，具有保温功能。例如，有报告称积雪下的地表温度(地下 1 厘米)会保持在 0℃ 以上。(斋藤武史、北田正义、大丸裕武《北上山地的季节性土壤冻结地带的地表温度、地热流束与冻结的关系》，《东北森林科学会志》2002 年 7 卷 2 号)

少换算降雪多少是有标准的，一般认为融化成 1 毫米的雨水，积雪深度需达到 1—1.5 厘米。[①] 由此看来，本次的积雪恰好与中日两国所定义的小雪标准相符合。

另外，在小雪节气见到初雪，原本是两千多年前二十四节气所诞生的黄河中下游流域的情况。根据近年(1951—1980)的统计，黄河中下游流域到淮河流域，在 12 月中上旬，从小雪的末候前后到大雪的初候期间迎来初雪，晚诗中描写的降雪时间十余天。再往南的长江中下游流域，会在 12 月中下旬迎来初雪。再往南的福建、广东、广西及四川等地，在进入 1 月后迎来初雪。[②] 不清楚作者在何处创作了这首诗，倘若是在浙江、江西一带的话，迎来初雪未免有些太早。13 世纪属于中世纪温暖期，气温与今天并无太大的差异。如果这样的话，这场小雪程度的降雪不足为奇，不应引起居简的不满。

从节气的角度来看情况又是怎样的呢？原本作为节气的小雪是相对于大雪节气设立的。小雪节气处于雨水即将变成雪的阶

---

① 根据中华人民共和国国家标准《天气预报基本术语》(GB/T35663-2017)(2017 年 12 月 9 日发布，2018 年 7 月 1 日实施)。同时参考了中华人民共和国国家标准《短期天气预报》(GB/T21984-2017)(2017 年 9 月 7 日发布，2018 年 4 月 1 日实施)。日本的情况，详见(日本)“气象厅”主页《有关天气预报等的用语》中的“有关雪的用语”。根据降水量来换算降雪多少是有一定标准的。只是，根据当时的气温、风向、地形等条件不同，积雪深度会有所不同，因此不能进行严密的比较。即便如此，作为不考虑气温、风向、地形等因素的一般标准，可以将换算的降水量与降雪深度的比例定为 1∶15(因地域不同雪的湿度不同，有的地方为 1∶10)。也就是说，根据这个换算标准，1 毫米的降水量，就可能需要 1.5 厘米的积雪。日本的降雪量指一定时间内的积雪深度，单位为厘米。日本的“积雪深”相当于中国的“积雪深度”。

② 详见《中国气候资源地图集》中的“年平均降雪初日”(第 178 页)。主要是 1951—1980 年的资料。

段，同是作为节气的大雪，降雪的程度与积雪深度要大于小雪节气。6世纪，梁代崔灵恩的《三礼义宗》被认为是最早对二十四节气的意义逐一进行解释的著作，其中关于小雪写道："气叙转寒，雨变成雪。"关于大雪写道："形于小雪为大雪，时雪转甚。"①从日本气象的角度对此进一步解释的话，可以说小雪是由雨到雪的变化，大雪是由降雪到积雪的转变。关于两者的区别，江户时代中期的松平赖救在《历法便览》一书中写道："小雪是天气变冷，形成雨、雪，降落下来"，"大雪是雪越下越大，并堆积起来"，明确说明了由雨到雪、由降雪到积雪的两个变化过程。② 由该节气的特征来看，居简作诗当日的降雪多少形成了一些积雪，甚至可以说超过小雪节气所应有的降雪程度。所以，对于居简而言，这是难得之事，他应该感到开心才对。倘若此时如居简所愿，天降大雪那又会怎样呢？那就是季节一下子提前，与小雪节气不相符了。作者的愿望如果得以实现，他或许会像个孩子一般欢欣雀跃，但是接下来肯定会出现糟糕的局面。自古以来，中国人认为正是由于小雪和大雪节气时的降雪符合各自的节气特征，季节正常循环，才有了稳定生产、维持社会和谐的基础。在此基础上形成了广为人知的天人合一的思想。(参考本编第四章第一节的"立冬 11a")

那么，居简如此嘲弄这场小雪，是否因为他内心期待更大的降雪呢？是否他原本有这样的愿望，却未能如愿以偿，于是创作

---

① 梁代崔灵恩在《三礼义宗》一书中写道："小雪为中者，气叙转寒，雨变成雪，故以小雪为中。""十一月大雪为节者，形于小雪为大雪，时雪转甚，故以大雪名节。"(《太平预览》卷28"时序部13引"，张元济等编《四部丛刊三编》，上海商务印书馆，1936年)

② 松平赖救(太玄斋)的《历法便览》(天明七年，1787年)为"国立国会图书馆电子藏书"网络公开资料。

了这样一首诗。居简为何如此期待一场更大的降雪，再怎么思索也难以得到正解，思考这样的原因也没有意义。不过，在充分了解上述情况的基础上，不妨尝试分析一下。

从幼年、少年时期到青年前半期，是对人的认知产生较大影响的时期。居简与降雪的关系是怎样的呢？居简直到 22 岁左右都生活在今天的四川省射洪市。这个地方即便下雪也很难形成积雪。此前 400 年，杜甫曾滞留四川。宝应元年(762)的夏天，杜甫在成都创作的《大雨》诗中写道："西蜀冬不雪。"两三年后在成都正东方向的云安(云阳县)创作的《又降雪》诗中写道："南雪不到地。"这是较如今稍微暖和的 8 世纪中期的事了。

无法获得居简生活的射洪市的气温数据，暂且看一下距之最近的绵阳、成都一带的数据。从纬度上讲，射洪市位于绵阳和成都中间，三地都处于北纬 31 度左右。近年来的数据看，绵阳和成都的平均最低气温为 2℃，未降到冰点以下。① 由此数据来看，即使降雪也不会出现积雪的情况。可以认为，四川盆地这种较为

① 出自"天气后报"1951—2008 年的数据。在同一期间，成都平均最低气温为 2℃，最早出现在 1 月 2 日，然后持续一段时间，为 2℃至 3℃，到 1 月 26 日为止，此后没有出现 2℃以下的情况。成都稍北方的绵阳平均最低气温为 2℃，最早出现在 12 月 30 日。持续一段时间，为 2℃至 3℃。到 2 月 1 日为止，此后没有出现 2℃以下的情况。另外，根据《中国气候资源地图集》"1 月平均气温"，成都和绵阳都进入了 1 月平均气温在 4℃至 6℃之间的区域。

当然，成都、绵阳等地也有寒流来袭的情况，导致出现"极端最低气温"。1975 年 12 月 15 日，成都出现了-6℃的低温天气情况，这是有记录以来的最低气温。1955 年 1 月 5 日和 1959 年 1 月 11 日，成都出现了-5℃的低温天气情况。绵阳的情况是，1975 年 12 月 14 日至 17 日气温降至-7℃，1982 年 12 月 27 日和 1956 年 1 月 9 日出现了-6℃的低温天气情况。如果在这些日子里出现了降雪，肯定会形成积雪。另外，根据《中国气候资源地图集》"年极端最低气温"来看，成都和绵阳都被划入-6℃至-4℃的区域。取其平均值的"年平均极端最低气温"中，两地同样划入了-4℃至-2℃的区域。因此，在这种情况下，由降雪形成积雪是非常有可能的。

特殊的温暖气候，到了宋代恐怕也不会有什么变化。期待积雪的心情如此强烈，或许是由于作者在几乎看不到积雪的地方度过了自己的青少年时期。不过，这终归是我个人的一种假想罢了。

第二节　仲冬诗

大雪 12a

所谓大雪，指雪越下越大，空气变冷，地表温度达到零下，形成积雪。

太阳位于黄经 255 度。地球在围绕太阳旋转的公转轨道上，位于距离春分 255 度、夏至 165 度的地方，每天向前推进 1 度，约半个月移动 15 度到冬至。

公历日期是 12 月 7 日前后。另外，也指从此时至 12 月 21 日的半个月期间。在至明代为止的旧历(平气法)中，大雪日可以是十月十六日至十一月十五日之间的某一天。闰月时，可以是闰十月十四日、十五日、十六日中的某一天。

节月为十一月节。

十月吴中感怀*

〔南宋〕释行海

耳热酣歌向朔风，山河泽国旧吴宫。

---

* 该诗文本出自《雪岑和尚续集二卷》[宽文五年(1665)，饭田忠兵卫刊]卷上[“(日本)国立国会图书馆电子藏书”网络公开资料]。传记根据《全宋诗》第 66 册卷 3477“释行海小传”。

人生莫羡仓中鼠，世事须知塞上翁。
大雪风光寒草绿，小春天气野花红。
高堂白首无来信，一点乡心逐塞鸿。

拙译：

在此山河、水泽之国，曾经的吴国的宫殿遗址上，酒宴进入高潮，人们喝得面红耳赤，面对北风，对酒当歌。不要羡慕那些住在谷仓里不愁吃食的鼠类，须知塞翁“福祸相倚”的道理。如今已是大雪节气，吴国尽管寒冷，但小草已经呈现出绿色。正值旧历十月，亦称小春时节，野外有红花开放。居住在高堂的白发父母，左等右等，仍未有书信到来。我的一片思乡之情追随着候鸟，由北方边塞飞向父母所在的南方。

作者释行海（1224—？），剡人。剡为今天的浙江省嵊州市，位于诗中提到的吴中（江苏省苏州一带）南部。号雪岑，年少出家，云游四方，传记未详。

为何说这是描写二十四节气中的大雪节气的诗呢？大雪一般有“很大的雪”和“降雪很大”之义，但是此处可以理解为大雪节气之义。理由如下所述，可以从格律诗的结构和前后文的意义来判断。

该诗为七言律诗，所以一般要求第三、四句与第五、六句各自构成对句。第五句的“大雪”与第六句的“小春”相对。如后文所述，“小春”一般为名词，在历法学中是十月的别称。在这种情况下，此专业术语就需要有其他的专业术语与之匹配，因此此处的

“大雪”应为二十四节气中的大雪节气。另一个原因是，倘若第五句是在描述“大雪”天气的话，那么描写一片银装素裹的世界、持续降雪几乎遮挡了视线等才妥当，但接下来的诗中说“寒草绿”“野花红”等，这在意义上明显与大雪天的景象矛盾。这里所描述的并非天降大雪的寒冷，反倒出现了绿草、红花，乍一看像是春天归来。由以上两点，可以认为诗中的“大雪”并非天降大雪，而指二十四节气中的大雪节气。该诗描写了苏州一带进入大雪节气时出现了如同小春般的景象。该地与日本鹿儿岛纬度大致相同，在 12 月上旬出现这种状况并不稀奇。

第六句中的“小春”与日本“小春日和”所描述的情况相同。更准确地说，日本的“小春日和”原本就源自中国将旧历十月称为小春的说法。在北半球高纬度、寒冷天气较早到来的地方，从寒露前后开始，一般是立冬到小雪前后，晚的地方是到大雪前后，可以看到小春日和的景象。各地对之冠以五花八门的名字，如“老妇人之夏”(中欧)、“女人的夏天”(俄罗斯)、“印第安之夏”(北美)等，而当出现时间偏差时，就称其为“圣路加之夏”“万圣节之夏”“圣马丁之夏”等。这是说在具有冬季特征的气压稳定之前，天气有时会摇摆不定，出现仿佛回到夏天或春天般温暖的天气状况。这种情况多发生在冬至之前，中国称之为“小春”“小阳春”等。

令人意外的是，在唐代之前的诗歌中并未发现将小春作为十月别称的现象，宋代才开始流行将十月称为小春的说法，甚至出现了“十月小春”“十月小阳春”等两者并用的现象。①

大雪在节月(历)中为十一月节，指十一月一日至十一月十五日的半个月。[参考序编第三节的“8. 节气日历(唐代吕才《大唐阴阳历》)”]在实际的历月(旧历日期)中，较早进入大雪节气是在十月十六日，晚则到十一月十五日。拿十月来说，在十月一日至十五日期间，是不可能进入大雪节气的。另一方面，出现闰月时，大雪节气的初日为闰十月十四日、十五日、十六日中的某一天。但是诗题中未提及闰十月，所以在此暂不考虑闰月的情况。根据以上推断，该诗所指是旧历十月的后半期进入大雪节气，至于创作的具体日期，那就无法知晓了，但是不妨推测一下。

该诗是作者离开故乡后，在十月中下旬的某日于吴地的咏怀之作，作者想起了远在南方故乡的双亲。作者为何在今日突然想起了父母呢？从中国人的习俗来看，一般有两种情况。一是这一天是与家人团圆的日子，如正月元日、清明节、重阳节、冬至节、除夕等。二是月圆之时，如元宵节、中秋节等，即旧历十五日，以及以此为基准的某个特殊的纪念日，每月的月满之夜等。对照中国人的习俗，最有可能的是大雪节气这一天为满月，因为在旧历十月并没有特殊的节日。

---

① 〔梁〕宗懔著、〔隋〕杜公瞻注《荆楚岁时记》中，在十月部分的“十月朔日”的正文后续段落中有“又天气和暖似春，故曰小春”，这是最早将十月别称为小春的说法。但是，中村裕一认为这段说法原本不是宗懔著作中的，很有可能是13世纪后半叶，在“十月小春”说法普遍化后增添上去的，指出北宋欧阳修(1007—1072)《渔家傲》词的一节“十月小春，梅蕊绽”才是最早称十月为小春的说法(《中国古代年中行事》冬册“十月”的“二、小春”，第55—62页)。参见姜彦稚辑校《荆楚岁时记》，中华书局，2018年。

旧历十月，在大雪节气内能看到满月的，十六日这一天最为符合。如前所述，大雪节气不会在十月十五日之前到来。虽然十月十七日用肉眼能大致看到满月，但是显得过于晚了些。按照现在的说法，在旧历中，每月的第一天(朔日)的月龄为0.0，十五日的月龄为14.0，十六日的月龄为15.0。[①] 自古以来，十五日为望，十六日为既望。东汉刘熙在《释名》中对“释天”的解释为：“望月满之明也，月大十六日，小十五日，日在东，月在西，遥相望也。”也就是说在为期30天的大月中，十六日月正圆。无论怎样，旧历十月十六日是符合如下三个条件的一天：月正圆、十月期间、大雪节气内。

在作者的一生中有四个年份，符合十月十六日为大雪节气的条件。分别是作者9岁时的1232年、20岁时的1243年、39岁时的1262年和77岁时的1300年。9岁时作者年纪尚幼，77岁时双亲已去世，因此，只能是作者20岁或39岁时。

虽然推断出了两种可能性，但仍然难以进一步明确。再进一步推测的话，第一句中作者饮酒高歌、面红耳赤、兴奋不已，可见作者极富青年的热情。第三、四句，作者说不要羡慕那些不愁吃穿之人，或许是在讲述自己的不幸遭遇。他在此用名言警句勉励自己，不要畏惧眼前的困境，这样的总结也太幼稚了。这首诗虽然没有什么破绽，但终归还没有达到老练的地步，可以认为作者处于人生的修炼阶段，还很年轻。综上所述，该诗有可能创作

---

① 参照(日本)《(c)国立天文台》的历Wiki“月龄”“月龄与月圆月缺的关系”等。在望时的月龄，根据月亮的椭圆轨道与太阳的位置关系变化，约在13.9日至15.6日，即正负一天之间变动。

于南宋淳祐三年十月十六日(1243 年 12 月 6 日)作者 20 岁的那年。不过这与其说是推测，不如说近乎空想，请允许我再进一步假想。

大雪至冬至、小寒前后的满月，同夏至前后相反，太阳南中高度值最高。与其说太阳是东升西落，不如更准确地说是从偏北方升起，偏北方落下。换言之，月亮悬挂在天空中的范围广，时间长。如果当日为晴天的话，作者一整晚都可以看到月亮的变化过程：傍晚时分，一轮橙色的满月缓缓升起，到了午夜时分变成淡黄色的圆月悬挂在头顶正上方，到黎明时分又变成一轮泛白的拂晓之月，进而落下。① 尚处在勤学苦读中的作者，或许在这样的一个夜晚，一边欣赏着颜色逐渐发生变化的满月，一边思念着逐渐老去的父母吧。

---

① 关于这一点，请参考(日本)《(C)国立天文台》历 Wiki“月亮升落方位角”“月亮南中高度”“中秋明月为悬挂在半空中的月亮”等。若想获得方位角和南中高度的具体数值，只需在该网站的“历法计算”中，指定地点，由“月亮升落时间、南中时”，可以得到一年的数据。不过月亮的南中高度和升落方位角的变动周期都约为 18.6 年。尽管如此，两者的变动幅度都控制在 10 度左右。吴中的纬度低于东京，所以吴中的月亮显得更高。

通过 *Stella Navigator* 11 系统，查看春秋时代的吴国都城(苏州市，北纬 39 度 19 分，东经 120 度 37 分，十进制的话为 31.32 度，120.62 度)，淳祐三年十月十六日(1243 年 12 月 6 日)的月龄，0 时为 15.0，17 时 4 分月亮升起，月龄为 15.7，南中时月龄为 16，南中高度为 87 度，几乎高悬在天顶位置。8 时 42 分月落，月龄为 16.3。由月亮升起到月落，月亮在空中停留的时间为 14 小时。上述时刻采用的是苏州的地方平时。(所谓苏州的地方平时，并非中国标准时，应该称为苏州的标准时。换言之，是指苏州时间而非北京时间。)中国标准时是以东经 120 度线为基准，苏州的地方平时与此相比几乎没有变化。另外，地方平时是以假想的一年内在天空中匀速运动的“平均太阳”为基准，所以与在苏州实际看到的太阳运动，因季节不同而多少有些误差。

初度自庆十一月十五日*

〔明〕朱诚泳

行年四十尚蚩蚩，独喜年年物色宜。
荔挺始看穿北土，梅花又见放南枝。
三川风月供诗兴，千里河山入酒卮。
俯仰自知无愧怍，不妨吟笑到期颐。

拙译：

这是我出生以来首次独自庆祝十一月十五日生日

我来到人世间至今已满 40 年，然而依然愚钝。话虽如此，我还是喜欢每年都有令人满意的风光景色。院子里，荔挺穿透北面的土，开始抽芽了，南方向阳处的梅花也开放了。三川地方的风光、月夜等让我心动，触发诗兴，千里河山的壮观化为佳酿，倾进了我的酒杯。俯仰天地，自知无愧。期待能活到百岁，由子女赡养，那就不妨吟笑。

作者朱诚泳（1458—1498），明朝皇族，第七代秦王，历经宪宗、孝宗两代皇帝。秦王的府邸在西安。明朝开国皇帝朱元璋将诸皇子分封到全国各地为王，修筑府邸，世代享受俸禄。但是这些亲

---

* 该诗文本出自《小鸣稿》（《文渊阁四库全书》第 1260 册）。关于朱诚泳的活动轨迹等，参见吕美的硕士论文《明秦简王朱诚泳及其〈小鸣稿〉研究》（西北大学，中国古代文学硕士论文，2015 年），以及叶舟的《朱诚泳的藩王身份与其杂文风格的关系》（《文学界》，2010 年第 7 期）。

王并没有领地，也就没有统治权，甚至没有在各地活动的自由，与地方官的交往也受限制，因此，他们只专注于文化、艺术、教育等活动。第七代秦王朱诚泳被称为历代亲王中最著名的文学家。

这首诗并未标明与大雪节气有关。不过如首句所言，该诗是作者 40 岁生日时创作的，所以，从作者生年算起，我们就可以弄清楚该诗作者创作于明弘治十年十一月十五日(1497 年 12 月 17 日)。作者的生日是十一月满月之时，即十五日。弘治十年大雪节气是十一月四日，冬至是十一月十九日。由此可知，这首诗创作于冬至的四天前，属于大雪节气的末候。而且从作者的人生经历来看，可能是在秦王府创作的。

诗中的“荔挺出”是七十二物候中大雪节气的物候现象。关于“荔挺出”的读法，可以为“荔挺，出”或“荔，挺出”，自古以来就有分歧。由诗中“荔挺始看穿北土”来看，理解为前者较为妥当。关于荔或荔挺是什么样的植物，历来众说纷纭，这里姑且理解为原产于中国的菖蒲科马兰。

作者想象着这种植物在寒冷的季节从地面发芽，迅速抽茎生长，是比较符合当时的实际情况的。

在任何朝代，原则上每年十一月份，朝廷都会向全国各地颁布来年的历书。当时的历书应该是标注了二十四节气、七十二候等信息的具注历①。看一下流传下来的接近实物的写本《大宋宝祐四年丙辰岁会天万年具注历》，这是一部 70 余页的历书。明代实

① 参见《大宋宝祐四年丙辰岁会天万年具注历》(中国台湾“国家图书馆”世界数字图书馆公开资料)。

行的大统历实际上是元代的时宪历，时宪历的七十二候，在《元史》卷五四《历志》“气候”中有记载。时宪历的大雪节气末候为“荔挺出”。作者 40 岁那年使用的是弘治十年的历法，这是去年十一月一日颁布的，这一点在明代同时期的历史书《明宪录》中有记载①。当时的各级官僚都应是将七十二候作为常识来掌握的。

第四句说，虽是到了大雪时节，但四天后才是冬至，梅花已经开放了。在中国古典诗歌中，梅花一般被认为是在立春(公历 2 月 4 日)前后开放。所以这首诗中所描写的情况提早了一个半月。这种梅花或许是比较适合西安地区的早梅品种，即便如此，开放得也过早了些。②

---

① 《明实录》卷 119 中写道：“弘治九年十一月甲辰朔，钦天监进弘治十年大统历，上御奉天殿，受之。给赐文武群臣，颁行天下。”(中国台湾“中央研究院历史语言研究所”，1964 年)

② 陈俊愉、程绪珂主编《中国花经》(上海文化出版社，1990 年)中：“同一地点的梅花常随当年气候变化而花期早晚不一，有时相差一个月或更久，这是梅花喜湿的又一证明。”(第 113 页)另外，根据平塚和夫《日常气象辞典》(东京堂出版，2000 年)，梅花的开花时期每年差别很大，有相差两个月的(第 126 页)。根据(日本)“气象厅”主页“生物季节观测累年表”“梅花的开放”，用东京(北纬 35.7 度)的情况来验证的话，东京的梅花开花平年值为 1 月 26 日，最早时间为 12 月 20 日(1955 年)，最晚时间为 2 月 27 日(1967 年)，前后相差两个月。[(日本)“气象厅”主页《生物季节观测信息》]

同样根据(日本)气象厅的数据，查找在大雪节气期间梅花开放的地方如下：水户 12 月 15 日(2004 年)、东京 12 月 20 日(1955 年)、馆山 12 月 13 日(1997 年)、彦根 12 月 15 日(1954 年)、松江 12 月 19 日(1997 年)、松山 12 月 14 日(1997 年)、高松 12 月 14 日(2015 年)等。只是这些都是最早的开花时间，按照平年值来看，没有在大雪节气内开花的例子。

在收录约 100 个品种 3000 株梅花的《梅图鉴——偕乐园 · 弘道馆的梅花品种指南》(茨城县水户市偕乐园)中，挑选从 12 月开始开花的品种，有红冬至(12 月中旬至 2 月上旬)、矮生冬至(12 月中旬至 2 月上旬)、冬至(12 月中旬至 1 月下旬)、初雁(12 月中旬至 1 月中旬)、一重寒红(12 月下旬至 2 月上旬)、(转下页)

在中国华南一带，早已有九月开放的梅花品种。例如明末清初的屈大均在广东老家所作的《九月望后梅已数花先黄菊而发喜赋》①中写道：

霜降初寒即吐花，不教黄菊擅陶家。

梅花先于菊花开放。屈大均的这首诗创作于清康熙三十四

(接上页)八重寒红(12月下旬至2月上旬)等。这些品种都是冬至前、进入大雪节气后开花的。偕乐园位于北纬36.4℃，水户市1951—1980年的30年间，11月份的平均气温为10.0℃，12月份的平均气温为4.9℃。[《日本气候表·其二·不同地点不同月份平年值》，(日本)气象厅编集、发行，1982年]

植物开花需先长出花芽。据说梅花花芽的形成"是伏天结束，即七月末八月初，花芽长成"(日本植物生理学会编《这就明白了！植物之谜 Part2》Q37，讲谈社，2013年，第113页)，此后进入休眠状态，到冬季时，受低温影响，休眠结束，汉语称为"打破休眠"。"多数情况下，温度7℃时似乎效果更好"(日本植物生理学会编《这就明白了！植物之谜》Q12，讲谈社，2007年，第44页)。休眠结束后，待到气温变暖时，花芽变大，开始开花。据说梅花"在旬平均气温为6℃至7℃时开花。突然变暖时，容易提早开放"(《中国花经》，第113页)。

综上所述，本文所介绍的霜降至冬至开花的梅花，或许是提早开花的品种，或许是发生了什么特殊情况。另外，可参见本编第四章第三节，"大寒1b"屈大均诗注。

顺便一提，西安近60年或近40年的大雪初日，平均气温大约为2.2℃至2.3℃。参见序编末附2"二十四节气的日出/日落时刻，白昼时间，南中高度，日出日落方位角夹角，及八节间的增减表"等。以及根据"天气后报"1951—2008年的数据，大雪初日12月6日和7日平均最高气温都是7℃，可以考虑作者40岁生日这一年偶然为暖冬，梅花提早开放了。但是作者"独喜年年物色宜" 这句诗说明这并非偶然现象，可以解读为今年又是季节顺利更迭的一年，作者对此非常欣喜。

① 屈大均诗歌的文本与创作年代等，参见《屈大均诗词编年校笺》(陈永正等校笺，上海古籍出版社，2017年)。《九月药亭宅见梅》"梅喜炎州暖，长闲在菊前。"(校笺卷9·五羊什)《九月望后，梅已数花，先黄菊而发，喜赋》"霜降初寒即吐花，不教黄菊擅陶家。"(校笺卷10·居粤晚什)。以及屈大均《广东新语》卷25(参见本编第四章第三节的"大寒1b"屈大均诗注)，与此有重复的记录。

年(1695)，已经过了九月十五日，所以若是九月十六日的话，刚好这一天进入霜降节气。按照公历而言，是 1695 年 10 月 23 日。另外，同样是作者在广东创作的《九月药亭宅见梅》中写道：

梅喜炎州暖，长开在菊前。

此处也是梅花早于菊花开放。这首诗创作于清康熙二十年(1681)，该年九月十二日前尚处于寒露节气内，十三日霜降，二十八日立冬。按照公历来看，是在 1681 年 10 月 11 日至 11 月 9 日间的某一天梅花开放。不过屈大均诗中的梅花并非什么开花较早的特殊品种(参考本编第三章第三节的“大寒 1b”屈大均诗注)，而且这是发生在中国南方亚热带地区的情况，并不适用于位于暖温带的西安。

不过，在长江下游一带也有一些诗赋中提到了旧历九月开放的梅花。例如北宋梅尧臣的《九月二十七日见梅花》一诗中写道：

江南风土暖，九月见梅花。

根据《梅尧臣集编年表校注》①可知，这首诗创作于宋景祐二年(1035)，这一年九月二十九日立冬。因此可知该诗是在立冬前四天创作的。按照公历是 11 月 5 日。

---

① 梅尧臣的《九月二十七日见梅花》诗有“江南风土暖，九月见梅花”。现在通行的梅尧臣诗集中，只有诗题“九月见梅花”，日期缺失。这里根据《古今岁时杂咏》进行了补充。同时参阅了朱东润的《梅尧臣集编年表校注》(上海古籍出版社，1980 年)。

南宋范成大著有《范村梅谱》一书，是最早记载梅花品种的园艺著作，书中介绍了十余种梅花。作者记述了在杭州西湖畔有开放特别早的梅花品种，自己曾在重阳节即旧历九月初九，亲手采折已开放的梅花。① 虽说是九月九日，旧历这一天的日期在太阳历中未必是固定的，早晚最多相差一个月。早的时候，在秋分末候前后，晚则在霜降次候前后。例如，范成大去世的第二年绍熙五年(1194)的九月九日，公历是10月1日。淳熙十三年(1186)的九月九日则是10月29日。因此，范成大所记录的九月九日开放的梅花，在太阳历中是何时开放的，很难精准确定。这里姑且认为是过了霜降(10月23日)前后，应无大过吧。倘若如此，在江南一带，有最晚于霜降至冬至节气开放的梅花。

再看一下旧历十月开花的梅花，这是发生在8世纪四川的情况，唐代卢僎在《十月梅花书赠》诗中写道：

君不见巴乡气候与华别，年年十月梅花发。上苑今应雪作花，宁知此地花为雪。②

……

属于旧历十月的节气一般为霜降、立冬、小雪、大雪。所以，旧历十月梅花开放的话，有可能是在霜降到大雪之间的某个

---

① 《范村梅谱》出自《范成大笔记六种》(孔凡礼点校，中华书局，2002年)。同时收录在佐藤武敏译注的《中国的花谱》(东洋文库622，平凡社，1997年)中。有关早梅的介绍如下："钱塘湖上亦有一种，尤开早。余尝重阳日亲折之，有'横枝对菊开'之句。"

② 《全唐诗》卷99，中华书局，1999年。

节气。该诗中提到的梅花生长在四川东部的巴地一带，即使再晚也是在大雪节气，即冬至前开放。

南宋陆游在成都时创作的《成都岁暮始微寒小酌遣兴》诗中写道：

> 疏梅已报先春信，小雨初成十月寒。①

该诗创作于宋乾道八年(1172)十月，当年十月换成公历是10月21日至11月24日，包括霜降节气的一部分、立冬、小雪节气的一部分。由陆游的这首诗来看，成都地区在(霜降)立冬至小雪期间梅花已经开放，比大雪时节更早。不过如小雪节气部分所述，四川盆地属于温暖的特别地域，不能将其一般化。但是，在比四川寒冷的江南也有十月开花的梅花品种，根据与陆游同时期的诗人范成大所著的《范村梅谱》，那是冬至前开放的早梅品种。

> 早梅，花胜直脚梅，吴中春晚二月始烂漫，独此品于冬至前已开，故得早名。②

《范村梅谱》是范成大在长江下游太湖畔的苏州创作的，其中写到早梅在冬至前开放，因此可知最晚也是在大雪节气开放。虽然没有举出更多的例子，但我们知道诗歌中经常出现长江中下游梅花

① 《剑南诗稿校注》卷3。

② 《范村梅谱》，参见前文注释。原文为"早梅，花胜直脚梅。吴中春晚，二月始烂漫。独此品于冬至前已开，故得'早'名。"

十月开放的情景。从以上论述大略可知不仅华南、四川，就是在江南，旧历九、十月，太阳历霜降至大雪节气期间有梅花开放。

由此来看，朱诚泳诗中的梅花并非不可能在冬至前开放，只是他的诗创作于偏北的西安(北纬 34.3 度)，诗中所描述的梅花开放情况肯定是相当提早了。而且明代比宋代更加寒冷，所以梅花早开的情况更甚。

换个角度来讨论一下，如果诗中所说的梅花开放并非事实，而是以花开比喻降雪呢？这句诗也可以理解为作者将大雪节气落于枝头的积雪，比喻为梅花开放，也就是说梅花开放犹如降雪一般，或者雪花堆积犹如梅花开放，或者梅花凋落仿佛降雪一般。诗歌中常将两者相互比喻。话虽如此，暂且可以认为此处犹如字面所言，朱诚泳的府邸里有某种早梅品种，今年也如往年一样在冬至前开放了。

第三、四句中的荔挺与梅花，作为秦王府邸狭小院子里、象征该节气的物品被吟咏，第五、六句则是更为广阔的西安城的情况。三川指黄河支流的泾水、渭水、洛水。如前所述，根据明王朝的藩王制度，亲王行动自由受到严格限制，秦王朱诚泳 36 岁时被恩准进行了一生中仅有的一次旅行，当时他因生病需要疗养，有了一次西至太白山，东至历山南，再至石门温泉的长途旅行，当时可能浏览了三川一带。这首诗抒发了他对那次旅行的怀念之情。

第七句作者写到自己的人生无愧于天地。据作者的传记，这应该是对实际情况的描述。据说朱诚泳重建了废弃的西安鲁斋书院，改为正学书院，并亲执教鞭，在教育方面做出了突出贡献。另外，他也奉行节俭的生活方式，古代人死后君王会根据他生前的德行追加谥号，朱诚泳的谥号为“简”，这也是对他秉性的最好描述。

最后一句，作者借用《礼记·曲礼》的典故写道，活到百岁亦无妨。但是他在该诗创作的（40岁生日）第二年六月就去世了，何谈百岁呀！这就是他的命运吧。

冬至 12b

所谓冬至，意为白昼最短，太阳高度值最小，接收的太阳热量值达到极少，开始进入真正意义上的冬天的节气。

太阳位于黄经270度。地球在围绕太阳旋转的公转轨道上，位于距离春分270度、夏至180度的地方。每天向前推进1度，约半年时间移动180度至对称位置的夏至节气。

公历日期是12月22日前后。另外，也指从此时至1月4、5日的半个月期间。在至明代为止的旧历（平气法）中，冬至日可以是十一月一日至十一月三十日之间的某一天。十月、十二月及闰月中，没有冬至日。

节月为十一月中。

冬至汴下早行有感*

〔宋〕刘一止

刺促惊时节，侵寻念物华。

半生多客里，今日又天涯。

---

* 该诗文本出自《刘一止集》上册卷六（龚景兴、蔡一平点校，浙江古籍出版社，2012年），生卒年亦出于此。不过也有将他生卒年各推迟一年的观点，如《全宋诗》第25册卷1445作者小传中，刘一止的生卒年为1082—1161年。

晓月看眉妩，飞云乱眼花。
穷途随物感，不必是思家。

拙译：

一下子到了冬至，时光匆匆而过，让人感到惊讶。心中深深感念，万物逐渐发生变化，交织出华丽的景色。我的半生都是在旅途中度过的，如今又远离故乡，身处天涯。仰望拂晓的天空，看到一钩美丽的月牙缓缓升起，犹如女性弯弯的眉毛。云在风的吹动下，飞快地流动着，让我眼花缭乱。行至旅程的尽头，随着一片又一片风景出现，我心生感慨，这未必只是思念故乡的家人。

作者刘一止（1078—1160），江南湖州（浙江省湖州市）人，生于北宋后期。北宋徽宗宣和三年（1121），作者44岁时终于科举进士科及第，当年任秀州（浙江省嘉兴市）都酒务之职，同年，转任越州（浙江绍兴）州学校教授。六年后，作者50岁时北宋灭亡，都城由汴京迁至临安。南宋建立后，刘一止历任朝廷下级官员，屡遭左迁，饱受降职之苦，尽管如此，依然得享83岁的高寿。

该诗描写了作者在北宋的都城汴京（河南省开封市）于冬至日前夕，看到拂晓之月的情景。作者将月亮形容为美丽的眉毛，清晨出现的细细的月亮，肯定是颠倒的月牙儿，由此可以推算出具体的日期。一般旧历二十六日至二十八日前后，可以在拂晓时看到这种"倒月牙儿"。该诗创作时作者身处北宋都城汴京，并迎来冬至。在作者的一生中，这一日期应在汴京被金军攻陷之前，那么，有以下两种可能，一是崇宁三年（1104）十一月二十六日，作者时年27

岁；二是宣和五年(1123)十一月二十七日，作者时年46岁。

作者27岁时的冬至日，与该诗第三句的“半生多客里”的说法不符，因为显得太过于年轻，因此该诗的创作日期可以锁定在作者46岁时的冬至日，时为宣和五年十一月二十七日的黎明时分，北宋灭亡的四年前。

可以通过 *Stella Navigator* 11 系统，以开封所在地的北纬30度48分，东经114度18分，海拔70米的数据进行验证。当日凌晨3时39分(根据地方平时，下同)月亮升起，此时月龄为25.8度。早上6时18分，月龄为26度。早上7时5分，太阳升起，此时月龄为33度。此时的“倒月牙儿”方位角距太阳较近，因此，太阳刚开始从地平线显现时，月亮很快就被太阳的光辉所掩盖。这首诗就是作者在这一时间段内创作出来的。

两年前的宣和三年作者终于科举及第，在家乡附近的越州担任州学的教授一职(编制一人)。根据方星移的说法，作者在宣和五年三月于汴京创作了一首题为《望明河(赠路侍郎使高丽)》的词，以送别路侍郎。①

以此推断，宣和五年三月时作者还在汴京，据说他在宣和四、五、六年间的某个时间点创作了一首题为《醉蓬莱(秀城元夕)》的词，说明当时作者已经回到了家乡附近的秀城(浙江省嘉兴市)。《醉蓬莱(秀城元夕)》一词中有“泽国春归”一句，因此词题中的“元夕”，即正月十五日的月圆之夜，作者从汴京回到了水乡(泽国)秀

---

① 方星移《刘一止词五首系年考》(2006词学国际学术研讨会《词学国际学术研讨会论文集》〈二〉，2006年，江西南昌)。

城(秀州)。如此说来，宣和五年三月，作者应该是因某些事情滞留在汴京，后于当年冬至日离开汴京，踏上回家的旅程，途中创作了题为《冬至汴下早行有感》的诗。第二年，宣和六年正月，作者回到了秀州，这样思考便可以很好地把握作者的行动路线，也可以进一步确定方星移考证的作者创作的《醉蓬莱(秀城元夕)》，具体是在宣和六年正月十五日(1124年2月9日)。如下所示。

宣和三年　　科举及第，越州学府任职

宣和五年三月　在汴京创作《望明河(赠路侍郎使高丽)》

宣和五年十一月二十七日　离开汴京，开始旅行。创作《冬至汴下早行有感》

宣和六年正月十五日　在秀城创作《醉蓬莱(秀城元夕)》

宣和七年闰十二月　金军攻陷汴京。靖康二年(1127)

作者在旅途中慌里慌张地迎来了这一年当中非常重要的节日冬至，即便如此，作者依然“念物华”，即被季节变换的风景所吸引，由此感慨颇多。内心饱含诗情的作者，即使在慌乱中依然情不自禁地被随季节推移的风景所吸引。这与末句的“穷途随物感，不必是思家”相呼应。

当然，长途旅行时作者最在乎的还是马上就要回到家人身边。正因为如此，才正话反说，要强地说出了不思念家人的话。但是，作者的感伤并没有停留在对家人的思念上，而是由此转向了更广阔的外部世界、自然风光的季节性变化。对于作者而言，自然的变化才是源源不断的情感源泉、诗情的宝库。

古典诗歌中的中国人，在每年的节日时首先想到的是与家人团圆，正如唐朝时独在异乡的王维在九月九日重阳节时所咏的“每逢佳节倍思亲”，刘一止也不例外。诗的末句说“不必是思家”，说明作者首先想到的是家人，但他能抛开这种传统的家庭观念，我们由此可以看出作者具有独立于集体的个人精神。一旦把关于家人日常悲喜置于身外，人自然就会关注自然的变化过程，国家兴亡、宦海沉浮都无须在意。作者之所以长寿，或许就是因为这种人生观吧。

冬至时的北半球，白昼时长、太阳南中高度、日出与日落方位角的夹角都达到了最小值，地球接收的太阳热量也最小。但实际上天气真正开始变冷是在冬至以后，年最低气温出现在冬至日一个月后的大寒节气前后。在欧美国家，人们甚至认为冬季是从冬至开始的。开封市近年来，冬至时的平均最低气温为-3℃，平均最高气温为 6℃①，每日最低气温一般出现在日出前后。因此我们可以想象 900 年前作者在踏上旅途的清晨，看到“倒月牙儿”的晓月时，温度大概在-3℃②。我们将日期限定在 12 月 23 日这一天，以日本的情况为例进行比较可见，与北纬 34. 8 度、海拔约 70 米的开封相比，纬度如果不是更高的话，是无法达到开封

---

① 详见“天气后报”“开封十二月份气候数据”。顺便一提，将美国海洋大气厅 *NNDC Climate Data Online* 记载的 1957、1958、1961—1962、1973—1978、1980、1982—1983、1986—1988 年这 17 年间 12 月 22 日和 23 日的冬至日气温简单合计取平均值的话，为 2. 4℃。另外，将这两天最高气温和最低气温简单合计取平均值的话，分别为-2. 7℃和-6. 9℃。与“天气后报”的数值相符，可以作为一个参考资料。

② 根据《中国历朝气候变化》卷末绘图“秦汉以来中国气候变化及其影响”，该诗创作之时比如今(2000 年)的温度低 0. 5℃。据说产业革命以后，地球温度上升了约 1℃。这里是以近年的平均温度考量当时的情况。

市的温度水平的。例如，青森县弘前市，纬度为北纬 40.6 度，海拔约 30 米，平均最低气温为-3.2℃，平均最高气温为 3.5℃。如果降低纬度的话，需要提高海拔高度。岐阜县高山市，位于北纬 36 度，海拔 560 米，温度在-3.1℃至 5℃之间。① 通过这样的对比，我们可以想象，在冬至的清晨，尚可以观赏拂晓之月时的气温并不是非常低。

该诗描绘了在寒冷的冬天，黎明时分，作者从都城汴京踏上旅途，天空悬挂着拂晓之月。刘一止还有一首词，描绘了与此类似的情景，那就是让他一举成名的《喜迁莺·晓行》，他也因此而被称为“刘晓行”。清新的空气、让人瑟缩的寒意、黎明前浮在微亮天空中的细细的清晰明亮的月牙儿，夜行将结束，新的一天即将开始，作者尤其喜欢这种新旧两天分界的时间段吧。

冬至二首　其一*

〔南宋〕刘克庄

病逢佳节径投床，卧听群儿笑老苍。
仅可六藏数龟息，安能三黜入鹓行。
脉微药焙常储火，足冷茅檐定有霜。
多谢天公相暖热，起披败絮负朝阳。

---

① 在(日本)“气象厅”主页“各种数据·资料”中，通过“过去气象数据检索”来调查年平值(每日的值)，所使用的均是 1981—2010 年的数据。纬度、经度、海拔高度等也是依据该主页的数据。

* 该诗文本出自《后村先生大全集》卷 23(《四库全书丛书初编》，中国台湾商务印书馆，1967 年)

拙译：

恰逢佳节冬至日生病，我只好马上卧床休息，听着外面聚集而来的儿孙们在取笑我这个白发苍苍的老人。如今我如乌龟一般，只能数一数五脏六腑微弱的气息。既然再三遭到罢免，怎么能再进入那些如鸳鸯般成行结队的高官们的行列呢？我的脉搏微弱，没有精神，所以家里经常燃着焙药的炉火。我的脚感觉如此寒冷，家里的茅檐上肯定结霜了。我从病床上起身，披着破棉衣，背朝太阳，感谢天公温暖了如此贫困的我。

刘克庄（1187—1269），莆田（福建省莆田市）人，南宋后期江湖派（参考本编第一章第一节的“参考关于‘没日’”施枢诗注）代表作家。24岁时凭借祖辈的功劳踏上仕途，76岁正式辞官归田，83岁寿终。50余年的官场生活，并无太多的人生浮沉，晚年官至高位。即使被贬谪，他也可以按宋代独特的奉祠制度（担任道观的祭事）领取俸禄，在故里生活无忧。

该诗创作于宝祐三年（1255）十月，作者时年69岁，他以年老衰病为由，辞去刚刚被任命的官职，回到了福建故里。① 这一年冬至是十一月十五日。

作者可能于当年十月离开都城临安（杭州市），并于当月内回到故里，不久迎来了冬至日。倘若是朝廷高官的话，冬至节就必须参加朝廷的隆重仪式，但此时作者已在福建故里。南宋时，民

---

① 详见程章灿《刘克庄年谱》，贵州人民出版社，1993年，第280页。

间也会举行盛大活动①以庆祝冬至。刘克庄作为乡里大家族的长者，必须操办冬至节活动。然而，他一回到家里就抛下了作为家长的责任，径自躺到病床上。在全族人聚集，祭祀先祖的日子，子孙也到齐了，他们仿佛在嘲笑这样的爷爷，也可能是众多子孙的喧闹声，让作者感到自己有些可笑吧。

冬至节这天，儿子儿媳孙子等，一定是在尽情地享用准备好的美味佳肴，可怜的作者，在这样欢乐的节日里，因生病，不光不能饮酒②，美食也难以下咽，只能勉强数着自己细微状态的呼吸。冬至节有一个习俗，就是大家都换上新装，以迎接阴极阳归的"一阳来复"。但作者在诗中写道，自己在金钱方面并不那么宽裕，只能是披破絮，背对着太阳晒暖。

---

① 对于朝廷而言，冬至节是仅次于正月元旦的重要节日。历代王朝都是在都城南郊修筑圆形祭台，焚烧牺牲，以供奉天神。北宋孟元老在《东京梦华录》卷10"冬至"中写道："十一月冬至。京师最重此节，虽至贫者，一年之间，积累假借，至此日，更易新衣，备办饮食，享祀先祖。官放关扑，庆贺往来，一如年节。"[（日本）国立公文书馆电子档案，内阁文库]描述了北宋都城汴京（也称东京，现在的开封市）冬至节的情况。南宋吴自牧在《梦粱录》卷6"十一月冬至"这一条目中写道："大抵杭都风俗，举行典礼，四方则之为师，最是冬至岁节，士庶所重，如送馈节仪，及举杯相庆，祭享宗姻，加于常节。……此日宰臣以下，行朝贺礼。士夫庶人，互相为庆。太庙行荐黍之典，朝廷命宰执祀于圜丘。"（《文渊阁四库全书》第590册）。稍晚些的南宋末元初的周密在《（增补）武林旧事》卷3"冬至"中也写道："而都人最重一阳贺冬，车马皆华整鲜好，五鼓已填拥杂遝于九封。妇人小儿，服饰华炫，往来如云。岳祠城隍诸庙，炷香者尤盛。三日之内，店肆皆罢市，垂帘饮博，谓之做节。""冬至谓之亚岁，官府民间，各相庆贺，一如元日之仪。吴中最盛，故有肥冬瘦年之说。"（《文渊阁四库全书》第590册），详细记载了南宋都城临安冬至节热闹非凡的活动盛况。另外，在《宋史》等文献中，也留下了朝廷举办冬至节的很多记录。

② 详见杨艳宏《刘克庄病中诗研究》（新疆师范大学，中国古代文学，硕士论文，2016年）。

该诗最后引用了《列子》中的一则典故。宋国的农夫在春耕时期，会背对着早晨的太阳从事农活，后背的温暖是最大的享受，因此想要对天公表示感谢，由此产生了典故“负暄”，意为冬日里借阳光取暖。据说《列子》是魏晋时期道家的代表著作，这个故事发生在宋国(商丘)，当地位于北纬 34.5 度，惊蛰前后农人开始春耕。此时太阳的南中高度为 49 度。近年来，当地惊蛰前后的平均最低气温为 1℃，平均最高气温为 11℃至 12℃。虽说这是近年来的数值，但“负暄”这一典故原本就是以惊蛰前后的日照可以取暖为背景出现的。

刘克庄的故乡莆田位于北纬 25 度，紧靠北回归线，在中国气候区中，属于南亚热带气候区①。刘克庄的这首诗是冬至时所作，冬至时莆田的南中高度为 41 度，日照相当强。因为没有莆田近年来冬至前后的气温数据，所以参阅其北邻福州(北纬 26 度)的数据来分析，福州冬至日平均最低气温 9℃，平均最高气温竟有 17℃②，相当暖和，气温比商丘(宋国)惊蛰时还要高。因此，在冬至时，作者诗歌中使用“负暄”这一典故是比较妥当的。只是这种温暖的感觉与幸福程度有相似之处，是在相对温度中感受到的温暖，并非绝对的温暖。“负暄”作为典故广为人知，与当

---

① 丁一汇主编《中国气候》“中国自然地理系列专著”科学出版社，2013 年，第 418

② 福州和商丘的数据均源自“天气后报”的《福州 12 月份每日气候数据》《商丘 3 月份每日气候数据》。顺便一提，福州的月平均气温，12 月份为 13.4℃，1 月份为 11.2℃[(日本)“气象厅”主页《世界不同地点平年值(1981—2010 年)》]将美国海洋大气厅 *NNDC Climate Data Online* 30 年间(1956—1964，1973—1993)12 月 22 日和 23 日的气温相加，并求出单纯的平均值(并非所谓的“日平均气温”)，为 12.2℃，同样将这两天的最高气温和最低气温单纯平均计算的话，分别为 8.3℃和 16.9℃。这些数据不过是一种参考罢了。

地的季节、温度都没有关系了。该诗中有反映当日气象之处，那就是作者写到冬至日前夜非常寒冷，并结了霜。由第六句可知第七、八句之间的关系。第六句中，作者写到“足冷”，推断肯定下了霜。第七、八句中，温暖的阳光照射着后背，让作者感到暖和。

霜是空气中的水蒸气在温度低于零度时形成的、附着在地表面的物体上的冰晶。在晴朗的夜里更容易产生霜。因此产生霜的次日早晨，天气会非常的晴朗，所以作者可以充分享受冬日温暖的阳光。

当然，属于南亚热带气候区的莆田也会下霜的。刘克庄生活的南宋后期与 1900 年代温度相同，或是稍微温暖些。我们大致可以根据记载有 1951 年至 1980 年数据的《中国气候资源地图集》推测一下南宋后期的霜降情况：年最早霜初日在 11 月 16 日、12 月 1 日、12 月 16 日这三条线上。12 月 1 日恰好在其中。因此，在冬至前可能会有初霜降落。①

不过，这样的细究没有太大意义，因为从整体来看，诗中作者夸张地表现了自己的贫穷、疾病、寒冷等状况，是一种趣味性的自嘲，也可以称其为戏剧化的幽默。这是中国诗歌，尤其是宋诗的一大特征，也是怀着隐者情结的中国文人生存方式的反映。

① 《中国气候资源地图集》，第 250 页。

第三节　季冬诗

小寒 1a

人们将真正寒冷的一个月按照寒冷程度，分为大、小两部分，前半部分为小寒。

太阳位于黄经 285 度。地球在围绕太阳旋转的公转轨道上，位于距离春分 285 度、冬至 15 度的地方，每天向前推进 1 度，约五个半月移动 165 度到夏至。

公历日期是 1 月 5、6 日前后。另外，也指从此时至 1 月 19、20 日的半个月期间。在至明代为止的旧历(平气法)中，小寒日可以是十一月十六日至十二月十五日之间的某一天。闰月时，可以是闰十一月十四日、十五日、十六日中的某一天。

节月为十二月节。

自褫亭冒雪至余吾 *

〔明〕祁顺

小寒今日初交节，同云一色浓阴结。
谁剪银河不露痕，满天飞下琼瑶屑。
双旌疋马停且行，仆夫推挽肩舆轻。
四围莹白无尘滓，似我灵台一点明。

---

* 该诗文本出自《巽川祁先生文集》卷 3(《四库全书存目丛书》第 37 册，齐鲁书社，1997 年)。传记内容出自温建明《祁顺及其〈巽川祁先生文集〉研究》“一、祁顺生平研究”(《东莞理工学院学报》2013 年第 4 期)。

平生踏雪行应惯，王事勤劳又何怨。
寒驴破帽自多情，金帐羊羔奚足羡。
逢人不说行路难，却念小民饥与寒。
更有关头戍边卒，铁甲绕身寒透骨。

拙译：

今日恰好是由冬至进入小寒节气的交节日。天空的云层呈现同一种颜色，阴沉沉的，眼看就要下雪了。不知是谁不留痕迹地剪断了银河，如同琼瑶玉屑般的雪花漫天飞舞而下。眼前的一匹马两面旌旗，走走停停。仆夫推牵着马车，我乘坐的轿子飞快地行进。四周银装素裹，雪花晶莹，一尘不染，宛若我灵台的一点光明。我一生已经习惯了踏雪前行，执行有难度的公务。头戴破帽、骑着腿脚不灵的骡子更容易动情。不过，这是为帝王大业而劳累身心，我又怎么会抱怨呢？住在金帐里吃着羊羔肉的奢侈生活并不值得羡慕。在路上与人偶遇，我也不会说行路的艰辛。我心中时刻想着的是那些苦于饥寒的广大百姓，还有那些远在边关守护疆土的士兵们，他们身披铁甲，一定感到透骨的寒冷。

作者祁顺(1434—1497)，生于广东，是明代前期进士科出身的高级官僚。曾于42岁出使朝鲜王朝(李氏朝鲜)，为官清廉，为世人敬仰。44岁任江西省布政司左参政(相当于现在的江西省副省长)，48岁左迁至未开化的贵州石阡县任知府，至今当地仍流传着祁顺在长达11年的流谪生涯中尽职为民的故事。这首诗也充分体现了他的人生态度。60岁时升任江西省布政司右参政。

从作者的传记看来，该诗或许是他在明弘治六年(1493)至弘治八年(1495)，由山西布政司右参政转任福建布政司右参政期间，到管辖的山西余吾(长治市屯留区余吴镇)出差时创作的。从作者的任期来看，可以认为创作于弘治六年或七年的小寒节气期间。弘治六年的小寒节气是十一月十九日，弘治七年的小寒节气是十二月一日，后者已经到了腊月，但该诗中未见有关腊月的任何描述，因此该诗创作于弘治六年十一月十九日的可能性更大一些。

诗题中提到“冒雪”，如果由此想象一行人是推开很深的积雪前行的话，就与实际情况相脱离了。余吾这个地方也下雪，但很少有像日本那样深的积雪或暴雪，因为长治市年降水量只有600毫米，而且多集中在7、8月份，1月份的小寒节气期间降水量非常少，以余吾近数十年的每月降水量数据来看，1月份平均降水总量为6毫米。距离余吾最近的屯留区(县)，近8年1月份降雪天数平均昼与夜各两天，降雨天数昼与夜分别为0.5天和0.25天。① 可见这里1月份几乎都是晴天或多云天气，降水非常稀少。

---

① 由于无法获得余吾镇的气象数据，故参考长治市近数十年的数据，以及包含余吾镇小部分的屯留区(以前为县)近8年的数据。长治市的数据源自“天气后报”，屯留区的数据是根据“天气后报”2011至2018年“屯留1月份天气”，并将此8年的数据简单合算平均获得的。另外，刊登在“中国气象局公共气象服务中心”网页上的《长治气候背景分析》中写道：“一般年降水量在530—650毫米之间”。同样，根据该网页《长治基本气候情况(根据1971—2000年的统计结果)》，将1月份至12月份的平均降水量简单合算，得到年降水量平均为533.9毫米。另外，根据《中国气候图(简编)》，1919—1926年、1935—1937年，1月份降水量在0.1毫米以上的天数为2.4天，“降水量”(0.1毫米以上的日降水量的总和)为6.5毫米。1941—1944年、1954—1955年，1月份平均最高气温为1.0℃，平均最低气温为-13.7℃。

余吴镇位于北纬36.4度、东经112.8度，海拔约970米，在长治市西北约30公里处。长治市位于黄土高原的外缘东南部、太行山西麓，海拔高度约940米，略低于余吾镇。屯留区位于余吴镇与长治市之间，海拔约950米。

如后文所述，从这个时期的长治气候来看，这里的降雪比重仅为0.05，即如果降水量为1毫米，则需2厘米的粉雪积雪。若是如此，即使整个1月的降雪没有消融形成积雪，累计降雪量也不过12厘米，似乎只能到脚踝。当然有时也会下大雪，但最多20厘米，勉强到达小腿的位置。“大雪转暴雪”时，虽然能达到“数年来的最大积雪厚度30厘米”，但仍埋不过膝盖。诗中说是“冒雪”，根据近年来的数据推测一下明代的状况，可以想象降雪的情况。①

诗的前半部分大体是按照时间顺序写成的。先从进入小寒节气开始，此时天空布满阴沉沉的雪云，不久后开始降雪。作者乘坐着马车在细雪乱舞中前行，转瞬间大地变得白茫茫一片。

---

① 降雪量可以通过降雨量来估算，但是温度是影响这一转换的关键因素。即使降雨量相同，不同温度下产生的降雪量也会有所不同。例如，在接近0℃度的温度下，湿雪的降雪量大约是10毫米，相当于降雨量的10倍。而在-6℃左右，干燥的雪的降雪量为20毫米是降雨量的20倍。在这种情况下，雪的比重分别为0.1和0.05。如果气温进一步下降，导致雪的比重降低，降雪量可能会是降雨量的30倍即30毫米或40倍即40毫米。根据《中国气候图(简编)》，长治市1月份的最大积雪深度为17.0厘米(1954—1955)。中国气象局的“大雪”定义为24小时的降水量为5.0—9.9毫米，将此换算成积雪深度，最多也就是20厘米。“大到暴雪”为7.5—14.9毫米，相当于积雪厚度为30厘米。

降雪融化成水的降水量与积雪厚度的对应关系，南方与北方不同。1毫米的降水量在北方需要0.8—1厘米深度的积雪，南方则需要0.6—0.8厘米深度的积雪。

有几篇分析此地大雪的论文。关于长治市2007年2月7日的暴雪，参见王正旺等《一次大雪到暴雪天气诊断分析与预警》(《科技情报开发与经济》2008年第5期)。根据许云等《山西省年最大积雪深度极值分布及重现期极值估算》(《山西气象》2015年第4期)，在山西省大部分的观测点，积雪深度最大值出现在2000年以后，特别是2009年以后，在57个观测点出现了观测以来的最大值。明代的降雪情况或许更加稳定吧。

第二句中的“同云”，意为天空与云同色。第四句将降雪的情形描述为“满天飞下琼瑶屑”。琼瑶原指美玉，此处喻雪。“飞下琼瑶屑”是将沙沙作响的固态的细雪比作玉屑一般。长治市近23年的1月份平均最高和最低气温是2℃和10℃，平均降水总量为6毫米。附近的屯留区，最近8年的1月平均最高和最低气温与此相同，由此可以充分了解细雪降落的情形。第四句非常恰当地描述了小寒时期山西省干燥低温条件下的降雪情况。这里的降雪绝非早春时期常见的那种湿漉漉的鹅毛大雪。

诗的后半部分，作者在严寒与一尘不染的皎洁的雪景中，道出了自己的所思所想，说自己的灵魂如白银世界般明亮澄澈，自己的真实人生也是如此。那些豪华的住宅、奢侈的美味对自己而言没有任何吸引力。作者常将人民的饥寒挂在心上，而不是苍白喊几声口号。据说作者常年担任权大利丰的高官，但家产没有丝毫增加，说明他是一位高洁廉直的士大夫。他平日里一定严以律己，抑制心中的五欲(佛教用语，指色欲、声欲、香欲、味欲、触欲)，不让自己的人生留下丝毫的污点。小寒节气让他瑟瑟发抖的寒冷与一尘不染的雪景，不正是他心境的写照吗?

另一方面，作者并不认为该日的降雪难得，这是该诗的一个重要特征。一般而言，冬天的降雪是很受欢迎的，特别是对于生活在依赖自然降雨的黄土高原的农民而言，雪是非常宝贵的水资源①，这种事情作为施政者的作者当然知晓。作者作为官僚能够挂念受饥饿之苦的底层民众，是非常难得的，这种挂念受到了作者个性、生长环境、作诗的背景等因素的影响。作者生长在东莞(广东省东莞市)，那是个降雪稀少的地方。直到该诗创作的前两三年为止，作者有 11 年的时间居住在贬谪地。从这一角度而言，作者在一年中最冷的时期前往严寒的黄土高原，是需要做好思想准备的②。作者之所以完全超乎必要，以悲壮的精神挺身而出，表达了对冬旅的思想准备和决心，或许是因为以上背景吧。

---

① 关于 2014 年 2 月 4 日至 6 日山西省中南部小雪转暴雪、大暴雪，程玉斌等《山西省中南部一次暴雪过程诊断分析》(《中国农学通报》2015 年第 19 期)中写道，山西省 2013 年 11 月至 2014 年 2 月初，百余日未出现明显雨雪，引起秋冬季的连续重大旱灾。此次大雪虽然给春节期间的交通带来重大影响，但大大缓解了旱情，为冬小麦的越冬、回绿、复苏奠定了基础。据"天气后报"称，此次屯留区的降雪由小雪转为大雪，持续了三天。

② 下表根据"天气后报"的数据，把作者生长的地方、此前为止任职 11 年的地方、该诗创作的地方三处，数十年小寒时期(指 1 月 5 日至 19 日)的平均最高、最低气温，简单合计取平均值。由于没有东莞市的历史气象数据，暂用其西北约 50 公里的广州市的数据代替，石阡用铜仁市代替，余吾镇用长治市代替。

地点	日平均最高气温	日平均最低气温
作者生长的地方东莞市(广州市)	18.5℃	10.0℃
此前为止任职 11 年的地方石阡(铜仁市)	9.3℃	2.7℃
该诗创作的地方余吾镇(长治市)	1.9℃	-9.4℃

由上表可以很清楚地看出，山西长治市，不用说相对于广东东莞，就是比贵州石阡还寒冷得多。

另外，杨红峰等在《长治市气温变化特征》(《农业与技术》2015 年第 2 期)一文中论述道，近 50 年来，长治市气温明显呈上升趋势，特别是 12 月至 2 月的冬季，平均气温上升幅度最大。其中提到了冬季屯留(1971—2012 年的数据)的气温上升幅度也很大……余吴镇是隶属屯留的村镇。

大寒 1b

大寒节气比小寒节气更加寒冷，出现最低气温，但也有此时气温比小寒节气温暖的地方。

太阳位于黄经 300 度。地球在围绕太阳旋转的公转轨道上，位于距离春分 300 度、冬至 30 度的地方，每天向前推进 1 度，约五个月移动 150 度到夏至。

公历日期是 1 月 20、21 日前后。另外，也指从此时至 2 月 3 日的半个月期间。在至明代为止的旧历(平气法)中，大寒日可以是十二月一日至十二月三十日之间的某一天。十一月、正月及闰月不会有大寒日。

节月为十二月中。

大　寒*

〔明末清初〕屈大均

其一

大寒偏易暖，寒向小寒时。

亦有空林雪，梅花似不知。

病烦春色早，贫恐水仙迟。

多谢萋萋草，穿冰已作丝。

---

* 该诗文本出自陈永正等校笺《屈大均诗词编年校笺》卷 10，上海古籍出版社，2017 年。

其二

穷阴天外积，寒绝逼春来。
尚苦连朝雾，南风湿不开。
已新长至柳，重吐小年梅。
腊酒谁家早，莺知为我催。

拙译：

其一。在南方，大寒节气时更容易变暖，然而，如今天气却更加寒冷，像是要回到小寒节气。在空无人烟的梅林中可以看到开放的花朵，犹如积雪一般。对于体弱多病的我而言，梅花似乎与我无关，我只盼望着春天早日到来。而，贫穷的我又担心水仙花开得迟，球根的价格会上涨。值得感谢的是，冬天时枯萎的花草已穿出水边的冰层，抽出细丝，长出了新芽。

其二。阴沉沉的空气在无边无际的天空堆积成云，严寒到了极致立春就会到来。连日来每天早晨的浓雾令人苦恼，由于南风潮湿，大雾越发不会轻易散去，因而遮挡了人们的视线。到夜晚最长的冬至时，柳树已重新发芽，梅花也在小年，即十二月二十四日，梅开二度。腊月（十二月）的浊酒，谁家酿成得最早呢？黄鹂鸟为我所催，应该知道立春一到就开始啼鸣吧。

作者屈大均（1630—1695），明末清初人，生于广东，学者，诗人。从事反清运动，明朝灭亡以后拒绝在清廷为官，终身为明朝遗民。其著作虽为禁书，但传至后世的仍然不少。

《大寒》其一描写了大寒节气广州寒流来袭的情景。首联中写道，小寒节气已过，进入了大寒节气，却说“寒向小寒时”，仿佛与当下的季节相悖，有些奇怪。在一年中最冷的大寒节气内，寒流到来理所当然，然而在南方情况有所不同。在温暖的广州原本就不会出现气温低于冰点的情况①，但是当西伯利亚高气压持续增强时，强冷空气有时也会抵达广东，此时就会出现罕见的降雪情况。即使地面温度未到冰点以下，只要满足降雪条件就会形成降雪，如果气温降到了 2℃至 3℃，降雪的概率会增加。② 由于广州原本就很温暖，当寒流推迟到来时，人们会觉得冷得如同回到了小寒节气。这就是“寒向小寒时”一句的内涵，只是诗中并没有描写降雪。

① 关于这一点很多文献中都有提及，例如《中国气候》第六章中的“中国极端最低气温分布图”等。根据“天气后报”可知，1951 年至 2008 年，广州市的日平均最低气温，12 月为 12℃，1 月为 10℃，2 月为 12℃，气温相当高。这三个月的极端最低气温全为 0℃，没有出现气温在冰点以下的情况。2011 年至 2018 年的月最低气温也在 0℃以上。而且，这两个阶段共 66 年，其间只有 6 天的气温在 0℃以下。

② 地面气温为多少时会形成降雪，与温度、风力、地形等因素及其他条件有关，不能一概而论。但是，地面温度 2℃至 3℃的话，可以有七八成的概率降雨会变成降雪。我是参考以下文献做出的判断：长谷美达雄《冬季降水中降雪发生比例与地表气温的关系》的“(1)降雪发生比例的地域性与雨雪判定的准确率”[《雨水》(1991 年 53 卷 1 号)]、(日本)“气象厅”主页气象预报部预报科《关于降雪的预报与气象信息》(2012 年 12 月 7 日“针对民间气象工作者的气象讲演会”)等。按以上文献计算广州市在上条注文所提及的 66 年间，极端最低气温达到 0—3℃的天数有 60 余天(“天气后报”)。所以，如果将日本降雪的概率适用于中国华南地区的话，66 年间的降雪天数有 40 余天。换言之，在广州市看到降雪，据说新中国成立之后，到 2016 年 1 月 24 日才首次降雪。不过，同属广东省，在位于广州市以北 60 余公里的清远市，以及以北 180 公里靠近湖南省的韶关市，降雪并不稀奇。

第二句中提到了梅花和雪。梅花一般立春开花，立春时屡屡出现最低气温，也经常下雪，因此，在中国传统诗文中有时把枝头的积雪比作梅花开放，有时则相反，将梅花开放比作降雪，该诗属于后者。大雪节气时，白色的梅花盛开，看起来如同积雪一般，恰好赶上迟到的寒流来袭，梅花更像是降雪。当然，即使遇到这样的寒流，梅花也未必开花，作为植物，它丝毫不知这是人们的文学创作手法，即第四句“梅花似不知”。

第六句的“贫恐水仙迟”又是怎么回事呢？这或许是作者担心水仙的球根上市太晚，导致价格上涨。水仙是一味中草药，作者曾提及每年这个时期，他都会购买水仙。

接下来是第二首诗。第三、四句讲述了作者每天早晨被大雾所困扰。这是对当地气候特征的如实写照①。关于当地的雾，作者在《广东新语》卷一中进行了详细的描述，说广东的雾非常多而且浓厚，有时距离很近，无法辨认他人。靠近山的地方雾尤其多，作者甚至断言雾是最恶劣的气候现象。“尚苦连朝雾”是作者的心里话。

第六句“重吐小年梅”中的“小年”，指旧历十二月二十四日，

① 华南沿海地区冬末至初春多雾。详见《中国气候总论》“雾的季节变化”，第320页。

元日六七天前，这是民间的说法。① 这一天在太阳历中，即在季节推移中的变化范围有多大呢？这个问题乍一看很难，但是从平气法的节月角度来看就很简单了。

在至明代为止的平气法二十四节气中，十二月内必须有的中气为大寒。所以大寒在节月中也被称为“十二月中”。前后变动的幅度详见下表。为使问题简单化，暂且认为十二月为大月，而且

① 关于将十二月二十四日称为小年的说法，在此举二三例。

南宋文天祥的《二十四日》诗，题下原注有“俗云小年夜”（《全宋诗》第68册卷3599）。紧接着的《立春》诗，题下原注有“己卯十二月二十六日”，实际上，该己卯年即祥兴二年年内立春。此前，作者创作有《十二月二十日作》。如今的诗集，是按照作者的创作时间编排，可知文天祥在十二月二十日、二十四日、二十六日，每隔几天创作一首诗。

明代区大相的《小年夜，诸客过集》诗，题下原注有“俗以腊月二十四为小年”（刘正刚、乔玉红《区大相诗三百首赏析》，齐鲁书社，2015年）。

明代金幼孜的《腊月二十四夕，偶成》其二诗中有“春回残雪在，腊尽小年过”（《金文靖集》卷3，《文渊阁四库全书》第1240册），腊为腊日，即十二月八日，小年为诗题中的十二月二十四日。这一年也是年内立春。实际上如果上下句是按照时间顺序来描述事情经过的话，十二月二十四日以前已经立春。也就是说，我们可以认为作者是按照腊日（十二月八日）—立春—小年（十二月二十四日）的顺序来写的。清代邝敏本的《二十四日洞庭舟中》诗，题下原注有“俗呼腊月二十四日为小年节”（徐世昌辑《晚清簃诗汇》卷74，生活·读书·新知三联书店，1989年）。

当然也有将腊月二十三日称为小年的说法，如近代作家老舍、萧红等，这里暂不取该说法。

没有没日。① 首先最早十二月一日进入大寒节气，小年在立春(2月4日)后的第九天(见日期右侧)，公历2月12日前后。

十二月一日	大寒
十二月二日	
十二月三日	
十二月四日	
十二月五日	
十二月六日	
十二月七日	
十二月八日	
十二月九日	
十二月十日	
十二月十一日	
十二月十二日	
十二月十三日	

① 屈大均生活的清代已经采用了“时宪历”，属于采用了开普列第二法则的定气法，是将360度的角度二十四等分，各节气的天数并不相等，为14—16天。近日点附近，即在1月上旬时，节气间隔为10天。因此，小寒和大寒的节气期间也为14天。不过，此处为便于理解，将每节气固定按15天的平气法来计算，而且大寒、立春节气内不置入没日。即便置入没日的话，也只是向后推迟一天而已(时宪历以后就不存在没日了)。另外，十二月有大月30天、小月29天之分，在此单以大月的情况来考虑。实际上十二月为小月时，将天数向前推一天就好了。

在采用了定气法的时宪历以后，出现了有违平气法原则的情况。例如清乾隆四十年十一月出现了冬至、小寒、大寒三个节气(《三千五百年历日天象》)。也就是说，在平气法中应该十二月到来的大寒节气，提前到十一月了。

	十二月十四日	
小寒	十二月十五日	
	十二月十六日	立春
	十二月十七日	
	十二月十八日	
	十二月十九日	
	十二月二十日	
	十二月二十一日	
	十二月二十二日	
	十二月二十三日	
小年	十二月二十四日	小年
	十二月二十五日	
	十二月二十六日	
	十二月二十七日	
	十二月二十八日	
	十二月二十九日	
大寒	十二月三十日	
	正月一日	元日
	正月二日	
	正月三日	
	正月四日	
	正月五日	
	正月六日	
	正月七日	

	正月八日
	正月九日
	正月十日
	正月十一日
	正月十二日
	正月十三日
	正月十四日
立春	正月十五日

相反，最晚十二月三十日，大寒节气到来时，小年是小寒节气(1月5日)的第十天(见日期左侧)，公历1月15日前后。也就是说小年最早在1月15日前后，最晚到2月12日前后，大概相差一个月的时间。

该诗以“大寒”为题，可以认为是作者在大寒日创作的，而十二月二十四日为大寒节气的年份，在作者一生中只有一次，那就是清康熙三十二年(1694年1月19日)，即他去世前三年，时年作者64岁，当时在老家沙亭(广州市番禺区)。①

---

① 清康熙三十二年十二月五日前为公历(新历)1693年，十二月六日开始为公历1694年。因此清康熙三十二年十二月二十四日，按照公历进入了1694年。

《屈大均诗词编年校笺》中提到这首诗是作者于清康熙三十年(1691，62岁)冬在广东沙亭创作的，此说缺乏依据。如果是康熙三十年的话，十二月二十四日的小年(1691年2月10日)已是立春后的第八天。这样的话，就与第二首的“寒绝春逼来”相矛盾。这一天早已过了立春，然而诗集中却说立春逼来，这明显是前后矛盾的，也与第一首中的大寒、小寒不符。而且，在邬庆时的《屈大均年谱》中，并没有记载该诗的创作年代。

其实，关于小年，在作者 55 岁时创作的诗中①，也有类似的说法，“黄鸟喧冬至，梅花盛小年”[《后嘉鱼诗(其六)》]。这一年的小年，按公历来说，是 1685 年 1 月 28 日，属于大寒节气的次候。这两首诗都是将冬至与大寒前后的小年相对，描写了大寒前后盛开的梅花。第五、六句“已新长至柳，重吐小年梅”，是说柳树已做好迎接春天到来的准备，梅花也不甘示弱，再次盛开，与柳树争春。既然都是小年，都在元日的六七天前，应属于年内发生的情况。于是，在第七、八句中谈到了十二月的腊酒，以及对明年春天的期待。

清康熙三十二年没有闰月，所以这一年共有 354 天。这一年的元日(1693 年 2 月 5 日)是立春(1693 年 2 月 4 日)的次日，此时广东的梅花通常已经凋谢了。所以，这一年梅花的盛开，最早

① 详见上述《屈大均年谱》，第 197 页，以及《屈大均诗词编年校笺》卷 9，陈永正等校笺，上海古籍出版社，2017 年，第 1017 页。

也需待到冬至至年末的大寒前后了。①

① 广州的梅花何时开放，何时凋谢呢？廖碧婷等《广州地区梅花开花期与气象因子的关系》(《广东气象》2018年第5期)一文，以广州市2010年至2016年萝岗香雪公园(海拔30米)的5804株青梅(包括鹅嗦、大核青、横核等品种)为对象进行了调查。文中“2. 梅花花期物候特征”认为，2010年的开花期极早，初花期为12月5日，盛花期为12月15日，枯萎凋谢期为次年的1月10日。与此期间的平均值相比，初花期提前了17.5天，盛花期提前了18.7天，枯凋期提前了8天。由此可见，该时期的平均初花期在冬至前后。小寒时期为盛花期，进入大寒节气时，梅花已几乎开放完毕。同时请参考同一作者等人进行的相同调查，廖碧婷等《广州地区梅花花期的预报方法》(《广东气象》2016年第4期)。

以此为基础来思考的话，是否可以认为在屈大均生活的明清小冰期时代，即使推迟一个节气的时间，在进入立春时，梅花已开花结束。屈大均的《广东新语》卷25中，关于梅花的开花期写道“梅花为岭南最早，冬至雷动地中，则梅开地上”，“韶州梅，长至已开”，“冬至一阳始复，梅即吐花，得阳之先者也”；关于开花结束期写道“岭南花大抵盛于秋冬，至初春已尽”等。这些说法可以作为参考。原文中的“初春”并非正月，而是立春之意。

前文“大雪12a”朱诚泳诗中，介绍了广东在霜降节气时开放的梅花品种。这种梅花根据上文提到的近年来的数据来看，属于某种特殊的品种，因此作为特殊情况对待较好。

在此，先就其二诗中“重吐小年梅”的“重吐”谈一下我的见解。我认为这里并非梅开二度的意思，而是柳芽泛绿，加之梅花也开放了之意。但是，在《广东新语》卷25中，提到了有一年两开的品种，即韶关的梅花。文中写道：“韶州梅，长至已开，腊月大雪，梅复开尤盛，有于旧蒂而作新花者。其地属岭北，故梅以腊以正月开”，可知韶关的梅花是旧历十一月冬至开一次，一个月后的旧历十二月(包含小寒大寒节气的腊月)下大雪时再开一次。在同一树枝上花蒂的位置又重新开花。韶关属于岭北，梅花在旧历十二月和正月都开花，霜降至立冬期间开一次，而不是待到冬至，由于天气温暖，梅花一度盛开后会再开一次。“重吐”也有可能是说这种一年两度开花的梅花，第二次开花了。不管怎样，这如同闰年时一年两次立春一样，在有13个月的旧历一年中，会有两度开花。

年号	节气	日期
康熙三十一年	大寒	十二月十四日
	立春	十二月三十日
康熙三十二年	元日	正月一日
	冬至	十一月二十五日
	小寒	十二月十日
		十二月十一日
		十二月十二日
		十二月十三日
		十二月十四日
		十二月十五日
		十二月十六日
		十二月十七日
		十二月十八日
		十二月十九日
		十二月二十日
		十二月二十一日
		十二月二十二日
		十二月二十三日
	大寒	十二月二十四日
		十二月二十五日
		十二月二十六日
		十二月二十七日
		十二月二十八日
		十二月二十九日

续表

年号	节气	日期
康熙三十三年	元日	正月一日
		正月二日
		正月三日
		正月四日
		正月五日
		正月六日
		正月七日
		正月八日
	立春	正月九日
		正月十日

由上表可知，年末的大寒节气时，这一年早梅开放刚好赶上寒流袭来，看起来就如降雪一般。

闰月时，一年有 13 个月。这种情况约每三年出现一次(见“立春 2a”张昱的诗)。在这样的年份中，有时会出现梅开二度的情况。例如，作者 22 岁时的清顺治八年，闰二月，一年有 384 天。这一年的元日是大雪节气的第二天(1651 年 11 月 31 日)，十二月十日(1652 年 1 月 20 日)又进入了大寒节气。也就是说，这一年有两次实质上的大寒节气。梅花会受到气温冷暖的影响，根据具体情况，或许在这一年的正月和十二月可以两次看到梅花开放。

这首诗的最后一句，是说作者在期待真正意义上的春天的到来。南国广州大寒节气与江南、中原相比，天气已是非常暖和了。根据近年来的平年值来看，广州市 1 月份的平均气温为 14℃。

这一数值接近于明清时期首都北京 4 月份的平均气温 14.8℃。[1] 虽然，天气已如仲春般的温暖，但是作者像北方人一样，依然期待春天的到来。

---

① 在(日本)"气象厅"主页《世界不同地方的平年值(1981—2010 年)》中，广州 1 月的平均气温为 14℃，北京 4 月份的平均气温为 14.8℃。另外，根据《中国气候图(简编)》，广州 1 月份为 13.6℃(1912—1937 年、1948—1952 年)，北京 4 月为 13.7℃(1841—1986 年、1889—1952 年)。根据"天气后报"的数据，广州市 1 月的日平均最高气温和最低气温分别为 18℃和 10℃。北京 4 月的日平均最高气温和最低气温分别为 20℃和 9℃。

附 4　参考书目、网站资料(website)

二十四节气概说关联

《中国古代天文学思想》，“中国天文学史大系”，陈美东，中国科学技术出版社，2013 年。

《中国古代历法》㊤㊦(中国文库)，张培瑜、陈美东、薄树人、胡铁珠，中国科学技术出版社，2007 年(《中国古代历法》，“中国天文学史大系”，张培瑜等，中国科学技术出版社，2013 年)。

《中国少数民族天文学史》，“中国天文学史大系”，陈久金，中国科学技术出版社，2013 年。

《中国古代天体测量学及天文仪器》，“中国天文学史大系”，吴守贤、全和钧，中国科学技术出版社，2013 年。

《中国古代天文学家》，“中国天文学史大系”，陈久金主编，中国科学技术出版社，2008 年。

《中国古代天文学词典》，“中国天文学史大系”，徐振韬主编，中国科学技术出版社，2009 年。

《中国科学技术史 · 天文学卷》，陈美东，科学出版社，2003 年。

《天文学史话》，“中国史话 · 思想学术系列”，冯时，社会科学文献出版社，2011 年。

《百年来甲骨文天文历法研究》，冯时，中国社会科学出版社，2011 年。

《中华二十四节气——漫画中华民俗丛书》，王修筑，气象出版社，2013 年。

《天的科学》，“中国的科学与文明”第五卷，吉田忠等译，思索社，1991 年。

《东洋天文学史论丛》，能田忠亮，恒星社，1943 年。

《天的科学史》，中山茂，朝日新闻社，1984 年。

《东洋天文学史》，中村士，丸善出版，2014 年。

《孔子看到的天空》，福岛久雄，大修馆书店，1997 年。

《薮内清著作集》第一至三卷，临川书店，2017—2018 年。

《“高丽史”历志 · 宣明历研究》，大东文化大学东洋研究所编，大东文化大学东洋研究所，2006 年。

《授时历：译注与研究》，薮内清、中山茂、I. K 出版社，2006 年。

《中国天文学史研究》，小泽贤二，汲古书院，2010 年。

《日本的时刻制度》(增补版)，桥本万平，塙书房，1978 年。

《日本 · 中国 · 朝鲜，古代的时刻制度：基于古天文学的验证》，齐藤国治，雄山阁，1995 年。

《亚洲的历法》，冈田芳朗，大修馆书店，2002 年。

《日本历学史》(改订版)，佐藤政次，骏和台出版，1971 年。

《日本历日原典》，内田正男，雄山阁出版，1975 年。

《日本的历法》，渡边敏夫，雄山阁，1976 年。

《古代中世历》“和历 · 儒略历月日对照表”，日外合伙人出版社，2006 年。

《历法科学》，片山真人，贝雷帽出版社，2012 年。

《历是一流的科学：二十四节气与日本人》，石原幸男，PHP 研究所，2012 年。

《学习日本史之〈古代历法〉入门》，细井浩志，吉川弘文馆，2014 年。

《平安时代阴阳道史研究》，山下克明，思文阁出版，2015 年。

《五行思想与〈礼记·月令〉研究》，岛邦男，汲古书院，1971 年。

《书经》㊤，“新释汉文大系”25，加藤常贤，明治书院，1983 年。

《夏小正经文校释》，夏纬瑛，农业出版社，1981 年。

《夏小正新考》，何新，万卷出版公司，2014 年。

《大戴礼记》，“新释汉文大系”113，栗原圭介，明治书院，1991 年。

《管子》㊤，“新释汉文大系”，远藤哲夫，明治书院，1989 年。

《吕氏春秋集释》，许维遹，中华书局，2009 年。

《吕氏春秋》㊤，“新编汉文选·思想·历史系列”，楠山春树，明治书院，1996 年。

《礼记》㊤，“新释汉文大系”，竹内照夫，明治书院，1971 年。

《淮南子校释》(增订本)，张双棣，北京大学出版社，2013 年。

《淮南子》㊤，“新释汉文大系”，楠山春树，明治书院，1979 年。

《汉书》《后汉书》《晋书》《宋书》《魏书》《隋书》《旧唐书》《新唐书》，以上正史中的律历志，均为中华书局点校本，出版年代分别为1962年、1965年、1974年、1974年、1974年、1973年、1975年、1975年。

《全译后汉书》(第三册)志一，渡边义浩、小林春树，汲古书院，2004年。

(日本)《国立天文台三英图书室贵重资料》，http：//library.nao.ac.jp/kichou/search.html。

本书中国诗关联①

《三千五百年历日天象》，张培瑜，河南教育出版社，1990年。

《中华日历通典》，王双怀等主编，吉林文史出版社，2006年(后改版增订为《中华通历》，陕西师范大学出版社，2018年)。

《二十四节气农谚大全》，中国农业博物馆编，中国农业出版社，2016年。

《中华气象谚语大观》，任国玉、曾金星、王奉安编著，气象出版社，2012年。

《中国历朝气候变化》，葛全胜等，科学出版社，2010年。

《中国历史时期气候变化研究》，满志敏，山东教育出版社，2009年。

① 文中多次提及的文献出处、参考文献、网站、作者、出版社、出版年份、网址等，在此一并汇总，仅列出题目。将未直接引用者以“其他参考文献”列出。

《中国气候图(简编)》，中央气象局气候资料研究室编，地图出版社，1959年。

《中国气候总论》，盛承禹等编著，科学出版社，1986年。

《中国气候》，“中国自然地理系列专著”，丁一汇主编，科学出版社，2013年。

《中国农业气象学》，中国农业科学院主编，中国农业出版社，1999年。

《中国气候资源地图集》，中国气象局编制，中国地图出版社，1994年。

《中国古代的年中行事》，中村裕一，汲古书院，2009—2011年。

《全宋诗》，北京大学古文献研究所编，北京大学出版社，1991—1998年。

《古今岁时杂咏》，〔宋〕蒲积中编，徐敏霞校点，三秦出版社，2009年。

《(影印)文渊阁四库全书》，中国台湾商务印书馆，1983—1986年。

《续修四库全书》，上海古籍出版社，1995年。

《宋才子传笺证》，傅璇琮主编，辽海出版社，2011年。

《剑南诗稿校注》，钱仲联校注，上海古籍出版社，1985年。

《广东新语》，屈大均，中华书局，1985年。

《氾胜之书：中国最古老的农书》，石声汉编、英译，冈岛秀夫、志田容子译，农山渔村文化协会出版，1986年。

《植物的汉字语源辞典》，加纳喜光，东京堂出版，2008年。

《植物的日文名·中文名与传统文化》，寺井泰明，日本评论社，2016年。

《二十四节气志》，宋英杰，中信出版社，2017年。

“（日本）国立国会图书馆电子藏书”，网络公开资料，https：//dl. ndl. go. jp/。

Stella Navigator 11，AstroArts社，2019年。

*Stella Theater Pro Ver*3. 02，Toxsoft社，2010年。

Stellarium，Fabien Chereau。

（日本）《（C）国立天文台》，“历法计算室网页”，http：//eco. mtk. nao. ac. jp/koyomi/“历法计算”“历Wiki”。

《日本历法与中华历》，Shinobu Takesako，http：//www. wagoyomi. info/。

（日本）“气象厅”主页，https：//www. jma. go. jp/jma/。

美国海洋大气厅（局）（NOAA）*NNDC Climate Data Online*，https：//www7. ncdc. noaa. gov/CDO/cdo。

Climate Data Online Search，https：//www. ncdc. noaa. gov/cdo-web/search? datasetid = GHCND。（气温、露点、气压、能见度、风速、最低/最高气温、降水量、积雪量等的每日数据，因地点不同，数据的期间长短不一，记录的项目也不同。另外，有的年份会出现缺少月份、项目等情况。如果新选定项目，然后留下电子邮件，数分钟就可以收到数据。都是免费的，但各有长短。）

“天气后报”的“全国历史天气查询”，http：//www. tianqihoubao. com/lishi/。（1951年1月1日至2008年12月31日。包含每日平均最高/最低气温、平均降水量、极端最高/最低气温，但是一些小城市只有 2011 年以后的数据。)

其他文献

《物候学：大自然的语言》，竺可桢、宛敏渭著，丹青综合研究所编译，丹青社，1988 年。

《日常气象事典》，平塚和夫，东京堂出版，2000 年(该著作从小寒节气开始按照二十四节气布局章节)。

《季节的 366 天话题事典》“附 · 二十四节气物语”仓岛厚，东京堂出版，2002 年。

《气候文明史：改变世界的八万年的攻防》，田家康，日本经济新闻出版社，2010 年。

《中国的雨与气候》，吉野正敏编著，陈国彦译，大明堂，1975 年。

《平安时代的气象预报员紫式部：〈源氏物语〉所掩盖的天气科学》，石井和子，讲谈社，2002 年。

《历法学校》，中牧弘允，https：//543life. com/campus/。

中国气象局“中国气象数据网”，http：//data. cma. cn/。[中国各地每月每日的平均气象数据，至本书执笔阶段，已在“中国气象局”的“中国气象数据网”(http：//data. cma. cn/)中的“中国地面国际交换站气候资料日值数据集(V3. 0)”(1951—2012)及“中国地面累年值日值数据集”(1981—2012)等公开。另外，也有五天、十天、每月、每年的数据。国外可以登录、下载数据，但下载量受到严格限制，并不实用，同时暂未对境外开放进一步的实名登录。]

"天气网"的"国内城市历史天气"，http：//lishi. tianqi. com/。(从 2011 年 1 月 1 日开始)

"天气网"的"中国气温"，https：//www. tianqi. com/province/beijing/。(1950 年以后的数据，曾公开过一段时间，现在这部分暂未开放)

Hosi. org When. exe Ruby 版(C)，Takashi SUGA，http：//hosi. org：3000/。

《两千年中西历转换》，中国台湾"中央研究院"，http：//sinocal. sinica. edu. tw/。

《中西历》，中国台湾大学，http：//thdl. ntu. edu. tw/datemap/index. php。

Google Earth，https：//www. google. com/earth/。

"心同行·海拔"，https：//haiba. ugoto. cn/。

"搜韵"，https：//sou-yun. cn/。

"国学大师"，http：//www. guoxuedashi. com/。

"汉籍资源库"，http：//www. kanripo. org/。

《中国二十四节气诗词鉴赏》，王景科编，山东友谊出版社，1989 年。

《时光印痕——唐诗宋词中的节气之美》，沈善书，中国华侨出版社，2015 年。

《二十四节气诵读古诗词——新教育实验晨诵项目"旧历的天空下"课程实践》，常丽华，文化艺术出版社，2011 年。

《岁时记——古诗词里的节气之美》，冯辉丽，江苏凤凰文艺出版社，2016 年。

《新岁时记——古诗词中的二十四节气》，李颜垒，中国纺织出版社，2016 年。

《二十四节气诗画日历（2018）》，中国农业博物馆编，中国农业出版社，2017 年。

后记

我从2015年开始认真学习天文、历法、气候等方面的知识。在讲义中初次提及二十四节气是这一年的下半年，我在一门课中带领大家解读与二十四节气有关的中国诗，在另一门课中介绍七十二候的物候及相关话题。上学期由春分讲到白露，下学期由秋分讲到惊蛰。通过这样一个循环周期，讲完了一个年份的二十四节气和七十二候。几轮过后，我也到了退休年龄。在此期间，每次都是边修改，边继续讲解各个节气。因为忙于备课，一篇论文也没有写。

退休后，我将中国诗讲义笔记重新进行整理，这就是本书的本编部分。将这部分完成后，我发觉如果以本编构成一本书的话，未免有些过于简单，于是我就想以序论说明一下二十四节气，这样做是不是更好呢？于是，我重新开始写序编。这一部分的工作只是单纯为了解答我开始就有的种种疑问，写完后疑问基本上得到了解答。其中也有一些内容是按照自己的风格来理解的，目的是让自己接受。将如此完成的篇幅很长的序编和本编的诗的部分合在一起，就构成了这本书。

如今回头看一下书斋，在靠近书桌的书架上，有八层不知不觉间塞满了以文学、历学为主，有关七十二候的气候、动植物的书籍，现在我也不知道该将这些书移往何处。另外，电脑上五年前首次创建的“节气”文件夹中，不知不觉间已创建了300多个子文件夹，保存了4000余个文件。都是下载的论文、文献、图像，还有我杂乱的笔记。

数年前开始进行二十四节气研究时，我根据自己的兴趣购买了一套有趣的书。当收到这套书时我震惊了，它就是王双怀主编的《中华日历通典》。此书连续不断地记载了跨越三四千年的阴阳历中的每月、每日的历法数字和天干地支，重达11千克，共4册，16开，4498页，都是数据。无论谁看到这样的书后，都会为自己的冲动购买感到后悔吧。从此以后，这套书就在我书斋的一角，作为书架的镇石，为灰尘所覆盖。

过了一两年，当我开始关注节气日期时，突然发觉这套全是数字和天干地支的书，记载了我要查找的节气日期，此后它就成了我频繁参阅的案头书。如果没有这部《中华日历通典》，我的二十四节气研究的内容必定模棱两可，模糊不清。因此也可以说，这本书只不过是将王双怀的历法研究资料应用到文学作品鉴赏方面的一个尝试罢了。

在此我必须提及本书创作背后的故事，即我是如何选择二十四节气中与每个节气相关的诗的。有一个名为“搜韵”的中国诗歌数据库网站，其中收录了先秦至现代的42,600余人的1,136,400余首韵文作品。例如在该网站检索“处暑”，会出现39首；检索

“白露”，会出现1787首。节气不同，偏差会很大。因此，我从中机械地排除唐代以前的和清代以后的诗、过短的绝句，以及20行以上过长的诗，专心研读剩余的部分。以我的能力无法应对的、难懂的诗自然也排除在外。反复通读五六遍之后，大概把备选的诗，集中在几首范围之内，然后再从中选出一首。选择的标准是，经验证是该节气的诗、作为文学作品而言有趣味性、尽可能不重复选择同一作家的诗，以及我能在文献中确认的诗。

“搜韵”数据库在我看来有极高的可信度，无论何时何地何人都可以免费使用。若是没有如此庞大的中国诗歌数据库，我的二十四节气研究也不得不在极小的样本范围内进行。

最后，原同事中尾友香教授、谷口高志副教授以及日本书虫网，在文献资料、论文检索等方面给予我很大的帮助，在此表达衷心的感谢。同时文学通讯编辑部的西内友美女士对我也格外关照，在此谨表达感谢。

2006年，中国将二十四节气列为国家级非物质文化遗产。2016年，联合国教科文组织将其列为世界非物质文化遗产。第二年，中国成立了“中国二十四节气研究中心”作为中国民俗学会下属的研究机构。2019年，中国气象局成立了“中国天气·二十四节气研究院”。也有人将二十四节气称为造纸、印刷术、火药、罗盘后的“中国第五大发明”。

将来，日本或许也能成立二十四节气学会这样的机构，二十四节气在天文学、历学、气候学、农业气象学、植物学、动物学、民俗学、文化人类学、实务学、营养学、中医学等各个领域，将成为有价值的组成部分，从而构成一个广泛的跨学科领域。就文学而言，不限于中日韩三国，以二十四节气太阳历为坐标轴，或许也可以在世界文学中进行比较研究。今后日本的二十四节气研究如何发展呢？令人期待。

古川末喜

2020年8月

书评：作为节气诗人的陆游

——古川末喜新著《二十四节气与中国诗》读后[①]

去年岁末收到日本佐贺大学名誉教授古川末喜新著《二十四节气与中国诗》(『二十四節気で読みとく漢詩』)。古川博士与我同龄，毕业于九州大学，前此著有《中国 skinship 纪行》(1988)、《初唐文学思想与韵律》(2003)、《杜甫农业诗研究》(2008)、《杜甫的诗与生活：训读》(2014)等。20 世纪 90 年代我曾在他长期执教的佐贺大学客座两年。《二十四节气与中国诗》“后记”落款时间是“2020 年 8 月”，我可能是中国大陆最早的读者。

以节气说诗歌在中国早已有之，该书亦述及《古今岁时杂咏》(北宋蒲积中编)与今人出版的《中国二十四节气诗词鉴赏》等多部，然而古川教授该书的特色在于，所有举为“节气诗”范例的古诗，都经过了基于“二十四节气原理”的科学考察与认定。这种考察首先是基于作者发现的新方法。下面试译述片段。

---

① 该文原载上海《文汇报》2021 年 6 月 7 日，作者为华东师范大学的陆晓光教授。

一

很多古诗并没有明确标记何年何月所作，而根据某古诗诗题等所提供的节气词等相关信息，可以推定其作于何年何月。因为当代中国出版的两本书提供了必要的条件：张培瑜著《三千五百年历日天象》(河南教育出版社，1990 年) 和王双怀等主编《中华日历通典》(四册，吉林文史出版社，2006 年)，“后者尤为必要”。在这两部书中，中国悠久的历史纪年首次被附以二十四节气的标记。从公元前 104 年开始，直至以后的两千年，所有的岁月都恢复了其原有的节气之时日。——由此，只要某一朝代某一诗人的某首古诗中述及与节气关联的信息，那么以上面二书为工具，就可望推断出该诗的制作年月等。

“我注意到这一方法是在 2016 年夏天，其时正准备后学期的授课讲义。当我以此方法推算出某诗的创作年后，再去查阅该诗人专集文献的作品年表，令我惊愕的是，很多诗处于制作年未详的状态(有些诗集则尚未有作品年表)。此时此刻我意识到，目前看来尚未有研究者以此方法来推断古代诗人作品的创作年。”

“这一方法的公式是：标附节气的年历、该节气的名称，以及具体年份，这三项条件如果已知其中两项，那么第三项几乎不证自明。如果尚有另一种可能，则由于作者生涯幅度有限，也不难辨别。”“此外，根据已知的创作年份，也有助于推断作者创作该诗时的年龄、所居何处等。”

“如果这一方法可以确证的话，那么对于古典领域的作品研究和作家研究，当可有所推进。”

“这一方法对于中国古典诗歌以外的相关领域当也有助益。还有，中国之外的国度，只要古文献中标记有二十四节气的相关信息，那么也可望在更大范围中加以活用。”

以上见该书序文。

二

笔者循此从张培瑜所著《三千五百年历日天象》书中了解到：由于中国自古以农业立国，中国古代历法也主要是“直接服务于农牧业生产”。“两千多年来，节气一直是中国历书的主要记载内容，是指导农业生产的主要依据；与人类生产生活关系密切，各种历史文献中也常常遇到有关节气的记载。”然而辛亥革命以来出版的中国通史历表中，“皆未列出二十四节气”。作为查阅古代历日的工具书，于此“未免可惜”。由此可知该书之贡献在于弥补了这一空白，不仅将中国历史自公元前1500年开始注记公历，并且逐年标记二十四节气。

笔者又从王双怀等主编的《中华日历通典》“前言”中读到：“由于中国历代颁行的历法采用帝王纪年和干支记日的独特方法……但我们现在用惯了公历，面对这些干支，很难立即弄清其中的含义。”比如，史载武德九年“八月甲子，(唐太宗)即位于东宫显德殿。癸酉，放宫女三千余人。丙子，立妃长孙氏为皇后。癸未，突厥寇便桥。乙酉，与突厥颉利盟于便桥。”这段话中有五个干支，涉及五个时间问题。唐太宗何时即位？何时释放宫女？

何时立长孙氏为皇后？突厥何时寇便桥？唐太宗何时与突厥结盟？“如果不借助工具书，便无法形成正确的时间概念。”

《中华日历通典》就是为此而提供的一部“能够直接逐日读出中西历日的工具书”。全书包含了公元前1400年至公元2050年的全部日历。中西历日对照列出全年中每日的干支、公历日期和星期，节气和天象栏则给出二十四节气等。“读者可以通过帝王年号及年月日干支，直接查出其相应的公历时间，也可以用公历日期迅速地查出其相对应的旧历日期。”如《新唐书》卷二《太宗本纪》载：贞观元年“二月丁巳，诏民男二十、女十五以上无夫家者，州县以礼聘娶；贫不能自行者，乡里富人及亲戚资送之”。若想知道唐太宗颁发这道诏书的具体时间，只要从该书翻到“唐太宗贞观元年”，从二月栏中找到“丁巳”，就可以马上看出这一天是夏历二月初四，公历2月24日，星期二。并且，“如想知道公元628年1月1日是星期几，从夏历十一月栏中找到1月1日，即可知当日是星期五”。

三

显然，该“新方法”基于上面两部当代中国出版的通史日历工具书。就中国古典诗歌研究而言，其功用首先在于有助辨明某古诗的创作年月。如果说这一方法迄今鲜有使用者，那么发现并尝试这一方法，堪称古川末喜《二十四节气与中国诗》的首要特色。该书多处以陆游诗为节气诗范例，所据文献是钱仲联《剑南诗稿校注》。笔者多年前因《资本论》日译者河上肇《放翁鉴赏》课题

（见《社会科学》2009 年第 1 期），参阅过《剑南诗稿校注》，缘此首先注意的是古川教授对陆游一首“大暑”诗创作年份的辨析。

陆游该诗：

六月十七日，大暑殆不可过，
然去伏尽秋初，皆不过数日，作此自遣。

赫日炎威岂易摧，火云压屋正崔嵬。
嗜眠但喜蕲州簟，畏酒不禁河朔杯。
人望息肩亭午过，天方悔祸素秋来。
细思残暑能多少，夜夜常占斗柄回。

该书对诗题“去伏尽秋初，皆不过数日”诸句，做了长达近十页的考证。兹窥数斑：

“伏有初伏、中伏、末伏三种，‘三伏’尽，则酷暑时期结束。”

“新历一年中，末伏最早是立秋 8 月 7 日，该日如值庚日，则立秋日即末伏日。一年中最晚的立秋是 8 月 8 日，如该日值辛日，则立秋为 8 月 17 日。”

“而旧历中没有像新历那样固定的日期。……夏至如是辛日，则夏至后第 30 日为最晚的初伏，中伏则是第 40 日……”

三伏日的范围，包含与“十干”匹配的偶然因素，但是其差异最大不会超过一旬（十天）。以此为前提，可做如下测量。

首先，诗题所谓“六月十七日”，不是指大暑节气日，而犹谓大热天。然而该诗却通常被视为在大暑节气日创作。

其次，《剑南诗稿校注》认为该诗为陆游开禧二年(1206)八十二岁所作。该年“大暑”是六月八日，“立秋”则是六月二十四日甲戌，立秋后最初庚日是七月一日庚辰。此日正是末伏，即诗题中的“伏尽”日。

由此看来，“开禧二年(1206)”的“六月十七日”，距秋初(立秋)尚有七天，而距末伏(伏尽)日更有长达十三天。这一客观事实与“然去伏尽秋初，皆不过数日”句意两相抵牾。因此，《剑南诗稿校注》将该诗解释为“开禧二年(1206)八十二岁之作，并不妥恰”。

古川教授根据陆游该诗与节气相关信息的分析考量，排除了《剑南诗稿校注》所释创作年份，而提出至少另有三种可能：“最可能的是绍熙三年(1192)六十八岁所作”，也可能是“淳熙十一年(1184)六十岁所作”，还可能是“嘉泰三年(1203)七十九岁所作”。(第276页)

笔者据王双怀等主编的《中华日历通典》查阅上述三种可能年份中“夏至”与“立秋”的具体月日，所得结果如下：

“绍熙三年(1192)六十八岁所作”

——该年大暑在六月乙巳，新历6月15日(星期三)；立秋在六月庚申，新历6月30日(星期四)。(第3025页)

“淳熙十一年(1184)六十岁所作”

——该年大暑在六月癸亥，新历 6 月 15 日(星期日)；立秋在六月戊寅，新历 6 月 30 日(星期一)。(第 3017 页)

“嘉泰三年(1203)七十九岁所作”

——该年大暑在六月癸卯，新历 6 月 16 日(星期三)；立秋在六月戊午，新历 6 月 31 日(星期四)。(第 3036 页)

《二十四节气与中国诗》对陆游该诗的创作年份虽然未做确切断定，但是提出的可能年份却显然更具合理性；更重要的是，由此提示了一种新的更科学而精确的考证方法。

四

“放翁诗万首，一首值千金。”(河上肇《放翁鉴赏》，《河上肇全集》第 21 卷，日本岩波书店，1984 年，第 78 页)陆游是中国古典诗人作诗数量最多者。《二十四节气与中国诗》由于发现并首次运用了新方法，在作家论方面也别有所见。例如该书提示，陆游可能是二十四节气文化的代表性诗人。

陆游后期诗歌几乎“日记般地记录日常生活及感怀，其诗集原来就是按年代顺序编列，又经过钱仲联《剑南诗稿校注》的整理”。

该书据校注本卷四十六、四十七所录，以二十四节气(含七十二候)作为时间轴刻度，考察公元 1201 年(嘉泰元年)立秋至秋分这一个半月(8 月 6 日至 9 月 21 日)中近 20 首诗的创作轨迹，初步发现，对节气与物候变化的敏感，乃是陆游诗歌的显著特征。例如：

立秋·初候第三日（8 月 8 日）《立秋后作》："宋玉悲秋千载后，诗人例有早秋诗。老夫自笑心如石，三日秋风漫不知。"

立秋·初候第四日（8 月 9 日）《早秋南堂夜兴》："候虫唧唧满空廊，风前落叶纷可扫。"

立秋·初候第五日（8 月 10 日）《秋夜》："长庚未配月，织女已斜河。"

处暑（8 月 22 日）《秋暑夜兴》："微雨已收云尽散，众星俱隐月徐行。"

处暑·初候第四日（8 月 25 日）《七月十八日夜枕上作》："露草蛩相语，风枝鹊自惊。"

处暑·末候第五日（9 月 5 日）《白露前一日已如深秋有感》："白首灯前听雁声。"

白露（9 月 6 日）《秋兴五首》其三："秋暑势已穷，风雨纵横至。"

白露·初候第四日（9 月 9 日）《嘉泰辛酉八月四日雨后殊凄冷，新雁已至，夜复风雨不止。是岁八月一日白露》："残暑方炎忽痛摧……未动秋砧雁已来。"

白露·次候第五日（9 月 15 日）《夜归》其一："今年寒到江乡早，未及中秋见雁飞。"

《秋社》（9 月 16 日）"不堪沙雁带寒来……蘋花零落蓼花开。"

秋分（9 月 21 日）《秋夜》："俯仰秋已半……梦月忽满窗。"

作者据此写道："可以明显看出，陆游是一位随时咏叹季节变化的诗人。"管见所及，我国学术界迄今为止主要将陆游定格为

“爱国诗人”，古川末喜教授则提示了陆游还可能是一位吟诵“二十四节气文化”的典范诗人。他在本书中认为，二十四节气是距今至少两千年以前的中国发明，2016 年成为联合国确认的世界非物质文化遗产。它也是日本、韩国、越南等汉字文化圈的古老传统，虽然有所差异。循此进一步研究，也许还可望深化对汉字文化圈特色的“世界非物质文化遗产”的认知。(本文的创作得到张士立博士协助)

采访：二十四节气融入日本教育[①]

到公元6世纪，日本还没有科学历法。6世纪中叶，中国的先进历法经朝鲜半岛的百济传入日本。公元604年，日本首次实施历法，使用了中国“元嘉历”。“元嘉历”当中保存了二十四节气的相关内容。

江户时代之前，与历法相关的学问由京都专门研究历法的贵族集团垄断。江户时代，描述二十四节气的简单日历在日本广泛流行。当时，俳谐文学(日本诗的一种)在富裕的农民和市民中相当普及，俳谐文学非常重视季节性词汇，七十二候也被应用于俳谐文学的创作，二十四节气因此引起人们广泛关注。

随着时代的变迁，更多中国历法被带到日本。17世纪下半叶开始，在中国历法基础之上，日本对历法进行了修订，以适应本国的实际情况。到明治时代采用公历之前，日本使用以中国阴阳

① 该文是对『二十四節気で読みとく漢詩』作者古川末喜教授的采访录，原载《光明日报》2022年3月8日(13版)。采访者董璐(延安大学外国语学院)，记者杨飒整理。

历为基础的历法。1873 年，明治政府采用公历(太阳历)，二十四节气及其相关知识逐渐被普通公众遗忘。

一方面，由于需要“季语”的短诗“俳句”和经常吟咏季节相关内容的传统“短歌”在日本非常普及，所以，在日本文学中，二十四节气相关知识得以在文学领域继续传承。另一方面，现代化进程迅速推进，曾经的悠闲生活和随季节变化而行走的日常一去不复返，二十四节气的“老字号”氛围日益带上了怀旧色彩。

在日本，每年都有关于二十四节气的出版物，除了短歌和俳句的著作之外，还有介绍日本七十二候的相关书籍，这些著作描述了一年的气候变化、动植物的季节更迭。

用“二十四等分”作为“尺度”划分节气，适用于烹饪、点心、服装、健康、年会、生活用具、园艺、自然情景等方方面面，一年的例行仪式及活动大都以此为基准。可以说，二十四节气的使用领域相当广泛。

近年来，从小学高年级到初高中，日本学生通过“国语”和“书法”课程学习二十四节气，通过这些课程学习，孩子们能更好理解吟咏四季的俳句、和歌，在此过程中，二十四节气及其相关知识演变成一种古老的传统语言，成为大家日常学习的对象之一。如此一来，孩子们对每年的季节变化都会更加敏感，也能培养他们保护地球环境和自然的生态意识。

译后记

2020 年 10 月古川末喜先生的这部大作『二十四節気で読みとく漢詩』出版。当年岁末，我收到了恩师陆晓光教授寄来的原著复印件。诚如恩师所言，他是国内这部著作的第一批读者，拜恩师所赐，我也较早地拜读到了这部大作。浏览原著一过，我有了一个大胆的想法——把这部著作译成中文。陆老师非常赞同。

我之所以有这样大胆的想法，主要原因有二。于公而言，这部著作涵盖了文学、史学、历法学等学科领域，以一位日本中国学学者的独特视角论述了中国二十四节气与古典诗的关系，仅从论述方法而言，就是一大创新，值得在国内传播；于私而言，这是一个难得的宝贵的学习机会，我也是最直接的受益者。

我与古川先生的相识也算是一种注定的缘分。对古川先生的大名，我早就有所耳闻。在华东师范大学攻读博士学位期间，我多次听陆老师谈及古川先生，也曾观看过古川先生莅校讲学的视频，为古川先生的博学多识和流利中文所折服。2021 年初，在陆老师的引荐下，我与古川先生取得了联系。古川先生得知我拿到的是这部作品的复印件，立刻又从日本寄来一本原著。随后，我开始认真阅读这部作品。

2021 年暑假，我开始翻译这部著作。在此过程中，有颇多感触。

首先，古川先生未曾谋面的信任令人感激。记得最初和古川先生取得联系时，我再次向古川先生表达了翻译这部著作的想法，尽管有陆老师大力支持，我依然感到诚惶诚恐。古川先生欣然同意了，带有歉意地说，自己没有什么经费可以支持我。

其次，更加直观地感受到这部著作所涉及的学科领域之广。粗略算来，这部著作涵盖了史学、文学、民俗学、历法学、天文学、物候学、气象学、动植物学等学科。诚如古川先生所言，他从 2015 年开始撰写这部著作时，书房八层的书架上不知不觉堆满了上述有关领域的著作。而且，他的电脑中保存了 300 多个文件夹 4000 多个文件，均是下载的文献、图像及个人记录等。

再次，古川先生严谨的治学精神着实令人敬佩。如“序编”部分，古川先生为论述二十四节气的成立与发展历程，考察了巨多参考文献，从远古时期的《尚书·尧典》到 2008 年的“天气后报”数据，从公元前 3200 年左右的爱尔兰纽格莱奇墓到中国山西临汾的陶寺遗址……可谓涉及古今中外，周到翔实，有理有据，令人佩服！

最后，古川先生的谦虚和热情令人感动。这部著作中引用了大量的中国古典文献，在翻译过程中，查找这些原典出处，偶尔碰到难以查询的原典，我会及时通过网络向古川先生请教。古川先生总是很细心、热情地为我解答。记得原著排版时某个汉字与中文原典有出入，古川先生带有歉意地回复说，他会认真记下来，若有机会再版，一定改正过来。翻译著作中有关西方的节气习俗时，我感觉有些吃力，为便于我理解，古川先生发来了大量的图片、文字、网站链接等专业资料。

2022 年秋，终于完成了译稿初稿。在此期间，每译完一个章节，我都会发给陆老师审阅，这是按照陆老师指导我写作博士论文的做法。陆老师依然是每个标点符号都不放过地修改。每当看到这些，我感到羞愧的同时，也再次为陆老师严谨的治学态度所感动，更为陆老师对我的提携感激不已。最早读过初稿的还有我的爱人和女儿，她们在阅读的过程中无意成为初校者，不同的阅读视角也为我提供了帮助。

历时一年有余的翻译过程中，有苦有乐，但更多的是成就感。但愿此次翻译能够向我国读者尽可能准确地传达古川先生的思想。值得一提的是，古川先生的这部著作在日本已经再版，其受欢迎程度可见一斑。

最后，高兵兵教授对译稿提出了宝贵的修改意见，使我受益匪浅。此外，得益于延安大学董璐博士的引荐，促成了本书的顺利出版，在此一并向他们表示由衷的感谢。

张士立　识于妈祖故里

2025 年暑夏